二条城庭園の変遷と記録

元庭園管理者の研究総覧

内田仁

建築資料研究社

はじめに

私が京都市文化観光局（現 文化市民局）元離宮二条城事務所（以下、二条城事務所）に配属された１９８７（昭和62）年頃、二条城の庭園解説書には、作庭された時期を中心にまとめられたものが多く、〝二の丸庭園、本丸庭園、清流園〟の三つの庭園（以下、二条城庭園）の成立過程から現在に至るまでの通史を一冊に記載した詳細な文献はほとんど見られませんでした。

その主な理由は、二の丸庭園や本丸庭園の資料は、二条城が宮内省から京都市に下賜された際にほとんど引き継がれていなかったこと、清流園の作庭当時の詳細な資料は、二条城事務所に存在していなかったことです。そこで私は、配属当初から14年間現場業務が中心であったため、プライベートな時間を多く有していたこともあり、京都府立総合資料館（現、京都府立京都学・歴彩館）、京都市歴史資料館、京都市中央図書館等で「二条城」というワードを頼りに文献資料を探り、さらに諸先輩方から聞き取り等をきっかけに得た新たな情報を加えることで、二条城庭園の歴史をまとめた論文を発表し続けました。そして２００６（平成18）年に学位論文としてまとめ、同年『二條城庭園の歴史』というタイトルで本を出版いたしました。

とはいえ、すでに出版から約20年が経過しており、学位論文をそのまま印刷したもので、読みづらくなっているため、新たな項目などを追加し、本書を出版するに至りました。本書は、二条城事務所に勤めた24年間（１９８７〈昭和62〉年度～２０１１〈平成23〉年度）でプライベートな時間をフルに活用して、二条城庭園について調べたこと、維持管理業務で学んだことなどを『二条城庭園の変遷と記録』として、あくまでも個人の責任においてまとめたものです。（お問い合わせ先：参考資料 p.321 参照）

本書の主な内容は、以下の各章の題目の通りとなります。

1章 四つの二条城、2章 探訪・二条城庭園の魅力、3章 後水尾天皇行幸時の二条城二の丸庭園の植栽について、

4章 本丸庭園の作庭記録、5章 清流園の作庭記録、6章 加茂七石石庭と菊洲垣、7章 補足説明（二条城編、二の丸庭園編、本丸庭園編、清流園編）、8章 幕末以降の二条城、9章 昔話、10章 蘇鉄、11章 マツの剪定方法、12章 道具調査、13章 桜品種同定調査、14章 石造品調査、15章 庭園遺構

また、本書の出版は、多くの皆様にご尽力いただき、無事実現いたしました。この場を借りて、改めてお礼申し上げます。

京都市役所に再就職するきっかけを作ってくださった東京農業大学の進士五十八名誉教授、きっかけと道具調査でご指導をして頂いた同大学の内田均元教授、学位論文として最後まで面倒をみて頂いた同大学の鈴木誠名誉教授、二の丸庭園・本丸庭園の情報提供をして頂いた故元宮内庁京都事務所林園課長 中根俊彦氏、小堀遠州の手紙について情報提供をして頂いた故本正進保氏、現所有者の本正義則氏、清流園について共同研究と資料提供をして頂いた故元二条城事務所管理係長 北山正雄氏、二条城の昔話で聞き取り調査にご協力して頂いた故加藤五郎氏、故野口有朝氏、及び元二条城事務所の諸先輩方・後輩方、そして当時の事実確認のためにご協力を頂いた宇野幸次氏、高橋脩二氏、坂井清氏、桜の品種の同定調査にボランティアでご尽力を頂いた故川崎哲也先生、石造品調査でお世話になった京都造形芸術大学（現、京都芸術大学）の尼﨑博正名誉教授、同大学通信教育部ランドスケープデザインコースの田中尚子氏をはじめとする有志学生の皆様、西村石灯呂店の故西村金造氏、同店の西村大造氏、公私ともに大変お世話になった元京都市動物園園長（現、国際花と緑の博覧会記念協会専務理事）片山博昭氏、文献収集等でお世話になった京都府立京都学・歴彩館、京都市右京中央図書館、京都市歴史資料館、京都市埋蔵文化財研究所・京都市考古資料館の職員の方々のご協力のお陰でここにまとめることができました。皆様に心より感謝申し上げます。

また、本書の出版にあたり、ｎｅｕｆ『庭』編集部の澤田忍編集長にも心より御礼申し上げます。

最後に、今年94歳を迎えた母、私の妻であり最大のサポーターである恵理子、そして娘の早紀には、絶え間ないサポート、励まし、理解に対し感謝の意を表したいと思います。

２０２５年４月30日

1章

四つの二条城

戦国時代から江戸時代初期にかけて、天下人が代わるたびに二条城が築かれていたことは意外と知られていません。2023（令和5）年のNHK大河ドラマ『どうする家康』に登場した天下人の織田信長、豊臣秀吉、徳川家康の時代に、四つの二条城が築かれています。[1~6] 以下、四つの二条城について説明します。

1　足利将軍家の二条城

遺跡名「旧二条城」

織田信長が室町幕府15代将軍足利義昭の居城として築いています。この城は義昭の実兄の足利義輝邸宅跡地（斯波氏武衛陣　足利義輝邸遺址）を中心に築かれ、1975（昭和49）年に地下鉄烏丸線の工事が行われた際、石垣などが発見されました。当時発見された堀の石垣（石材：河原石、石仏、五輪塔、石臼など）の遺構は現在、京都府立文化博物館3階の屋外庭園に石仏群が展示され、京都市西京区の竹林公園や元離宮二条城に一部が復元されています。当時の城は、北側が出水通、東側が京都御苑内（東洞院通付近と推定）、南側が丸太町通北側、西側が新町通に面した所に位置し、方形の城郭であったと推測され、室町通下立売南西角に石碑が『旧二條城跡』として設置されています。

2　織田信長の二条城

遺跡名「二条殿御池城」

織田信長が公家の二条邸を気に入り、それを二条晴良から譲り受けて改修し、二条御新造（二条殿）を建てたと伝えられています。信長は京に滞在中の宿泊所として利用し、後に正親町天皇の皇太子誠仁《さねひと》親王に献上しました。しかし、本能寺の変の際、信長の嫡男・信忠がこの館に籠城し、明智軍によって襲撃され焼失しました。

2001（平成13）年の発掘調査では、景石・洲浜を備えた庭園の遺構が発見されています。当時の城は、烏丸交差点西北側に位置し、規模は約120m四方と推測され、京都国際マンガミュージアムの西側（両替通押小路下る付近）に石碑が『此附近　二條殿址』として設置されています。

3　豊臣秀吉の二条城

遺跡名「妙顕寺城」

妙顕寺[7・8]は鎌倉後期に日蓮聖人の孫弟子である日像上人が日蓮宗道場として建立しましたが、豊臣秀吉が移転させ、その跡地に聚楽第造営まで京都の拠点とした邸宅を築いたため、「妙顕寺城」とも呼ばれています。

2024（令和6）年9月6日付けの京都新聞デジタル版で、「天下人になりゆく豊臣秀吉が、京都支配の拠点として築いた「妙顕寺城跡」（京都市中京区）で池の遺構が見つかった。発掘調査した市文化財保護課は「城の遺構が見つかるのは初めて。築城に伴い、池を備えた庭園があったことを確認できた」としている。」[9]と報道されました。

場所は図1の②と④の中間やや西寄りあたりで、北は二条通、東は西洞院通、南御池通（三条坊門通）、西は油小路通に面し、規模は南北約250m、東西約120mと推測されています。現在、石碑が小川通押小路通西北側に『豊臣秀吉妙顕寺城跡』として設置されています。

4 徳川将軍家の二条城

遺跡名「史跡旧二条離宮（二条城）」

江戸幕府初代将軍徳川家康が、京都御所の守護と将軍上洛の際の宿泊所とするために築城した現在の二条城です。詳細は「2章　探訪・二条城庭園の魅力　1二条城の沿革」(p.18)の通りです。現在、東大手門東南側に『史蹟　舊二條離宮　二條城』の石碑が設置されています。

それぞれの時代に築かれた二条城は、その時代の天下人の権威や政治的な意図を反映した遺産として、〝現存する徳川将軍家の二条城を除く〟と、歴史や存在を印す石碑によって語り継がれています。図1は、四つの石碑のある位置を示したものです。

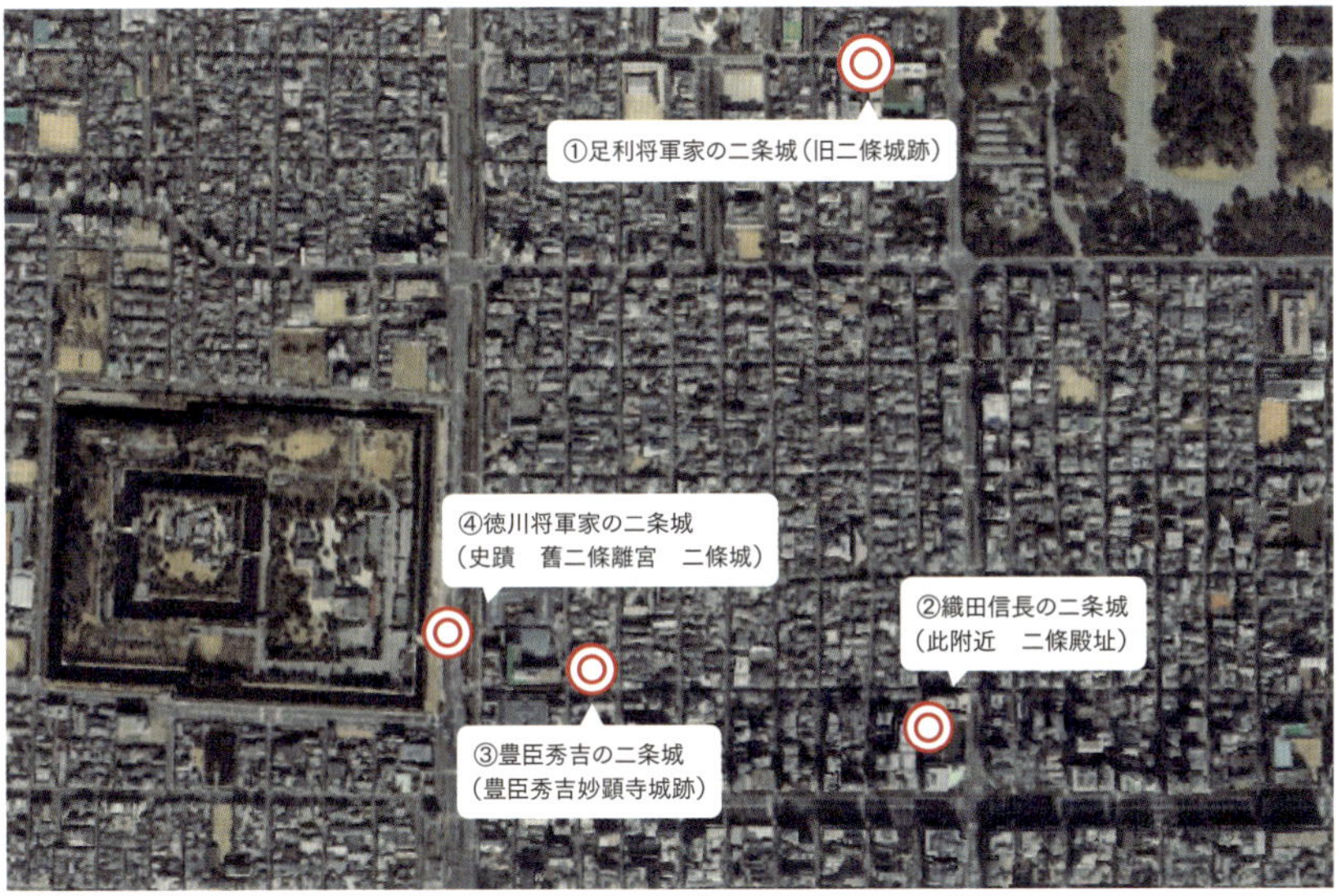

図1｜四つの二条城の石碑位置（Googleマップに加筆）　画像©2025Airbus、Maxar Technologies、地図データ©2025 Google

参考引用文

1 山本雅和（２０２３）「第３３５回京都市考古資料館文化財講座　発掘調査成果からみた江戸時代の幕開けと終焉の地　二条城」、https://www.kyoto-arc.or.jp/News/s-kouza/kouza335.pdf

2 城びと（２０１９）「超入門！お城セミナー　第68回【歴史】：京都の二条城はいくつもあったってどういうこと？」日本城郭協会公認、https://shirobito.jp/article/809

3 日本史勉強中（２０２０）「【二条城は４つある】三英傑が築いた４つの二条城を順に紹介します」日本史あれこれ、https://love-japanese-history.com/castle-4nijyoujyou/

4 橋本楯夫（２０２０）『二条城の不思議？　八連発他全10選』ＫＬＫ新書、p110

5 谷川彰英（２０２３）『重ね地図でたどる京都１０００年の歴史散歩』宝島社、pp32-39

6 下間正隆（２０２３）『イラスト二条城』京都新聞出版センター、pp14-20

7 妙顕寺「妙顕寺ホームページ　歴史」、https://shikaishodo-myokenji.org/about/history/

8 京都歴史資料館（２００２）「豊臣秀吉妙顕寺城跡」『京都市歴史資料館　情報提供システム　フィールド・ミュージアム京都』、https://www2.city.kyoto.lg.jp/somu/rekishi/fm/ishibumi/html/na005.html

9 京都新聞デジタル版（２０２３）【独自】京都市中京区で「豊臣秀吉の城跡発見　信長死後に築城「池を備えた庭園があった」」、京都新聞 DIGITAL、https://www.kyoto-np.co.jp/articles/-/1328974

秀吉が築いた最後の城・京都新城

豊臣秀吉は長浜城、大阪城、伏見城、妙顕寺城や聚楽第など数々の名城を築いていますが[1]、秀吉が生涯最後に築いた城が「京都新城」です。京都新城は、文献などから存在は明らかになっていましたが、遺構は見つかっていませんでした。しかし、2020（令和2）年にその遺構が発見され、新聞各社[2〜6]で大きく取り上げられました。

京都新城については、京都市埋蔵文化財研究所・京都市考古資料館の『リーフレット京都　No.413』[7]で概要と発掘内容を見ることができます。それによると、1597（慶長2）年に豊臣秀吉が内裏南東に築いた城で、京都御苑の約半分の広さであったそうで、当時は「太閤御屋敷」等と称されていました。同年9月には息子の秀頼が官位を授けられる際に利用され、秀吉が翌1598（慶長3）年に死去した後は北政所高台院が移り住み、「高台院屋敷」と呼ばれるようになったそうです。

この屋敷の遺構である京都新城については、その史料が少ないことから、伝承のみの幻の城とされていましたが、仙洞御所内で行った発掘調査（2019〈令和元〉年度、2022〈令和4〉年度）によってその詳細を見ることができました。2019（令和元）年度発掘では、東に面を揃えた南北方向の石垣とその東側で堀が確認され、堀の中からは豊臣家の家紋を示す桐文の金箔瓦が出土しました。2022（令和4）年度試掘調査では、西に面を揃えた南北方向の石垣とその西側で堀が確認されています。同年度発掘調査では京都新城に関する遺構は見つかりませんでした。これらの調査結果から堀の幅は約11mと推測されています。『リーフレット京都　No.413』では、「京都新城が、輪郭が掴めない「幻」の城となった原因の一つに、江戸時代に行われた仙洞御所の造営があると考えられます。」と締めくくられています。

参考引用文

1 刀剣ワールド城 ＨＰ（２０２４）日本の城と戦国武将、豊臣秀吉と城一覧、https://www.homemate-research-castle.com/useful/16997_tour_078/

2 京都新聞（２０２０）秀吉最期の城、幻の「京都新城」初めて出土　逸話に沿う石垣破却、桐や菊文様の金箔瓦、京都新聞社、https://www.kyoto-np.co.jp/articles/-/243455

3 時事通信ニュース（２０２０）「京都新城」石垣と堀見つかる　最晩年の秀吉築城、初の遺構―京都、時事通信社、https://sp.m.jiji.com/movie/show/1238

4 朝日新聞 DIGITAL（２０２０）秀吉最後の城、京都で見つかる「今世紀最大の発見」、朝日新聞社、https://www.asahi.com/articles/ASN5D5HXGN5CPLZB00L.html

5 朝日新聞 DIGITAL（２０２０）「秀頼を公家に」願った秀吉の夢の跡　千田教授語る新城、朝日新聞社、https://www.asahi.com/articles/ASN653HN9N4PPTIL028.html

6 毎日新聞デジタル版（２０２０）京都御苑内「京都新城」秀吉最後の城、石垣発見、家紋「五七桐」の金箔瓦も出土、毎日新聞社、https://mainichi.jp/articles/20200513/ddm/012/040/103000c

7 京都市埋蔵文化財研究所・京都市考古資料館（２０２３）「幻の京都新城―豊臣秀吉最期の城―」、『リーフレット京都　No.413』（２０２３年６月）、https://www.kyoto-arc.or.jp/news/leaflet/413.pdf

2章 探訪・二条城庭園の魅力

1　二条城の沿革

京都市二条堀川西に位置する二条城（面積２７万４５４８㎡）は、今から約４２０年前の１６０３（慶長８）年、徳川初代将軍家康により、京都御所の守護と将軍上洛の際の宿泊所として造営されました。３代将軍家光は、天下の平定を世に知らしめるため、１６２４（寛永元）年から１６２６（寛永３）年にかけて、二の丸御殿の改築や行幸諸施設の増築、本丸の拡張などを行い、後水尾天皇を二条城に迎えました。後水尾天皇の二条城行幸は、１６２６（寛永3）年9月のわずか5日間ではあったものの、二条城の歴史において最も華やかな時期であったと考えられています。行幸諸施設などは、後水尾天皇行幸の翌年、１６２７（寛永４）年から四半世紀をかけ、仙洞御所、金地院などに移築され、将軍の上洛は、１６３４（寛永11）年の家光上洛以降行われなくなりました。

その後、二条城は将軍不在の城として維持されていましたが、１７５０（寛延３）年の落雷により天守閣が焼失し、１７８８（天明8）年の天明の大火の飛び火により本丸内の御殿群等が焼失するなど、大きな被害を受けました。幕末には、１８６３（文久３）年、14代将軍家茂が家光以来２２９年ぶりに上洛し、１８６７（慶応3）年には、15代将軍慶喜がこの二条城で大政奉還を発表しました。

写真1｜二条城俯瞰（Googleマップに加筆）　画像©2025Airbus、Maxar Technologies、地図データ©2025 Google

この大政奉還は、徳川政権の終焉を告げるとともに、日本の歴史における大きな転換点となりました。

その後、二条城の所管は、現在の内閣に当たる太政官代、京都府（一時陸軍省）を経て、1884（明治17）年からは宮内省に移り、1939（昭和14）年に京都市に下賜されました。翌1940（昭和15）年から恩賜元離宮二条城として一般公開され、1952（昭和27）年には二の丸御殿6棟が国宝に、東大手門など22棟が重要文化財に指定されました。さらに1994（平成6）年には世界遺産リストにも登録され、国内外から多くの観光客が訪れる、我が国を代表する歴史的文化遺産となりました。

現在の二条城には、江戸時代作庭の二の丸庭園（武家書院庭園、1万5889・5㎡）、明治時代作庭の本丸庭園（芝庭風築山式庭園、7154㎡）、昭和時代作庭の清流園（和洋折衷庭園、1万6500㎡）の三つの庭園が存在し、これらを二条城庭園と称します［写真1］。

2 二の丸庭園

築城から後水尾天皇行幸までの庭園

家康・秀忠時代の庭園は、『北野社家日記第六』の記述から1602（慶長7）年頃に作庭され、当時の様子を記した『洛中洛外図屏風』や日記史料などから、御殿西側付近に「泉水」、「築山」、「松」によって特徴づけられた庭園として存在していたとされています。[1]

家光時代の庭園は、城内の増改築を行った際に多少改作され、二の丸庭園が完成したと考えられています。[2]作者は最も古い史料『京師順見記』（1768〈明和5〉年）に「…御庭は小堀遠州作…」と記されています。[3]

絵図からみた二の丸庭園

後水尾天皇行幸の頃の二条城の様子を表した『行幸御殿其外古御建物並当時御有形御建物共・二条御城中絵図』（京都大学付属図書館蔵〔図1〕）からみた二の丸庭園は、大広間及び黒書院の西南に位置し、御次之間、新たに庭園の南側に増築された行幸御殿、中宮御殿、西側に設けられた長局などの建造物に取り囲まれた「中庭的な庭園」でした。また、行幸御殿から廊下を北側に延ばし、池汀付近で途中北西側に折れ曲がり、その先端に御亭（釣殿）が設けられ、池の中央には2つの島、4つの木橋を配する特徴がありました。[4・5]

文献からみた二の丸庭園

二の丸庭園について文献を探ると、庭園の見方や後水尾天皇行幸時の様子を知ることができます。

- 二の丸庭園は中国から渡来した神仙思想に基づいた蓬莱形式を表したと言われ、通称「八陣の庭」[6〜8]とも言われています。
- 二の丸庭園の滝水は賀茂川から導水したと伝えられ、絵図[9・10]からも「泉水」の文字が確認でき、滝口の存在も報告されています。
- 当時の二条城の様子を記した『東武實録』によると、1626（寛永3）年、鍋島信濃守勝重が蘇鉄1本を二条城に献上したという報告[11・12]があります。
- 『小堀遠州差出栗山大膳宛書状』（1626〈寛永3〉年と推定）によって、同時期に福岡藩が蘇鉄10本を献上していたことが明らかにされています。[13]

- 『永井家文書』には、後水尾天皇行幸から29年後の1655年（明暦元）年頃には蘇鉄が城内に60本[14,15]も存在していたことが記されています。全て二の丸庭園に存在していたのかは不明ですが、後水尾天皇行幸時の二の丸庭園には林立する程の蘇鉄が植栽されていたことが報告されています。[16,17]
- 後水尾天皇行幸時には、行幸御殿と御亭（釣殿、二間四方）を結ぶ廊下には玳瑁《たいまい》の燈籠が飾られ、御亭の東南隅には二階棚、短冊箱、蒔絵の硯があり、御亭内には御座が設けられ、天井には掛風鈴が飾られていたことが報告されています。[18]
- 寛永年間の二の丸御殿の屋根は、瓦葺きではなく、こけら葺きであったことが明らかにされています。[19]

二の丸庭園の特徴［写真2］

絵図や文献から、当時の二の丸庭園は、主に三方向（大広間、黒書院、行幸御殿・御亭）からみられるようにつくられ、最も美しく見られる視点場[20]が、大広間・

写真2｜二の丸庭園俯瞰（Googleマップに加筆） 画像©2025Airbus、Maxar Technologies、地図データ©2025 Google

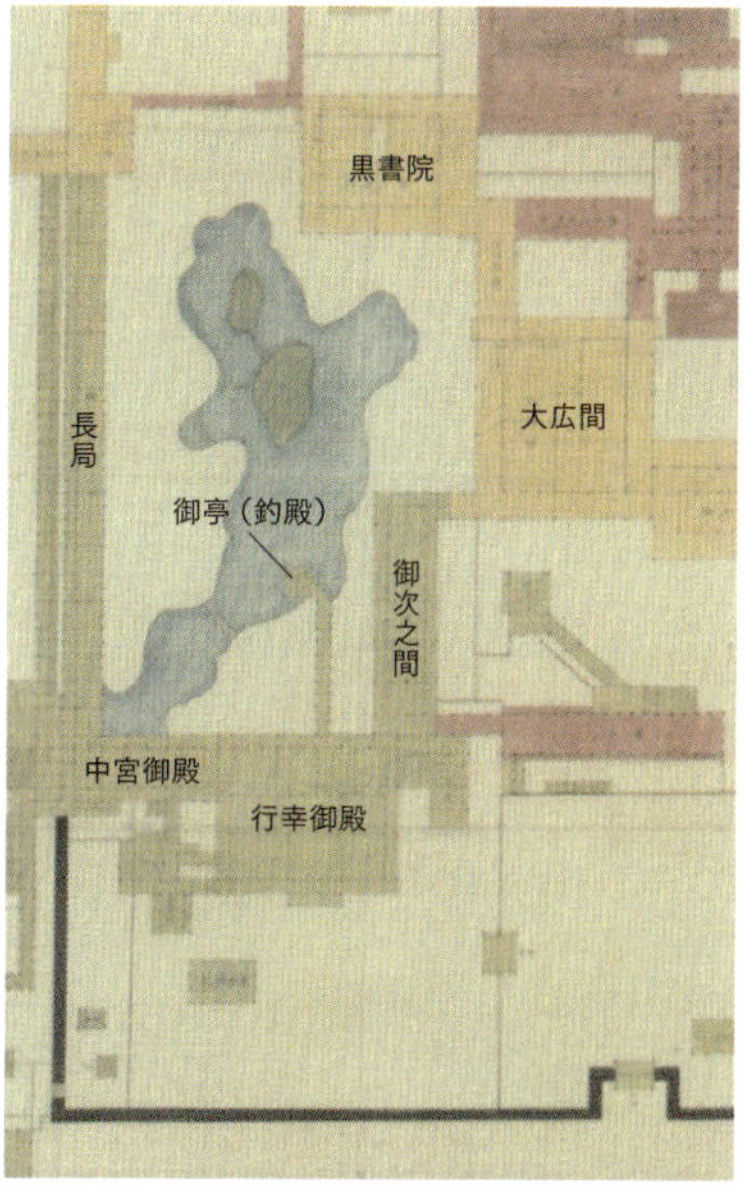

図1｜後水尾天皇行幸の頃の二の丸庭園。『二条御城中絵図』二の丸庭園部分トリミング及び加筆。出典：『二条御城中絵図』京都大学附属図書館蔵

黒書院の将軍の着座位置、行幸御殿では天皇の着座位置であったと考えられます。[21〜23]

大広間からみた作庭当初の二の丸庭園［写真3］

大広間での将軍の着座からみた二の丸庭園は、御殿内の障壁画の松に囲まれた空間から、右手（西側）に、池泉、蓬萊島、亀島、滝石組、木橋、立てた石組や派手でおおぶりな景石を用い、豪壮で雄大な景色をみることができ、また、庭園越しには長局、本丸内の隅櫓や天守閣の一部等が望めたと推測されます。[24〜26]着座からみた庭園は、御殿内の渡り廊下を挟んで、上から見下ろすような構造になっているため、園路からの見え方と比較すると護岸や築山等を立体的に見ることができます。[27]さらに、上段の間の付書院から望む二の丸庭園は、池泉、蓬萊島、橋、燈籠がみえるようにつくられています。

黒書院からみた作庭当初の二の丸庭園［写真4］

黒書院での将軍の着座からみた二の丸庭園は、御殿内の障壁画の桜に囲まれた空間に蓬萊島、伏せた景石が据えられ、大広間からのように立石が目立たず、池泉はほとんどみえないようにつくられています。また、庭園越しには、二の丸御殿、園路、行幸御殿・御亭などが望めたものと推測されます。着座からみた庭園は、着座の正面に下段の間を通し、御殿内の柱・梁が額縁となり絵画的な見え方になっています。

行幸御殿・御亭からみた作庭当初の二の丸庭園［写真5］

行幸御殿での天皇の着座からの作庭当初の二の丸庭園では、御殿内の障壁画に囲まれた空間から木橋、鶴島、蓬萊島、行幸御殿から延びる廊下、御亭、背景にはこけら葺きの二の丸御殿をみることができたと推測されます。[28]着座からみた庭園は、黒書院と同様に御殿内の柱・梁が額縁となり絵画的な見え方になっていたものと推測します。

また御亭からの二の丸庭園では蓬莱島、鶴島、木橋が真近に見え、こけら葺きの二の丸御殿、長局、本丸隅櫓、天守閣の一部が望めたものと推測されます。

特徴ある樹木の植栽

幾つかの文献にあるように蘇鉄が林立する程植栽されていたことから、特徴ある樹木を用いた庭園景観を演出した意図が窺えます。

写真3｜大広間から二の丸庭園を望む（2023年筆者撮影）

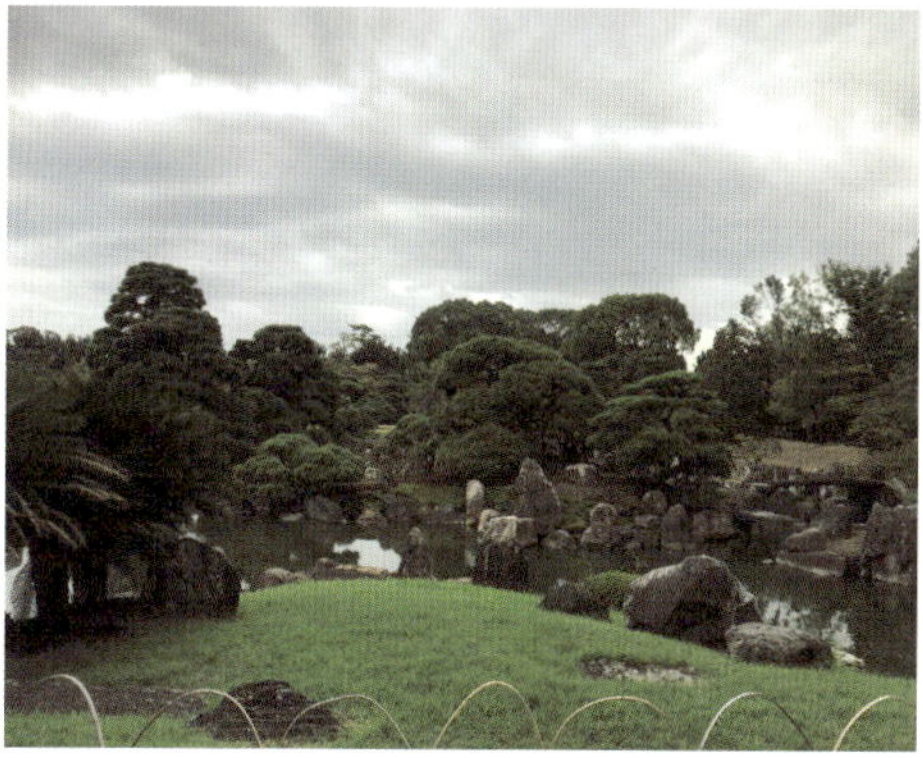

写真4｜黒書院から二の丸庭園を望む（2019年筆者撮影）

写真5｜行幸御殿から二の丸庭園を望む（2008年筆者撮影）

以上のように二の丸庭園は、将軍が大名や公家と公式に対面する大広間、将軍と徳川家に近しい大名や高位の公家などが対面する黒書院、後水尾天皇のための行幸御殿、天皇と将軍が対面する御亭など、それぞれの御殿や部屋などの性質に合わせた庭園景観がつくられ、将軍家の庭園としてふさわしいものであったと言えます。[29]

筆者がみる作庭の工夫（技法）

筆者がとらえる二の丸庭園の作庭の工夫は以下の8点です。

- 二の丸庭園は一つの庭園でありながら、主に三方向（大広間、黒書院、行幸御殿・御亭）からそれぞれ異なった庭園景観がみられるように工夫がされている。
- 将軍・天皇の着座からみた庭園は、それぞれの部屋によって二次元的（額縁効果により絵画的）、三次元的（上から見下ろすことにより立体的）にみられるよう工夫されている。
- 大広間と庭園の間に存在する園路（現在の観覧ルート）がみえないように工夫されている。
- 大広間での将軍の着座からみた二の丸庭園では、本丸内の隅櫓、天守閣の一部等を借景として見ることができたと推測され、またそれらの建造物が庭園越しにみえることによって遠近感が得られたと考えられ、借景や遠近感の工夫がみられる。
- 行幸御殿や御亭からは、庭園越しに二の丸御殿や本丸隅櫓、天守閣等の建造物を借景とする工夫があったと推測できる。
- 珍しい蘇鉄を多用することによって、今まで見慣れない風景を演出する工夫がみられたと推測できる。
- 行幸御殿から渡り廊下を延ばし、池の中に建物（御亭）を設け、親水性を持たせた特別な空間を演出した工夫がみられたと推測できる。
- 庭園は、殿上や御亭から降りることなく鑑賞されるように設計されたと考えられる。二の丸御殿黒書院から溜櫓、二階建ての橋廊下を経由して本丸御殿に至る動線と同様に、庭園もまた、殿上人たちが地面に降りることなく楽しめるよう工夫されていたと推測する。

後水尾天皇行幸以降～幕末の二の丸庭園

後水尾天皇行幸以降の二の丸庭園は、行幸の翌年から四半世紀をかけて、行幸諸施設などが移築・撤去され、徐々に作庭当初の庭園景観から変化しました。

前述のように、後水尾天皇行幸の29年後の1655（明暦元）年頃には城内に60本もの蘇鉄が存在し、二の丸庭園には蘇鉄が林立する程と報告されています。その後、林立する程の蘇鉄がどのようになったのか不明ですが、8代将軍吉宗時代の1730（享保15）年制作の『二條御城中二之御丸／御庭蘇鉄有所之図』（中井正知氏蔵）の絵図から、二の丸庭園は、池東南隅一郭が拡幅され、蘇鉄15本、柳、燈籠等が配され、木橋は石橋に架け替えられたこと等が確認できます。[30・31] 描かれた蘇鉄は以前からそのまま存在していたものなのか、或いは新植したものなのか不明です。また、二の丸庭園の改修理由[32]も定かではありません。さらに江戸中期の1750（寛延3）年には落雷によって天守閣が、そして1788（天明8）年には天明の大火の飛び火によって本丸御殿、隅櫓、多聞櫓等が焼失し、一層作庭当初の意図が薄れていきました。

幕末の二の丸庭園は、15代将軍慶喜が写真師に撮らせた古写真（1863〈文久3〉～1867〈慶応3〉年と推定）から、石組に蔓が絡まり、池底には草が生え、燈籠、蘇鉄1本、黒書院西南角付近のマツ、二の丸庭園北東付近の樹木、中島（蓬莱島）の樹木、燈籠北側の樹木、西側に塀が存在するのみで、枯山水風な庭園景観を呈していたことがわかっています。[33～35]

明治時代〜現在までの二の丸庭園

陸軍省、京都府所管時代については資料が少ないことから、あまり多くのことはわかっていませんが、当時の京都府公文書『二條城借受定約并本丸返戻一件』[36]には、二の丸庭園を含む「二ノ丸ノ内」には、２１１本の樹木と竹（４６８本）が存在していたことがわかっています。[37] 詳細は「7章　補足説明　二の丸庭園編　１８７９（明治12）年頃の二の丸地区の樹木本数」（pp.120-121）を参照ください。

宮内省所管時代の二の丸庭園は、１８９０（明治23）〜１８９１（明治24）年の間に、それまでの庭園景観が変貌するほどの大規模な植栽工事があり、１８９７（明治30）年には池底に玉石敷きが行われ、枯山水としてもみられるように模様替えが行われています。[38]

また、１９１５（大正４）年の大正天皇御大礼時に備え、二の丸庭園南庭東側半分が来賓を迎える広場として改造され、翌１９１６（大正５）年に小川治兵衛らによって復旧工事が行われ、現在に至る庭園景観となっています。[39] さらに、１９２８（昭和３）年には昭和天皇の大礼を記念して、内濠から水を汲み上げ滝口まで管をのばす揚水ポンプ工事が行われ、滝の水が常時供給できるようになりました。[40〜42] おそらくこの時に、東南隅排水口から西南隅排水口に変更されたものと考えられます。

１９３９（昭和14）年に宮内省から京都市に下賜された二の丸庭園は、記録写真の比較から若干の樹種や植栽位置の変化はみられるものの、ほぼ宮内省時代の庭園が引き継がれていることがわかっています。[43] また二の丸庭園は下賜された年に国の名勝庭園に指定され、１９５３（昭和28）年には特別名勝に指定変更されています。

前述のように二の丸庭園は作庭から現在に至るまでの約４２０年間、必要に応じて時代ごとに庭園景観を変化させてきたものの、地割は絵図などから江戸中期以降、石組は古写真から幕末以降、大きな変化はなく、維持されてきたと考えられます。[44]

3 本丸庭園

本丸拡張〜幕末までの本丸庭園の変遷

3代将軍家光時代の本丸庭園は、『洛中洛外図屏風』に樹木が描かれていること、[45] 本丸御殿は大御所秀忠のために建造されたこと、また後水尾天皇が二の丸御殿から橋廊下を渡り、本丸御殿遠侍に入り、天守閣からの遠望を楽しんだ記録[46]があることから、庭園が存在したと推測されます。[47]

江戸時代中期の本丸庭園からも望めたと考えられる天守閣は、1750（寛延3）年に落雷によって焼失し、庭園景観にも変化がみられたと推測できます。また『京師順見記』（1768〈明和5〉年）に「…御庭に御花畑の跡、縁石有之、蒲藤有之、御天守台十間四方程…」と記されていること等から庭園が存在していたことは間違いありません。[48]

また、本丸御殿、隅櫓、多聞櫓等は、1788（天明8）年の天明の大火の飛び火によって焼失し、庭園も幕末まで空き地として維持されたと考えられます。

幕末になると、15代将軍慶喜は、1867（慶応3）年までに本丸内に居室と居室に付随した茶庭を設けました。古写真から本丸庭園には、茶室、燈籠、釣瓶の掛かる井筒、四つ目垣、低い盛土に灌木が植えられ、数本の落葉樹が認められ、飛石が打たれ白砂が敷かれた茶庭が存在していました。[49,50]

明治時代〜現在までの本丸庭園

幕末に作庭された本丸庭園は陸軍省所管時代の1881（明治14）年頃に建物とともに撤去され、空き地となりました。[51,52] 空き地となっていた本丸は、宮内省所管時代になると1893（明治26）〜1894（明治27）年にかけて、明治天皇の命により京都御苑内の旧桂宮家の屋敷の一部が本丸内に移築され、庭園は京都伏見の鳥羽離宮庭園の秋の山を参考に、植木商の井上清兵衛が自身の工夫を加え、1894（明治27）年12月に完成しました。当時の庭園は芝生を所々張り付け、枯山水の底敷や雨落ちの箇所に栗石や小砂利を敷き均し、白砂が敷かれる枯山水庭園でした。[53,54]

枯山水として作庭された本丸庭園は、1895（明治28）年5月に明治天皇が二条城に行幸された折、改造を命じられました。改造に当たっては、明治天皇の御指示に加え、皇太后の御意向も反映させて現在の芝庭風築山式庭園が、1896（明治29）年3月に完成しました。[55]

文献からみた本丸庭園

当時の作庭記録『明治28年度臨号明細書』からみた本丸庭園は、芝生を主体とした曲線的園路に加え、築山（月見台）に3方向から登り降りできる散策路を設け、多聞櫓跡には野芝、マツ、ヤマブキやハギ等の低木が植栽され、庭園内にはマツ、カエデ、モクセイ、低木のリュウキュウツツジ、ヤマブキ、サツキ、ウツギ、ハギ等の花木、キキョウ、ススキ、熊笹等、庭石、燈籠等の造園材料も利用されていたことがわかっています。[55,56]

本丸庭園の特徴［写真6、7］

作庭当初の本丸庭園は、築山（月見台）の頂上まで散策できるよう階段状に横木丸太を敷き、築山の所々に小ぶりな景石や燈籠が据えられていました。また、庭園内には四季折々で楽しめるように花木や草花・紅葉する樹木等を植栽し、芝生と曲線的な園路を設け、御殿からの眺望や四季を通じての散策が楽しめるよう作庭されていたと考えます。[55・56]

筆者がみる作庭の工夫（技法）

筆者がとらえる本丸庭園の作庭の工夫は以下の7点です。

- 築山（月見台）には小ぶりな景石が据えられ、築山がより大きくみえるよう遠近感に工夫が見られる。
- 園路の幅を場所によって変える事により遠近感に工夫がみられる。
- 花木や草花を活用し、四季を通じて楽しめるよう植栽に工夫がみられる。
- 建物内の三階から庭園が望めるよう、建造物側に築山を設ける等ゾーニングに工夫がみられる。
- 天守閣跡に丸太の切株を設置することによって、比叡山や大文字山、愛宕山系を座りながら望むことができる工夫が見られる。
- 燈籠を据え、所々に見どころを設ける工夫がみられる。
- 竣工写真では燈籠の火袋の火口に格子状の障子がはめ込まれ、夜間でも庭園が楽しめるような工夫がみられる。

写真6｜本丸庭園俯瞰（Googleマップに加筆） 画像©2025Airbus、Maxar Technologies、地図データ©2025 Google

写真7｜園路から築山を望む（2006年筆者撮影）

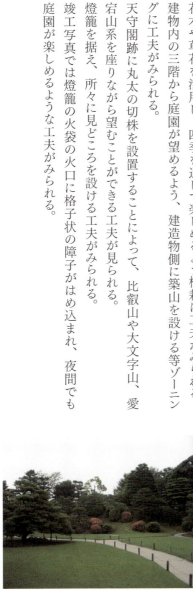

前述のように本丸庭園は、大御所秀忠のための本丸御殿に付随した庭園が焼失したのち、15代将軍慶喜のための居室と居室に付随した茶庭が設けられました。さらに、宮内省所管時には旧桂宮屋敷の遺構を移築し、枯山水庭園がつくられましたが、明治天皇の命により芝庭風築山式庭園として大改造され、今日に至っています。

以上のように現在の本丸庭園は約130年間、明治時代につくられた形態で維持されています。

4 清流園

築城から庭園作庭以前の清流園エリアの変遷

現在の清流園エリアは、初代将軍家康・秀忠時代には、天守閣と城内通路等であったことが『洛中洛外図屏風』から窺えます。[57]

3代将軍家光時代には、同心長屋・東番衆小屋が建てられ、1788（天明8）年の天明の大火の飛び火により焼失しましたが、のちに再建され、幕末まで同建造物が存在していました。[58]

京都府所管時代には、1878（明治11）年以前の図面を確認すると、幕末まで存在していた同心長屋・東番衆小屋は描かれていなかったことから、1878（明治11）年までに撤去されたと考えられます。[59]

大正時代になると、大正天皇御大礼の一つ「饗宴の儀」を行うための饗宴施設の調理所等が建造されました。大礼の翌年の1916（大正5）年には小川治兵衛らによって復旧工事が行われ、疎林式庭園として整備されました。[60]

宮内省所管時代に作られた疎林式庭園は京都市に下賜されてからも維持されていましたが、ＧＨＱの意向により１９５０（昭和25）年の第４回マッカーサー元帥杯スポーツ競技会を開催するため、テニスコート９面に転用されてしまいました。その後市民に開放され、城に不釣り合いなレクリエーション施設として利用されることになりました。[61・62]

清流園作庭について

作庭記録からみた清流園

京都市はかねてより外国からの賓客を迎える施設がなく、個人所有の庭園をしばしば借用していたことから、テニスコートを撤去し、二条城への新庭園の作庭を検討していました。

このような中、河原町二条にあった旧角倉了以屋敷の建物や庭石、燈籠等を無償で入手する機会を得た事により、遺構を再利用しつつ、また全国から集めた庭石、篤志家から寄贈された材料等によって和洋折衷庭園としての特徴をもつ新庭園を１９６５（昭和40）年に作庭しました。[63]

新庭園は、当時京都府文化財保護課の中根金作氏によって作庭の計画が立てられ、施工の総指揮には当時の二条城事務所所長石田四郎氏があたり、その下で当時の二条城事務所全職員が直営で行い、中根金作氏、15代佐野藤右衛門氏、小宮山博康氏、井上良一氏、垣口藤太郎氏ら京都を代表する造園家の指導、協力も得て完成しました。当時の高山義三市長が、新庭園を「清流園」、茶室を「和楽庵」、旧角倉了以屋敷を「香雲亭」と命名しました。

清流園の特徴［写真8〜10］

国賓や賓客を迎えるための迎賓施設として作庭された清流園は、東側半分の洋風庭園には芝生を敷き詰め、春、夏、秋と花木（サクラ、アセビ等）や紅葉（イチョウ、モミジ、メタセコイア、モミジバフウ等）が楽しめるようにし、西側半分の和風庭園は築山林泉式の様式をとり、西北隅に築山・滝口を配し、滝口〜遣水〜池に至り、池が庭園の1／3を占め、西側に新築の茶室和楽庵、北東に香雲亭を配した構成となっています。また、和風庭園と和楽庵からは東山を借景として見られるように、香雲亭からは本丸石垣、東橋を望めるようにつくられています。[64〜66] 現在では外国からの賓客の接遇場所、市民茶会や二条城ウェディングの会場等としても利用されています。

筆者がみる作庭の工夫（技法）

筆者がとらえる清流園の作庭の工夫は以下の8点です。

- 新しい庭園の中に、歴史を感じさせる建造物遺構（旧角倉了以屋敷）の移築や、新築で表千家の残月亭を模した建造物を取り入れることにより、付加価値を与えている。
- 花木（サクラ、サルスベリ、ウメ、アセビ、クチナシ等）や紅葉樹（イチョウ、メタセコイア、ハゼ、モミジ、モミジバフウ等）を利用し四季を通じて楽しめる植栽をしている。
- 和風庭園の庭門（梅軒門）をくぐると、正面にマツが植栽されており、滝や流れが見えないようした工夫（桂離宮の衝立の松のような工夫）がみられる。
- 和楽庵からの庭園景観は、近景として手前の池泉周辺に小ぶりなマツを配し、中景として洋風庭園に植栽された樹木が取り入れられ、遠景として東山を借景としても見られ、景観の連続性に工夫がみられる。
- 流れには沢飛び、庭園内には手水鉢、要所要所に燈籠等を据え、庭園に見どころを設けている。
- 香雲亭からの庭園景観は、本丸の石垣や東橋を借景として取り入れたものになっている。

・香雲亭西側には孟宗竹の突然変異と言われる亀甲竹を植栽し、珍しい竹を植栽することにより特徴のある空間を演出している。
・後付けではあるが、和風庭園には水車、洋風庭園には獅子に似た景石を据える等、見どころを追加している。

前述のように現在の清流園が作庭されるまでは、江戸時代には建造物（天守閣と城内通路、同心長屋・東番衆小屋）が存在するエリアとして利用され、宮内省所管時代には、大正天皇御大礼の饗宴施設が建造されましたが、大

写真8｜清流園俯瞰（Googleマップに加筆） 画像©2025Airbus、Maxar Technologies、地図データ©2025 Google

写真9｜和楽庵から東山方面を望む（2023年筆者撮影）

写真10｜園路から和楽庵方面を望む（2019年筆者撮影）

礼の翌年に疎林式庭園として緑地に整備されました。また、京都市に下賜されてからは、城とは不釣り合いなレクリエーション施設（テニスコート）として約15年間利用され、1965（昭和40）年に京都市の迎賓施設として清流園が作庭されました。現在、清流園は作庭から60年が経過し、昭和時代につくられた庭園として維持されています。

5 二条城庭園のまとめ

近世に築城された二条城は、1965（昭和40）年の清流園完成によって、近世／武家の御殿遺構に付随した徳川の城郭庭園（二の丸庭園）、近代／公家の御殿遺構に付随した皇室の離宮庭園（本丸庭園）、現代／商人の屋敷遺構等を再利用して作られた市民の公共庭園（清流園）の三つの独立した庭園をもつこととなりました。またそれぞれが時代的・空間的・景観的特性をもち、文化財的要素、観光地的要素、更に清流園の追加によって迎賓施設・集会施設的要素等も兼ね備え、異なる役割や特色をもった三つの庭園が近世に作られた一つのお城の中に存在していることが魅力であるとも言えます。また庭園以外にも、国宝二の丸御殿、本丸御殿等22棟の重要文化財建造物があり、展示・収蔵館では障壁画の原画を鑑賞でき、或いは梅や桜の名所としても知られる等、見所が数多くあります。

＊本章「探訪・二条城庭園の魅力」は、2019（令和元）年度に日本造園修景協会京都支部より依頼を受けた講演で配布した資料を利用し、2022（令和4）年の最新情報を盛り込んで加筆修正したものです。

参考引用文献

1 内田 仁（2006）『二條城庭園の歴史』東京農業大学出版会、p.36
2 吉永義信（1974）『元離宮二條城』小学館、p.306
3 文献1、p.46
4 文献2、p.306
5 中根金作（1986）『元離宮 二條城』京都市、小学館、p.52
6 勧修寺經雄（1930）『二條離宮の御庭を拜観して』京都園藝倶樂部、pp.24-27
7 重森三玲（1972）『推賞日本の名園〈京都・中国編〉』京都林泉協会編、誠文堂新光社刊、p.102
8 文献2、pp.310-311
9 西 和夫（1981）『二條城の建築史―造営実態の探求、姫路城と二條城、名宝日本の美術』第15巻、小学館、p.117
10 文献2、p.309
11 文献2、p.307
12 中島卯三郎（1943）「行幸圖屏風に現はれたる二條城二の丸庭園に就いて」『造園雑誌』10巻3號、p.27
13 内田 仁・本正進保・本正義則（2022）「後水尾天皇行幸時の二条城二の丸庭園における植栽に関する研究」『令和4年度日本造園学会関西支部大会研究・事例発表要旨集』日本造園学会関西支部、p.22
14 菅沼 裕（2015）「特集京都の庭園文化4」『会報』No.114、京都市文化観光資源保護財団、pp.7-8
15 高槻市編さん委員会（1974）「永井家文書」『高槻市史』第4巻（一）、史料編II、pp.669-673,742,744 引用
16 文献14、p.7
17 文献13、pp.21-22
18 澤島英太郎・吉永義信（1942）『二條城』相模書房、p.98
19 西 和夫（1981）『姫路城と二條城、名宝日本の美術』第15巻、小学館、p.120
20 高畑雅一・酒井英樹・森 一彦（2019）「二条城二の丸庭園の好まれる風景と視点場」『日本建築学会計画系論文集』第84巻、pp.2281-2289
21 文献18、pp.7-99
22 文献5、p.51
23 仲隆 裕（1992）「書院庭園の座観性に関する一考察」『造園雑誌』55巻5号、pp.103-108
24 久恒秀治（1967）『京都名園記』上巻、誠文堂新光社、p.125
25 平井 聖著、森 蘊・村岡 正監修（1980）「城とその庭園」『太陽・庭と家シリーズI』公家・武将の庭、平凡社、p.133
26 文献1、p.38
27 中村 一・尼崎博正（2004）『風景をつくる』昭和堂、p.175
28・29 文献1、p.38
30 太田浩司（1997）『小堀遠州とその周辺―寛永文化を演出したテクノクラート―』市立長浜城歴史博物館、pp.49,89
31 文献1、pp.41,54（図11享保15（1730）地割改修後の二の丸庭園 二條御城中二之御丸／御庭蘇鉄有所之図（中井正知氏蔵）参照）
32 詳細は「7章 補足説明 二の丸庭園編 江戸中期の二の丸庭園改修理由」p.116を参照ください。
33 齋藤洋一（1994）『二条城―黒書院障壁画と幕末の古写真―』松戸市戸定歴史館、pp.30-32,39,92,94
34 文献1、pp.44,57,58（幕末写真と2005〈平成17〉年比較写真参照）
35 東京都江戸東京博物館編集／元離宮二条城事務所編集／読売新聞社編集／博報堂DYメディアパートナーズ編（2012）『二条城展 江戸東京博物館開館20周年記念』東京都江戸東京博物館、pp.148,149
36 京都府（1881）「明治11ー0027 二條城借受定約井本丸返戻一件」『京都府庁文書』二條城郭内樹木井石礶員數明細書の条他、京都府立京都学・歴彩館蔵、pp.50-51,70-73,123-125,244-246
37 文献1、p.62
38 文献2、p.310

39 文献1、p.70
40 中島卯三郎（1932）「京都に於ける御所と離宮の御庭に就いて」『庭園と風景』（14）、日本庭園協会、p.296
41 恩賜元離宮二條城事務所（1941）『恩賜元離宮二條城』恩賜元離宮二條城事務所　代表者勝田圭通、p.68　勝田氏は京都市二条城事務所初代所長。
42 文献2、p.310
43 鈴木 誠（1987）「庭園の経年的変化に関する研究」『造園雑誌』50巻5号、p.36-41
44 内田 仁・鈴木 誠（2001）「二條城二の丸庭園における庭園景及び担った役割の変遷」『ランドスケープ研究』65、巻1号、p.41-51
45 文献1、pp.39,48,52
46 小沢朝江（1996）『二条城　京洛を統べる雅びの城』歴史群像名城シリーズ⑪、学習研究社、p.124
47 文献1、p.39
48 文献1、p.43
49 文献1、pp.44-45,58（幕末写真参照）
50 文献35、p.147及び文献33、pp.34-35,94
51 京都市他（2020）『史跡旧二条離宮（二条城）保存活用計画』京都市文化市民局元離宮二条城事務所、p.37
52 京都新報社（1881）「京都新報　1881（明治14）年7月9日付」（高橋脩二氏調べ）
53 文献1、p.68
54 今江秀史（2023）「明治二七・八年の二条離宮本丸庭園の庭造及び改修に係る工事録」『研究紀要元離宮二条城』第2号、p.231
55 文献1、p.69
56 内田 仁（1994）「近代における二條城本丸庭園の地割・植栽の経年変化について」『造園雑誌』57巻5号、pp. 7-12
57 文献1、pp.36,48
58 文献1、pp.43,45,48
59 文献1、p.63
60 文献1、pp.70-72
61 京都新聞の1950（昭和25）年1月12日付け記事には、第4回マッカーサー杯競技大会開催地が、会場施設3月完成の条件付きで京都開催が決まり、テニスコートは二条城内に着工することになったと記されています。また、8月16日付けの記事には、第四回マッカーサー元帥杯都市対抗競技大会は16日の開会式をもってフタをあけ、17日～19日の3日間二条城で競技が行われることが記され、18日～20日にかけて競技結果が報じられていました。
62 文献1、pp.99,123
63 北山正雄（1965、2001）「庭園（清流園）造成の記録」内田 仁蔵
64 荒賀利道（1970代頃）『二条城の緑と花』京都市元離宮二条城事務所、p.6-7
65 内田 仁・北山正雄（2001）「二條城清流園の成立過程及び地割・植栽の経年変化について」『ランドスケープ研究』64巻5号、pp. 447-450
66 宇野幸次（1990頃）「清流園について」内部資料（宇野幸次氏まとめ）、元離宮二条城事務所

吉永義信（1985）『二条城二之丸庭園、日本庭園史―昭和初期ころの回想―』小学館、pp.20-29,213
重森完途（1957）『二条城庭園、日本の庭園芸術2』理工図書株式会社、pp.1-7,23
中根金作（1999）『二条城二之丸庭園、中根金作　京都名庭百選』淡交社、pp.459-462
野村勘治監修（2008）『小堀遠州　気品と静寂が貫く綺麗さびの庭』京都通信社、p.34-45
京都市文化市民局元離宮二条城事務所（2019）『世界遺産二条城公式ガイドブック』、pp.6-7（二条城の歴史を辿る）、pp.8-22（History01-05）、pp.23-26（今の二条城を知る）、pp.38-39（二の丸庭園）、pp.41-46（本丸御殿）、p.P54（清流園）、p.61（やっぱりスゴイ!-二条城）
今江秀史（2020）『京都発・庭の歴史』世界思想社、pp.100-108
松本直子（2012）「二条城　京の城のジレンマ」『大学的京都ガイド―こだわりの歩き方』同志社大学京都観学研究会、pp.145-161

3章

後水尾天皇行幸時の二条城二の丸庭園の植栽について

二条城二の丸庭園については、築城時の庭園及び二の丸庭園成立から1999年現在までの約400年間を時代別に調査し、庭園景及び担った役割を通史的にまとめた『二條城二の丸庭園における庭園景及び担った役割の変遷』[1]があります。

ここでは、『小堀遠州差出栗山大膳宛書状』（以下、『遠州書状』）[2]の元所有者の本正進保氏、現所有者の岩手県ふるさと振興部所属の本正義則氏と共に、2022（令和4）年度日本造園学会関西支部大会で研究・事例発表を行った『後水尾天皇行幸時の二条城二の丸庭園における植栽に関する研究』[3]を紹介します。

1 研究の経緯

2012（平成24）年、私が二条城事務所に在職中、岩手県盛岡市にお住まいの本正進保氏から『遠州書状』の情報提供をいただきました。二条城事務所としては何も対応することができなかったため、その史料を基にした共同研究を持ちかけました。しかし、同年4月に職場異動があったことに加え、本正氏の大切なお手紙を紛失してしまったことなどが重なり、共同研究の実現までに10年の歳月が経過してしまいました。その間、大学の大先輩でもあった本正氏は、宮沢賢治の御研究に加え、当時、朝日新聞盛岡支局の成田 認氏の協力を得て、『遠州書状』の公表に尽力されていたことを後で知りました。2019（平成31）年にお亡くなりになった本正氏とのお約束を果たすべく、研究を再開したのは2022（令和4）年。御子息の義則氏に御協力いただき、なんとか『後水尾天皇行幸時の二条城二の丸庭園における植栽に関する研究』として発表することができたと考えていました。

しかし発表後、本正義則氏の調べにより、この『遠州書状』は、既に1994（平成6）年に山田 勲氏著『岩手の茶道史』（岩手県茶道協会）[4]によって公表されていたことがわかりました。また山田氏の情報を基に、苫米地宣裕氏が『栗山大膳とその後裔』（2015）[5]でも紹介されていたことを知りました。

ただ、山田氏の本では『遠州書状』の内容が「二條城の築庭のため大膳に蘇鉄を送るようにと依頼したもの」として解釈されていましたが、翻刻及び現代語訳によって、その内容が若干異なることがわかりました。

また、当初の関西支部投稿への原稿は『遠州書状』を中心にまとめていましたが、入稿締め切りの直前に「二条城には60本あまりの蘇鉄が植えられていた」というネット記事を目にし、大本の情報源を突き止めると、菅沼 裕氏による報告であることがわかりました。

菅沼氏の報告[6]には、根拠史料が明記されていなかったため、直接お尋ねしたところ、快く根拠史料を教えていただきました。

以下、『後水尾天皇行幸時の二条城二の丸庭園における植栽に関する研究』を加筆修正した内容です。

2 研究の意図

世界遺産二条城は、今から約420年前の1603（慶長8）年に徳川家康によって造営されました。その後、1624（寛永元）年から1626（寛永3）年にかけて、3代将軍家光が後水尾天皇の行幸を仰ぐため、二の丸御殿などの改築、本丸や行幸諸施設などの増築を行い、また既存の庭園を改作し、現在の二の丸庭園が完成したと考えられています。

後水尾天皇行幸は、1626（寛永3）年9月6日から10日の5日間で行われ、二条城にとって最も華やかな時代となりました。しかし、行幸後間もない1627（寛永4）年から、行幸諸施設などがさまざまな所へ移築・撤去され、1652（承応元）年頃までに大規模な改変が行われました。その結果、二の丸庭園は作庭当初の意図が次第に薄れていきました。

本研究は庭園の原点に戻り、後水尾天皇行幸時（作庭当初）の二条城二の丸庭園の植栽を対象としました。まず、作庭当初の二の丸庭園の植栽に関する既往研究を概観し、研究の意図を述べたいと思います。

後水尾天皇行幸時、作庭当初の二の丸庭園の植栽に関する研究は、昭和時代に吉永義信氏、[7~9]中島卯三郎氏による『東武實録』の報告、中島氏の「行幸図屏風にみる庭園や樹木の解析」[10]などがありました。その後、平成後期になると、菅沼 裕氏により、「…資料によると、寛永年間当初には60本あまりのソテツが植えられていた…」[11]という報告が行われたものの、三者の報告以外には新史料による報告はほとんどありませんでした。

しかし、今回新たな史料『遠州書状』が得られたため、『遠州書状』の検証、既往報告、菅沼氏報告の根拠史料の検証を基に、後水尾天皇行幸時の二条城二の丸庭園における植栽について考察しました。

次に、既往研究の詳細をみることとします。

3 既往研究の詳細

後水尾天皇行幸時の二の丸庭園の植栽に関する既往研究は、吉永義信氏、中島卯三郎氏らによって『東武實録』[12・13]（寛永三年五月三日の條）〔写真1〕が明らかにされ、吉永氏は、「鍋嶋信濃守勝重（ママ）、半弓二張、掛硯二、京都二條城御庭ニ植ラルヘキ蘇銕一本ヲ獻ス。依テ奉書ヲ送ル。」について、「…二條城に贈つた蘇鐵は、…後水尾天皇の行幸を奉迎するために、二之丸庭園の修飾に用ひられたのである」、「…「寛永行幸御城内之圖」にみるが如く、庭園としては二之丸庭園以外にはなかつたのであるから、「二條城御庭」は二之丸庭園を意味するは云ふまでもない。」[14]と見解を示しています。また、中島氏は、『東武實録』及び『寛永行幸図屏風一双』（京都新實氏舊蔵）にみる庭園や樹木の解析について、「…此記事は御覧の通りソテツ其の他献納の記事で之を以て二の丸庭園にソテツを植栽したと見るのは少しく早計かもしれないが、確に一つの資料たるに誤りはない。又此の行幸圖屏風に依れば瀧もあり岩組もあり樹木もソテツもあることが判明するのであるから二の丸庭園研究の一の資料として相當重くみることが出來やうかと思はれる。」[15]と報告しています。筆者と共同研究者の鈴木 誠は、蘇鉄の間の存在から「二條城御庭」が二の丸庭園であることは妥当だろうと支持しました。[16]

その後、菅沼 裕氏は、「…資料によると、寛永年間当初には60本あまりのソテツが植えられていた…」、「承応2年（1653）、京都御所が炎上し…小御所の庭に植えられていたソテツが火事で焼けてしまったため、代わりのソテツが必要となりました。…二条城のソテツを移植することとなり、15本が京都御所に移ることとなりました。」[11]と報告しました。二の丸庭園には青石と蘇鉄が林立し、蘇鉄のほとんどは自生地の琉球か薩摩から運ばれてきたものであると推測する見解を示しています。ただし、これに関する根拠史料の記載はありません。

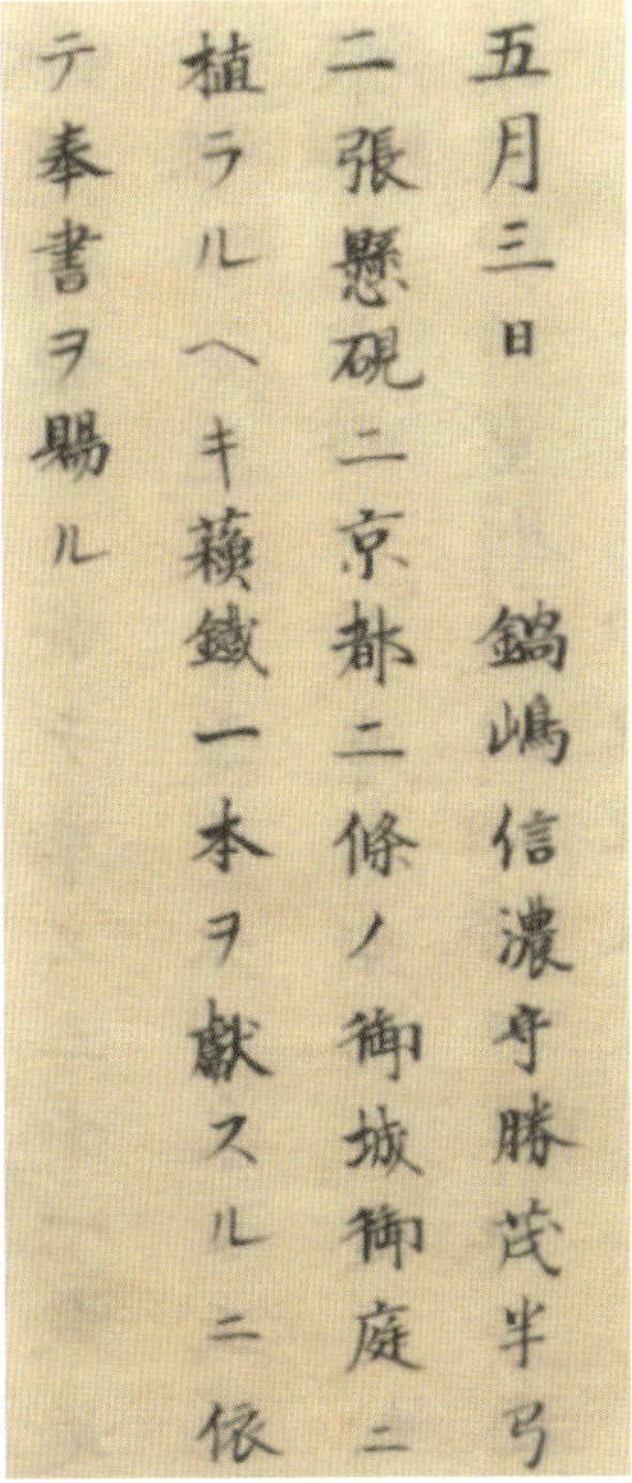
五月三日　鍋嶋信濃守勝茂半弓
二張懸硯ニ京都二條ノ御城御庭ニ
植ラルヘキ蘇鐵一本ヲ獻スルニ依
テ奉書ヲ賜ル

写真1｜『東武實録』(1626〈寛永3〉年)、国立公文書館デジタルアーカイブ蔵、No.6、p.15,114転載、一部抜粋

4 研究方法

今回新たに得られた『遠州書状』は、小堀遠州が栗山大膳に宛てた書状で、そこには二条城二の丸庭園に関わる記述がありました。[17〜19] 書状は掛軸に張り付けられたもので、書体はくずし字であったため、解読には岩手県の北上市立中央図書館の近世・近代文書調査員 沼山源喜治氏の協力を得て、翻刻及び現代語訳していただきました。さらに、京都府立京都学・歴彩館の古文書担当者の協力も得て、現代語訳していただき、書状内容を検証しました。

菅沼氏の報告には根拠史料が記載されていなかったため、菅沼氏への聞き取りを行い『永井家文書』によるものであることがわかりました。江戸時代初期に幕府の畿内支配の一翼を担った永井直清（山城長岡藩主、のち摂津高槻城主）に宛てた、老中など幕府要路からの奉書・書状からなる文書で、二条城に関連した内容は、「江戸幕府老中連署状」に二条城と蘇鉄の記述が確認されました。書体は漢字、カタカナ、ひらがなであるため、京都府立京都学・歴彩館の古文書担当者の協力を得て解読し、内容を検証をしました。

次に、『遠州書状』、『永井家文書』の解読や検証をした研究の結果について述べます。

5 研究の結果

『遠州書状』について

『遠州書状』（写真2）を翻刻・現代語訳[20]していただいた結果、以下の通りとなりました。「卯月五日之御状　到来披見申候。　然者、二條之御殿　御泉水之植木　方々より被指上候間、様子申入候處ニ　蘇鉄十本早々　御上ケ尤ニ存候。　何度被入御念候故、見事与（と）参意申候。…両御前様御上洛　五月下旬之様ニ申候。…小堀遠江守　四月廿六日　（花押）栗大膳様」（図1）と記されていました。

翻刻文の現代語訳は「四月五日の書状が　到来、開いて見ました。　さて、二條の御殿　御泉水の植木（について）　方々から献上されるので　（貴殿へ）事情をお話したところ　蘇鉄十本を早速　献上されたこと、良かったと思います。　いくども念を入れられたことゆえ、見事と賛辞を申し上げます。…両御前様の御上洛は　五月下旬のように申しております。…」という内容でした。『遠州書状』には主に、二条城御泉水の植木として方々から献上されていること、福岡藩の蘇鉄を10本献上したことに対しての賛辞、両御前様の上洛予定、病気見舞いなどが記述されていたことがわかりました。なお、栗山大膳は福岡藩の黒田家の家老でしたが、黒田家御家騒動[21]により1633（寛永10）年、盛岡藩の南部家預かりとなった武将で、小堀遠州とは親交があっ

写真2｜『小堀遠州差出栗山大膳宛書状』（本正義則氏蔵）

たことが知られています。

『遠州書状』の記述年代について検証すると、『東武實録』の記述年月は1626（寛永3）年5月、両御前様上洛年月は大御所秀忠が同年6月、将軍家光が同年8月、後水尾天皇行幸年月は同年9月。行幸諸施設の移築・撤去開始時期は後水尾天皇行幸後の翌1627（寛永4）年、『遠州書状』の記述内容を考え合わせると、1626（寛永3）年4月26日に書かれたものと考えられ、後水尾天皇行幸時の庭園に関する記述史料の中で最も古いものといえます。

さらに、『遠州書状』の文中の「御泉水」は、後水尾天皇行幸の頃の絵図『寛永行幸御城内図』[22]や『二條御城中絵図』[23]にも二の丸庭園内に「御泉水」の文字が確認できることから、二の丸庭園であることが明らかとなりました。

省略

卯月《うづき》五日《いつか》之《の》御状《ごじょう》

到来《とうらい》披見《ひけん》申《もうし》候《そうろう》。

然者《しかれば》、二條《にじょう》之《の》御殿《ごてん》

御泉水《ごせんすい》之《の》植木《うえき》

方々《ほうぼう》より被指上《さしあげられ》候《そうろう》間《あいだ》、

様子《ようす》申入《もうしいれ》候《そうろう》處ニ《ところに》

蘇鉄《そてつ》十本《じゅっぽん》早々《そうそう》

御上ケ《おあげ》尤ニ《もっともに》存《ぞんじ》候《そうろう》。

何度《なんど》被入御念《ごねんをいれられ》候《そうろう》故《ゆえ》、

見事与《みごとと》（と）参意《さんい》申《もうし》候《そうろう》。

省略

両御前様《りょうごぜんさま》御上洛《ごじょうらく》

五月下旬之様ニ《ごがつげじゅんのように》申《もうし》候《そうろう》。

省略

小堀遠江守《こぼりとおとうみのかみ》

四月廿六日　（花押）4

栗大膳様

図1｜『小堀遠州差出栗山大膳宛書状』の翻刻文抜粋引用（本正義則氏蔵）

『永井家文書』について

次に、菅沼氏の報告の根拠史料『永井家文書』[24]の検証の結果についてです。菅沼氏が『特集京都の庭園文化4』で報告した「…資料によると、寛永年間当初には60本あまりのソテツが植えられていた…」という記述の根拠史料は、1655（明暦元）年8月19日付の「一五六　江戸幕府老中連署状［五―四］」〔図2〕にみることができます。この連署状は、1655（明暦元）年8月7日に永井日向守と小堀仁右衛門が、幕府老中ら宛てに出した書状の返事（同年8月19日）で、禁中の庭の造庭に関する質問や提案などの相談事に対する回答が記述されています。

二条城に関する箇所の現代語訳は、「禁中の庭に蘇鉄を植えたいと考えているが、立派な蘇鉄というものは、商売で扱っているものがなく買うことができない。二条城には60本あるということなので、そのうち20本を移植してはどうかという提案について、（将軍に）申し上げたところ、差し上げてもよいとのことであった。ただ、二条城に行幸がある場合を考えると、二条城にとっては必要なものであるから、板倉周防守と一緒に蘇鉄の状況を確認して、良いものと悪いものを取り混ぜて移植してはどうか。板倉周防守にもこのことは知らせておいた。蘇鉄を確認に行く時には前もって、二条御番頭衆へもあらかじめ相談しておいて、周防守と二条御番頭衆も一緒に行って確認しなさい。」というような内容でした。

次に菅沼氏が『特集京都の庭園文化4』で報告した「承応2年（1653）、京都御所が炎上し…小御所の庭に植えられていたソテツが火事で焼けてしまったため、代わりのソテツが必要となりました。…二条城のソテツ

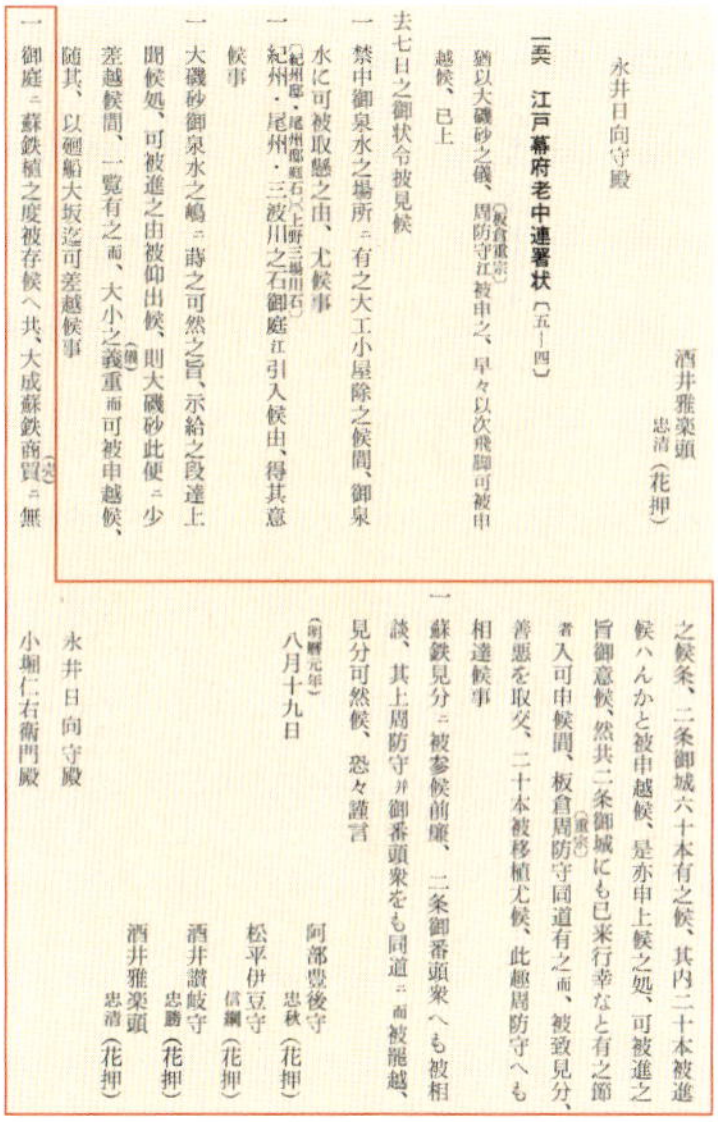
酒井雅楽頭
忠清（花押）
永井日向守殿
一五六　江戸幕府老中連署状〔五―四〕
猶以大磯砂之儀、周防守〔板倉重宗〕江被申之、早々以次飛脚可被申越候、已上
去七日之御状令被見候
一 禁中御泉水之場所ニ有之大工小屋除之候間、御泉水に可被取懸之由、尤候事
一 紀州・尾州・三波川之石御庭江引入候由、得其意候事
一 大磯砂御泉水之嶋ニ蒔之可然之旨、示給之段達上聞候処、可被進之由被仰出候、則大磯砂此使ニ少差越候間、一覧有之而、大小之義重而可被申越候、随其、以廻船大坂迄可差越候事
一 御庭ニ蘇鉄植之度被存候へ共、大成蘇鉄商買ニ無之候条、二条御城六十本有之候、其内二十本被進候ハんかと被申越候、是亦申上候之処、可被進之旨御意候、然共二条御城にも已来行幸なと有之節者入可申候間、板倉周防守〔重宗〕同道有之而、被致見分、善悪を取交、二十本被移植尤候、此趣周防守へも相達候事
一 蘇鉄見分ニ被参候前廉、二条御番頭衆へも被相談、其上周防守并御番頭衆をも同道ニ而被罷越、見分可然候、恐々謹言
〔明暦元年〕八月十九日
阿部豊後守
忠秋（花押）
松平伊豆守
信綱（花押）
酒井讃岐守
忠勝（花押）
酒井雅楽頭
忠清（花押）
永井日向守殿
小堀仁右衛門殿

図2｜「一五六　江戸幕府老中連署状〔五－四〕」転載に加筆。出典：高槻市編さん委員会（1974）「永井家文書」『高槻市史』第4巻（一）史料編II、p.742

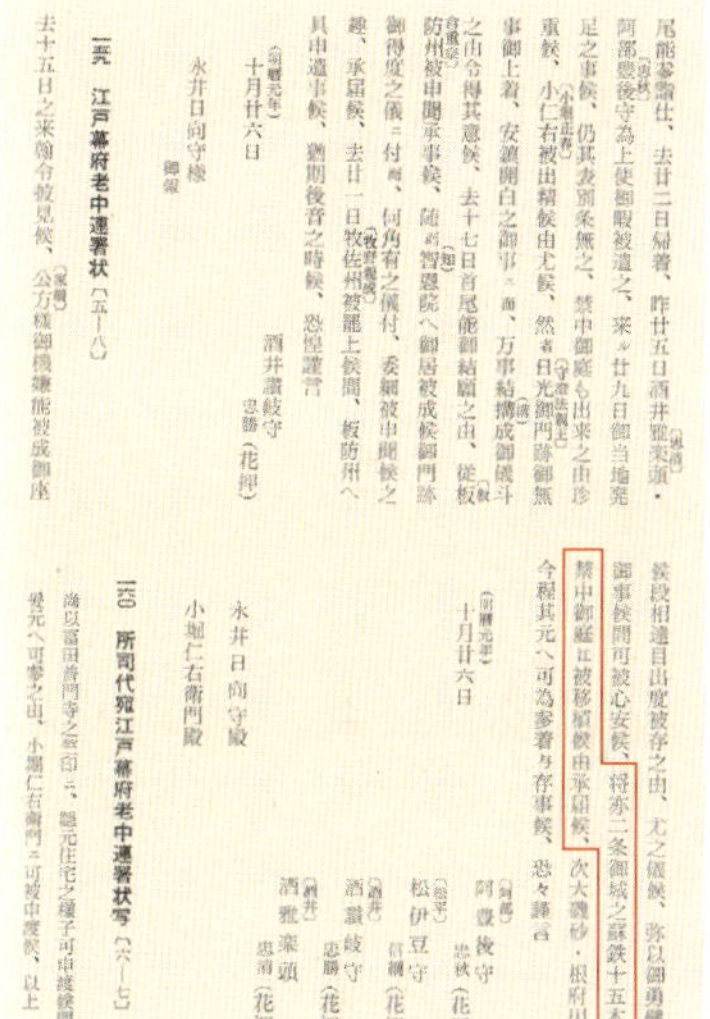
尾能参勤仕、去廿二日帰着、昨廿五日酒井雅楽頭・阿部豊後守為上使御暇被遣之、来ル廿九日御当地発足之事候、仍其表別条無之、禁中御庭も出来之由珍重候、小仁右被出精候由尤候、然者日光御門跡御無事御上着、安鎮開白之御事ニ而、万事結構成御儀斗之由令得其意候、去十七日首尾能御結願之由、従板防州被申聞承事候、随而智恩院へ御居被成候御門跡御得度之儀ニ付而、何角有之儀付、委細被申聞候之趣承届候、去廿一日牧佐州被罷上候間、板防州へ具申遣事候、猶期後音之時候、恐惶謹言
〔明暦元年〕十月廿六日
酒井讃岐守
忠勝（花押）
永井日向守様
御報
一五九　江戸幕府老中連署状〔五―八〕
去十五日之来翰令披見候、公方様御機嫌能被成御座候段相達目出度被存之由、尤之儀候、弥以御勇健之御事候間可被心安候、将亦二条御城之蘇鉄十五本、禁中御庭江被移植候由承届候、次大磯砂・根府川石、今程其元へ可為参着与存事候、恐々謹言
〔明暦元年〕十月廿六日
阿部豊後守
忠秋（花押）
松平伊豆守
信綱（花押）
酒井讃岐守
忠勝（花押）
酒井雅楽頭
忠清（花押）
永井日向守殿
小堀仁右衛門殿
一六〇　所司代宛江戸幕府老中連署状写〔六―七〕
尚以冨田善門寺之印ニ、元住宅之様子可申越候間、
是元へ可参之由、小堀仁右衛門ニ可被申渡候、以上

図3｜「一五九　江戸幕府老中連署状〔五－八〕」転載に加筆。出典：高槻市編さん委員会（1974）「永井家文書」『高槻市史』第4巻（一）史料編II、p.744

を移植することとなり、15本が京都御所に移ることとなりました。」という記述の根拠史料は、1655（明暦元）年10月26日付の「一五九　江戸幕府老中連署状［五―八］」［図3］にみることができます。1655（明暦元）年10月15日に永井日向守と小堀仁右衛門が幕府老中ら宛てに出した書状の返事（同年10月26日）がこの連署状です。現代語訳は、「二条城の蘇鉄15本を禁中の庭へ移植したとの報告は確かに承った。」というような内容でした。なお、『永井家文書』には、二の丸庭園を示す「御泉水」や「二條城御庭」という記述はありませんでした。

以上のように『永井家文書』からは、後水尾天皇二条城行幸から29年後の1655（明暦元）年8月時点では、二条城に蘇鉄が60本存在し、同年10月には二条城の蘇鉄15本を禁中の庭に移植したことがわかりました。最後に、本研究のまとめに加えて、『遠州書状』が二の丸庭園の作者を裏付ける史料になり得ることに触れておきます。

6　まとめ

今まで後水尾天皇行幸時の二条城二の丸庭園における植栽に関する既往研究は、吉永義信氏、中島卯三郎氏、菅沼 裕氏らの報告以外ほとんどありませんでした。しかし、新史料の『遠州書状』、既往報告、菅沼氏の報告の根拠史料となる『永井家文書』の検証によって、後水尾天皇行幸時の二の丸庭園の植栽史に新たな知見が追加されました。

また1626（寛永3）年9月、後水尾天皇の二条城への行幸を仰ぐための準備にあたり、二の丸庭園の植木として、方々より銘木や蘇鉄（福岡藩10本、鍋島藩1本）が献上され、その他蘇鉄が自生する藩からも献上があったことが推測されました。

１６５５（明暦元）年、後水尾天皇二条城行幸から29年後には、二条城内に蘇鉄60本が存在し、全て二の丸庭園に存在していたとは史料不足のため裏付けることはできません。しかし、後水尾天皇行幸時の二の丸庭園は林立するほどの本数の蘇鉄が植栽された庭園であったと考えられます。

さらに、二の丸庭園の小堀遠州作を裏付ける最も古い記述は[25~29]、２００６（平成18）年筆者[30]によって『京師順見記』（１７６８〈明和５〉年）とされていました。しかし、『遠州書状』は小堀遠州の自筆によるもので、二の丸庭園の植木について触れる唯一の史料であり、作者としての作庭当初からの関わりを想像させる史料になり得ることがわかりました。

参考引用文献

1 内田 仁・鈴木 誠（２００１）「二條城二の丸庭園における庭園景及び担った役割の変遷」『ランドスケープ研究』65巻1号、p.41-51 ［二次元コード］StageＨＰより ２０２５年２月5日現在閲覧可能

2 本正義則蔵（２０２２）『小堀遠州差出栗山大膳宛書状』

3 内田 仁・本正進保・本正義則（２０２２）「後水尾天皇行幸時の二条城二の丸庭園における植栽に関する研究」『令和４年度日本造園学会関西支部大会 研究・事例発表要旨集』日本造園学会関西支部、pp.21-22 ［二次元コード］造園学会関西支部ＨＰより ２０２５年２月5日現在閲覧可能

4 山田 勲（１９９４）『岩手の茶道史』岩手県茶道協会、p.55

5 苫米地宣裕（２０１５）『栗山大膳とその後裔』苫米地宣裕、p.79

6 菅沼 裕（２０１５）「特集京都の庭園文化４」『京都市文化観光資源保護財団、会報』１１４、pp.5-8

7 澤島英太郎・吉永義信（１９４２）『二條城』相模書房、p.105

＊なお、吉永義信氏の他に、勧修寺經雄氏、中島卯三郎氏、恩賜元離宮二條城事務所も共通して、もともと二の丸庭園には樹木が全くなかったという説について記述しています。詳細は、「7章 補足説明 二の丸庭園編 もともと二の丸庭園には樹木がなかったという説について」pp.118-120に譲りますが、結論としては、幕末の古写真にみる庭園景観が、歳月とともに言い伝えや説として残ったものと考えられます。

8 吉永義信（１９５８）「6 二条城二の丸庭園」『日本の庭園』至文堂、p.243

9 吉永義信（１９７４）『元離宮二條城』小学館、p.307

10 中島卯三郎（１９４３）「行幸圖屏風に現はれたる二條城二の丸庭園に就いて」『造園雑誌』10巻3號、pp.22-27

11 文献6、p.7

12 松平忠冬（１６２６）『東武實録』13巻、国立公文書館デジタルアーカイブ蔵、pp.15/114

13 史籍研究會（１９８１）「東武實録」（一）」『内閣文庫所蔵史籍叢刊』第１巻、汲古書院、p.249

＊『東武實録』とは江戸幕府官撰による2代将軍秀忠の事跡録で、京都府立京都学・歴彩館の古文書担当者によれば、写本によって若干の表現が異なるものもあるのことでした。内閣文庫所蔵史籍叢刊　第１巻　東武實録（一）の寛永３年５月３日の条には、「鍋嶋信濃守勝茂半弓二張懸硯二京都二條ノ御城御庭ニ植ラルヘキ蘓鐵一本ヲ獻スルニ依テ奉書ヲ賜ル」と記載されています。

14 文献7、p.105

15 文献10、p.27

16 文献1、p.45

17 文献3、p.22

＊なお、１６２６（寛永３）年頃の栗山大膳は福岡藩家老で、同年８月29日に福岡藩藩主・黒田長政が亡くなり、のちの黒田家御家騒動の原因となる不行跡が目立つ嫡男・忠之のこと等の事情を抱えていた時期でした。書状は、黒田家御家騒動により、１６３３（寛永10）年に盛岡藩の南部家預かりとなった時に持参したものではないかと推測します。

18 文献4、p.55

＊「栗山大膳は盛岡にお預けになって来たとき、小堀遠州の手紙を二通持参してきている。一は、二條城の築庭のため大膳に蘇鉄を送るようにと依頼したもの（本正宗津旧蔵）…」と記しています。

19 文献5、p.79

「…大膳は、盛岡に来るとき、親交のあった遠州の手紙2通を持参した。一つは、二条城の築庭のため、大膳にソテツを送るようにと依頼したもの、…」と記されています。

20 沼山源喜治（２０２２）『小堀遠州差出栗山大膳宛書状』の翻刻及び現代語訳、本正義則蔵

21 岩手県（２０１９）【岩手とゆかり】黒田騒動と盛岡藩」岩手県ホームページ、https://www.pref.iwate.jp/kengai/fukuoka/1073720/1073723.html

＊岩手県ＨＰには、栗山大膳についても掲載されています。

22 川上　貢（１９８６）「寛永行幸御城内図」『元離宮 二條城』京都市、小学館、p.48

＊１６２６（寛永３）年後水尾天皇行幸の頃の絵図と考えられる「7　寛永行幸御城内図　宮内庁」にも、「嶋」の東側に「御泉水」という文字が確認できます。

23 西 和夫（１９８１）「二條城の建築史―造営実態の探求、姫路城と二條城」『名宝日本の美術』第15巻、小学館、p.117

＊１６２６（寛永３）年後水尾天皇行幸の頃の絵図と考えられる図 112「二條御城中絵図」には、中島の東側に「御泉水」という文字が確認できます。

24 高槻市編さん委員会（１９７４）『永井家文書、高槻市史』第４巻（一）史料編Ⅱ、pp.669-673,742,744

＊本文のように、永井家文書「一五六　江戸幕府老中連署状［五―四］」には、１６５５（明暦元）年８月７日永井日向守と小堀仁右衛門が、幕府老中ら宛てに出した書状の返事（同年8月19日）が記載され、禁中の庭の造庭に関する質問や提案などの相談事に対する回答が記述されています。文中では二条城の蘇鉄を禁中の庭へ分けるために、４代将軍家綱に確認していることや行幸時の事などについても触れていることから、後水尾天皇行幸から29年後も二の丸庭園が大事に維持されていたことが推察されます。

25 恩賜元離宮二條城事務所（１９４１）『恩賜元離宮二條城』恩賜元離宮二條城事務所　代表者勝田圭通、p.65

26 文献7、p.102

27 文献8、p.241

28 文献9、pp.306-307,309

29 中根金作（１９８６）『元離宮 二條城』京都市、小学館、p.53

30 内田 仁（２００６）『二條城庭園の歴史』東京農業大学出版会、pp.16,42

＊なお『京師順見記』は、駒　敏郎・村井康彦・森谷尅久（１９９１）「京

師順見記」『史料京都見聞記』第2巻　紀行II、法藏館、p.220で確認しました。二の丸庭園の作者について記述している文献は、恩賜元離宮二條城事務所、[*1] 吉永義信、[*2~4] 中根金作により、[*5]『二條御城御指図』（宮内庁書陵部）が1788（天明8）年以降に貼り付けられた付箋「御庭 小堀近江守好」を理由として、最も古い史料とされていました。また準じる史料として、吉永義信、[*6] 中根金作ら[*7]によって報告された『嘉永4年（1851）頃の京都巡見記』に記されている「…此御庭小堀遠州作の由…」の記事が古いとされています。その後、筆者が[*8]『京師順見記』（1768〈明和5〉年）が最も古い史料であると報告しました。しかし、今回の新史料『小堀遠州差出栗山大膳宛書状』（1626〈寛永3〉年と推定）において、小堀遠州自ら二の丸庭園の植木のことを記述しており、二の丸庭園作庭当初からなんらかの関わりを想像させる最も古い史料になり得ることがわかりました。[*9]

＊1 文献25、p.65
＊2 文献7、p.102
＊3 文献8、p.241
＊4 文献9、pp.306-307
＊5 文献29、p.53
＊6 文献9、p.309
＊7 文献29、p.53
＊8 文献30、pp.16,42
＊9 文献3、pp.21-22

中川泉三（1914）「小堀遠州家の系図に就いて」『歴史地理』日本歴史地理學會、pp.188-193
森蘊（1941）「小堀遠州の造庭」『建築史』第三巻六号、建築史研究會、吉川弘文館、pp.211-234
森蘊（1966）「小堀遠州の作事」『奈良国立文化財研究所学報』第十八冊、文化財保護委員会、pp.5,33-38,70-71
森蘊（1974）『小堀遠州』創元社、pp.138-142
森蘊（1988）『小堀遠州』吉川弘文館、pp.203-211（遠州の書状）
野村勘治監修（2008）『小堀遠州　気品と静寂が貫く綺麗さびの庭』京都通信社、pp.34-45
小野重喜（2016）『栗山大膳、黒田騒動その後』花乱社、pp.87-106

情報提供頂いた本正進保氏には、共同研究のお約束の実現が遅れましたことをお詫びするとともに、心より感謝申し上げ、ご冥福をお祈りいたします。

◉二次元コードは、アララが提供する「クルクル－QRコードリーダー」アプリを利用して筆者が作成したものです。

Column

小堀遠州のオーラがにじみ出る

『小堀遠州差出栗山大膳宛書状』の翻刻及び現代語訳

『小堀遠州差出栗山大膳宛書状』の翻刻及び現代語訳は、本正進保氏が生前、沼山源喜治氏に依頼して実現できたものです。後に御子息の本正義則氏が、翻刻及び現代語訳した時の感想を沼山氏にヒアリングしています。大変興味深かったので、本正氏のメモ（2022〈令和4〉年7月13日）の一部を紹介いたします。

手紙をどのようにして解読したか？

- 解読には苦労した。時間もかかった。当時のくずし字の決まりに従って訳した。
- その時代のくずし方の特徴がある。用語の使い方、形式などが、中世の流れになっている。これまで近世、中世の多くの文書を訳してきたので、訳していると雰囲気でわかるし読めるようになる。
- これは、近世ではなく中世の字の雰囲気、室町の字の雰囲気がある。
- 江戸のはじめ、寛永年間と推測している内田氏の見立てでよいと思う。

特徴等は？

- 冒頭に、なお書き（追伸）があるのが、当時の特徴。なお書き以降が本文である。
- 文中の左衛門佐が黒田忠之とすれば、まだ大膳が福岡藩にいた時代に小堀遠州から受けた手紙と考えるのが自然（内田氏の推察のとおりだと思う）。
- 当時、親しい人からの手紙を保管しておくことは普通のこと。盛岡まで手紙を持って行ったと考えるのが自然。
- 書状は「黒田騒動にかかわる文書ではないか」と私（本正氏）がお尋ねしたところ、「小堀遠州のオーラを感じた」と仰っていました。

4章 本丸庭園の作庭記録

私が二条城事務所に配属された１９８７（昭和62）年頃の本丸庭園についての資料は、元離宮二条城事務所事業係[1]が建築的側面から紹介したものはありましたが、その報告は断片的で詳細ではなく、庭園についてはほとんど研究されていない状況でした。そのような折に、大学の大先輩である中根俊彦氏から本丸庭園に関する貴重な情報提供を受け、日本造園学会において、１９９１（平成３）年に『二條城本丸庭園における作庭の変遷について』[2]、１９９４（平成６）年には、『近代における二條城本丸庭園の地割・植栽の経年変化について』[3]を発表することができました。

その後、二条離宮時代の本丸庭園の研究は、今江秀史氏が２０２３（令和５）年に『研究紀要元離宮二条城　第2号』の研究ノート「【資料紹介】明治二七・八年の二条離宮本丸庭園の庭造及び改修に係る工事録」[4]で、筆者よりも詳細に分析・報告されています。

まず、本題に入る前に2章でも説明していますが、本丸の変遷について触れておきます。

3代将軍家光の時代に後水尾天皇の行幸を仰ぐにあたり、新たに本丸を拡張し、大御所秀忠のための本丸御殿等と庭園が造られました。しかし、江戸後期の天明の大火の飛び火によって本丸御殿等は焼失し、本丸は空き地となりました。幕末になると15代将軍慶喜の居室と居室に付随した茶庭がつくられましたが、陸軍省所管時にそれら建物は入札にかけられて撤去され、再び空き地となりました。その後、二条城は宮内省の所管となり、皇室のための二条離宮として維持されることになりました。

ここでは、宮内省所管時に京都御苑内にあった旧桂宮家の屋敷（以下、旧桂宮屋敷）の一部を二条城本丸内へ移築し、それに伴って１８９４（明治27）年に作庭された枯山水庭園と、１８９５（明治28）年に改造された芝庭風築山式庭園について、上記の既往報告などを基に補足説明をします。

1　1894（明治27）年の本丸庭園について

概要

1847（弘化4）年頃、京都御苑内に建てられた桂宮家の屋敷は、桂宮家が途絶えた後、明治天皇の御意向により、その一部が1893（明治26）～1894（明治27）年にかけて二条城本丸内へ移築されました。建物は玄関、御書院、台所、御常御殿の4棟で構成され、併せて庭園も作庭されました。

工事概要

旧桂宮屋敷移築工事は、起工1894（明治27）年2月1日、竣工1894（明治27）年12月31日、総工事費（1万338円32銭4厘）[5]の約3・6％（654円62銭5厘）[6]が庭園工事費にあてられました。「請負者人名」として、井上清兵衛他2名の名前が記載されています。「出来形」によると庭園内には614個の石が据えられ、樹木687本や芝なども植え付けられ、白玉砂利が敷かれ、南庭や中坪などが整備されました。[7~9]

南庭（本丸庭園）

仕様書からみた南庭

この南庭について、今江氏の「【資料紹介】明治二七・八年の二条離宮本丸庭園の庭造及び改修に係る工事録」

に記載されている【資料①】「明治二十七年度改築費明細」の【臨第四号ノ卅五】（仕様注文書）の作庭に関する翻刻文の一部抜粋[10]を現代語訳すると、以下のような仕様であったと解釈されます。

一、右の仕様は、旧二条邸やその他の場所にある樹木や石などを掘り起こし、二条城本丸内に運搬し、別紙の図面を参考にして庭園をつくること。ただし、実際に作業を始めてから、多少の模様替えなどは承知すること。

一、芝（５４０坪〈約１７８５㎡〉）をもって、所々取り合いの場所へ植付け、売泉水の底敷や雨落の箇所（合計２５０坪〈約８２６㎡〉）に、栗石を厚さ平均四寸（約12㎝）敷き詰める。小砂利石（８５０坪〈約２８１０㎡〉）は、厚さ平均三寸（約９㎝）敷き均らし、その他白砂敷き（５００坪〈約１６５２㎡〉）は、厚さ平均弐寸（約６㎝）に撒く。全て雨水が流れるように、なだらかな形に整えること。

一、売泉水は別紙図面の通り。縁廻りは出入りを設け、平均深さ弐尺（約60㎝）、七拾坪（約２３１㎡）を掘り取った土を盛る。御座所（現在の御常御殿）西前へ図の通りに、また南勝手の所は中の高さ弐尺（約60㎝）ばかり、四方へむくりをつけ盛土にして、同所の北勝手の所は、仕様前と同様に土を掘り上げ、壱尺四五寸（約44㎝）盛り付ける。余った土で同所の水捌けが良くなるように置土し、その掘り上げ余った土は、泉水の前後へ指示に従い山模様に置土すること。

添付絵図からみた南庭

仕様書に添付されたと考えられる絵図面[11]をみると、御座所（現在の御常御殿）の手前（南側と西側）に白砂が敷かれ、白砂敷奥の南側に、細長い蛇行した売泉水が東南から西北にかけて配されています。御座所南側の売泉水には橋が架けられ、売泉水の形状が湾曲した内側の２カ所（御座所西南側と西側）には芝がうかがえ、御座所西側の白砂の中には２つの中島を見ることができます。また、東南側から御座所建物の西側ラインにかけて芝がうかがえます。仕様書の記述から、芝を張り付ける箇所は盛土されたのではないかと推測します。さらに、前述のような庭園の中に、後述する造園材料を用いて四季の景色を表現した植栽が行われたと推測します。

なお筆者は、仕様書に水の供給源や粘土などの防水対策について記されていないこと、元々本丸エリアは内堀の残土を本丸内に３ｍ以上盛土[12]して築かれたため水の確保が困難であったと考えられること、さらに『恩賜元離宮二條城』[13]に「…從來あつた御庭の中央の空泉水が埋め立てられ、…」と記されていることなどから、「売泉水」を枯山水と考え、本書では「枯山水庭園」として説明しています。しかし、今江氏は、「売泉水とは「常に水がない偽りの園池」とも解釈できるが判然としない。」[14]と記していますので、今後の検証が必要かもしれません。

造園材料

主に庭園で用いた材料は、旧二条邸（樹木大小や皐月及び下木類、橋石、雪見燈籠、春日燈籠、丸形手水鉢、石井筒、栗石など）や旧桂宮邸（小笹、桜、梅、大小の松・杉、庭石）他から搬入されました。[14]

当時の新聞記事

この南庭について１８９４（明治27）年6月10日付『京都日出新聞』は、「…宮内省にては右建物の庭に古き意匠の山水を造らしめらるゝ趣きにて、其築造方を大宮通り錦下る植木商井上清兵衛に命ぜられたるより、同人は栄誉あることとし、庭園に就て種々調査を為したる末、其規模を天竺四季の山水に取りたりと言伝ふる鳥羽天皇城南離宮の庭園の、今は僅に秋の山水のみ其形を存するを、幸ひ意匠を之に取り、更に工夫を加へて四季の山水即ち東を春、南を夏、西を秋、北を冬とし、四季の景色を造り出すこととし、近々着手する都合なりと云ふ。」[15]と記載されていました。庭園は、植木商井上清兵衛が京都市伏見の鳥羽離宮庭園[16]の秋の山の意匠を取り入れ、さらに工夫を加え、四季の景色（東を春、南を夏、西を秋、北を冬）をつくり出すこととし、近々着手されることが報じられています。

2 1895（明治28）年の本丸庭園について

概要

前述のように、空き地となっていた二条城本丸内に旧桂宮屋敷の一部の移築と庭園の整備が行われました。1894（明治27）年12月31日に竣工し、本丸御殿と庭園が整いました。翌1895（明治28）年5月23日に明治天皇が本丸御殿に行幸された折、完成から半年も経たないうちに、明治天皇により枯山水庭園の改造が命じられました。そして、1896（明治29）年3月、今日に至る本丸庭園が完成しました。

工事概要

本丸庭園の改造工事は、起工1895（明治28）年7月21日、竣工1896（明治29）年3月10日、総工事費（2997円71銭8厘）でした。1894（明治27）年の庭園工事では「請負者人名」[17]が3名であったのに対し、1895（明治28）年の庭園工事では18名が記載されており、請負職種もさまざまに展開していました。また、「仕上金」は、１８９４（明治27）年の庭園工事費の約4・6倍に相当する額が注ぎ込まれていました。また、１８９４（明治27）年には建物の移築工事を含めて11カ月の工事期間を要していましたが、１８９５（明治28）年は庭園工事のみで約8カ月もの工事期間をかけ、現在の本丸庭園がつくられました。

南庭（本丸庭園）

現在の本丸庭園南庭は１８９５（明治28）年度の大改造によって完成しました。芝生を主体とし、岩岐沿いは樹木に覆われ、所々に燈籠や庭石などが据えられています。また、東南隅には築山（月見台）が設けられ、築山式の庭園となっています。この庭園は、１８９４（明治27）年の枯山水庭園と比べ、一変して開放的で明るい洋風庭園となりました。

今江氏は、「【資料②】「明治二十八年度工事録」の【臨第一六号】」の「出来形」の翻刻文[18]を以下のように解説しています。

「出来形の記載によると、庭園の面積は一六八四坪九合であった。明治二七年の工事で植えられ据えられた樹木と石は一旦取り除かれ、地面は鋤取って平らに均された。その上で一六尺五寸の築山を築き、取り除かれた樹木や下草等は、有り合わせのものと共に用いられた。不足分の樹木は、新たに購入したものが植え付けられた。灯籠及び石類は、取り除かれたものを再利用して配置された。庭園の敷地の中央とその他の箇所には、園路を設け、園路の周囲には野芝が植えられた。庭園の工事と併せて、天守跡と多門（塀）跡の改修も行われた。…」[19]

なお、築山の高さは、『重要文化財二条城本丸御殿御常御殿修理工事報告書　第八集』は、「…同築山高さ拾六尺五寸…今回築山の高さを実測したところ、苑路面より頂上まで五・〇七米（御殿一階軒瓦より約六五厘高い位置）で、仕様書の高さが芝地面からとすればほぼ一致し…」[20]と報告されています。

造園材料

本丸庭園の植付樹木などは、在来の樹木や下草を利用し、不足分として赤松、男松、桜、楓、山吹、卯ノ花、琉球ツツジ、萩、桔梗、ススキ、熊笹、鈴掛（コデマリ）、モクセイ等が「（注文書）二条離宮本丸御庭園植付樹木購入注文」[21]のリストに記載されています。

なお、「出来形」の記述のように、石類などは在来品が使われ、特に雪見燈籠や春日燈籠は、1894（明治27）年に旧二条邸から搬入した際の【臨第四号ノ卅五】（仕様注文書）の形状寸法[22]と現在のものがほぼ一致することから、同年の作庭時に利用された材料と考えられます。

当時の新聞記事等

前述のように、現在の本丸庭園は1895（明治28）年5月23日に明治天皇が本丸御殿に行幸された折、それまでの庭園をわずか半年足らずで改造するように命じてできた庭園です。

1895（明治28）年10月10日付『京都日出新聞』[23]には「昨年より本年にかけ、二条離宮内旧本丸跡へ桂宮御殿御書院等を引移され、御庭園も新たに出来せしにより、去る五月大本営所在中、両陛下は初めて此新御殿に行幸啓あらせられしが、其後御庭園取拡、又は御改更等仰出されし趣にて、過日来工事に着手なし、近日主殿寮出張所より御営繕掛官の出張あるべしといふ。」[24]とあります。また『明治天皇紀』[25]には「…是の日其の三階に昇御、眺望絶佳なるを欣喜に思召さるゝ旨を反復仰せらる、御苑の改造、草木の栽植等悉く聖旨に出づ…」とあり、旧桂宮屋敷移築後初めて行幸された天皇が、本丸御殿の3階の部屋で庭園の改造や草木の配植などについて御指図されたことが記されていました。

1896（明治29）年5月30日付『京都日出新聞』[26]には「二條離宮旧本丸跡へ桂宮御殿を移させられ御庭園は畏き辺りの御指図にて改造なりたることは既に記し奉りしが更に皇太后陛下の御思召にて全庭に琉球躑躅を多く植え付けられし由にて昨今は其花満開し頗る美麗なりと云う」と記載され、改造にあたっては、明治天皇や皇太后のお考えも反映されていました。

また、1897（明治30）年4月18日付『京都日出新聞』には、「二条離宮は一昨年行幸の節、御庭園の改造を仰出されたれば、今回御駐輦中或は同離宮へ行幸あらせらるゝやも図れずとて、御畳替其他所々を修理中なりしが、昨日悉く竣功したる由。」[27]と、1895（明治28）年の行幸時に天皇が庭園の改造を命じたこと、今回の御駐輦中に二条離宮へ行幸の可能性があるため、畳替や修理が行われたことが記述されています。

さらに、1897（明治30）年4月24日付『京都日出新聞』では、「一昨年六月小松大将宮殿下が清国より凱旋あらせられたる其翌々日、主上には二条離宮に於ける御庭園の築山花木の位置及び修繕を加へらるべき箇所等を御指定あらせられたるが、右の場所は夫々出来上り居るに付、御覧の為め今回御駐輦中に必ず一度二条離宮へは行幸啓あらせらるべきも、桂離宮へは行幸啓あらせられずと承る。」[28]と、天皇が二条離宮庭園の築山や花木の位置及び修繕を指示したこと、今回の御駐輦中に二条離宮への行幸の可能性があることが報じられています。

しかし、翌4月25日付『京都日出新聞』[29]では、天皇が二条離宮へ行幸するという噂は喪中のため誤報の説もあるが、行幸啓に対応できるよう準備が整えられることが報じられ、同年4月30日付『京都日出新聞』では「一昨日土方宮相が二条離宮並に桂離宮を検分したるに就ては、直ちに行幸啓の準備なりとの風評を立つる者あれども、是は一応大臣の検分なくては宮内の掃除及び手入れ抔の自然怱かせになるより出でたるものにて、全く行幸啓在らせらるゝ故にあらず。両陛下には来月四日還幸啓までには、何れへも行幸啓はあらせられずとの事なり。」[30]と、天皇・皇后は、来月の還幸啓まではどこへも行幸啓しないと報じられています。

このように、本丸庭園の改造にあたり、明治天皇が細かな指示を出されていたようですが、その後の行幸啓はなかったことが新聞の記述などからも窺えます。

また、降矢淳子氏の「二条離宮本丸への桂宮御殿移築と行幸・行啓の一考察」[31]には、従来、旧桂宮屋敷の移築は明治天皇の命によるものとだけ説明されてきましたが、その実態は、大内保存事業（1877〈明治10〉年に明治天皇が京都還幸の際、御所保存・旧観維持の御沙汰を下されたことをきっかけに京都府が開始した事業）や岩倉具視の京都保存計画と関係した京都の再整備として行われたものであったこと、本丸御殿は嘉仁皇太子（大正天皇）と裕仁皇太子（昭和天皇）の行啓時の宿泊所として使用していたこと、皇室とゆかりのある旧桂宮屋敷を移築して、皇太子の宿泊所としたことは、明治新政府による皇室を中心とした国家統治と無関係ではなかったことなどが報告されています。

3　まとめ

二条城本丸庭園は、元々大御所秀忠のために本丸御殿に付随してつくられたものでしたが、江戸後期の天明の大火の飛び火によって御殿と共に焼失しました。幕末になると、慶喜の居室に合わせて茶庭がつくられましたが、陸軍省所管時に撤去され、再び空き地となりました。宮内省所管時には明治天皇の命により、京都御苑内にあった旧桂宮屋敷を移築。植木商井上清兵衛が鳥羽離宮庭園の秋の山を参考に自身の工夫を加えて、四季の景色が楽しめる枯山水庭園を作庭しました。しかし、明治天皇が本丸御殿行幸時に庭園の改造を命じ、明治天皇や皇太后の御意向も反映させた、新たな芝庭風築山式庭園が完成しました。それ以来、約130年間「二条城本丸庭園」として受け継がれています。

参考引用文献

1 元離宮二条城事務所（1990）『重要文化財二条城本丸御殿御常御殿修理工事報告書』第八集、pp.68-70

2 内田 仁（1991）「二條城本丸庭園における作庭の変遷について」『造園雑誌』54巻 5号、pp.19-24 ［二次元コード］J-STAGEのHPより

3 内田 仁（1994）「近代における二條城本丸庭園の地割・植栽の経年変化について」『造園雑誌』57巻5号、pp.7-12 ［二次元コード］J-STAGEのHPより

4 今江秀史（2023）【資料紹介】明治二七・八年の二条離宮本丸庭園の庭造及び改修に係る工事録」『研究紀要元離宮二条城』第2号、京都市文化市民局元離宮二条城事務所、pp.199-233

5 文献4、pp.199,231

6 文献4、p.231

7 文献4、pp.199-200,231

8 文献1、pp.68-69

9 文献2、p.20

10 文献4、pp.207-208

下記の翻刻文を京都府立京都学・歴彩館古文書担当者の協力を得て、現代語訳していただきました。

「一 右仕様旧二条邸及其他右之所々ニ有之、樹木石等ヲ掘起シ、二条本丸内へ運搬致シ、別紙図面ヲ目途トシテ庭作方可致之事 但シ実地着手ニ望ミ、聊ノ模様替等ハ承知致可置事

一 芝付方此坪五百四拾坪ヲ以テ所々取合之場所へ植付、売泉水底敷其他雨落之ケ所共、此敷坪弐百五拾坪ヲ栗石厚平均四寸敷詰メ、且ツ小砂利石此敷平坪合八百五拾坪斗、厚平均三寸敷ナラシ平均、其他白砂敷キ平坪合五百坪厚平均弐寸蒔ニ致シ、都テ雨水上流レ、能ク小ムラ直シニ可致之事

（中略）

一 売泉水別紙図面之通リ、縁廻リ出入仕、拵平均深弐尺、此立坪七拾坪堀取土ヲ以テ御座所西前へ図之通リ、南勝手ノ分ハ、中ハ高弐尺斗リニ致シ、四方へムクリ付ニ盛土ニ致シ、且ツ同所北勝テ小ノ分ハ中ニテ壱尺四五寸ニシテ、仕様前同断堀上盛付、其余堀土等ハ同所廻リ水捌能ク置土致シ、其余堀土之分ハ泉水之前後へ指図ニ随イ山模様ニ置土可致事（後略）」

11 内田 仁（2006）『二條城庭園の歴史』東京農業大学出版会、p.75

12 京都市埋蔵文化財研究所（2010）「二条城の造営」『リーフレット京都』No.262（2010年10月）、p.1

「3m以上の高さに土を盛り上げて、本丸を築造していることがわかりました。」と記されています。https://www.kyoto-arc.or.jp/news/leaflet/262.pdf

また、山本雅和（2023）「第335回京都市考古資料館文化財講座 発掘調査成果からみた江戸時代の幕開けと終焉の地 二条城」（文化財講座は2023（令和5）年5月27日に実施。参照：京都市埋蔵文化財研究所検索→各種資料情報→8．文化財講座資料→文化財講座第335回）、資料3でも「・本丸 3m以上の大規模な盛土」と記述されています。

https://www.kyoto-arc.or.jp/News/s-kouza/kouza335.pdf

13 恩賜元離宮二條城事務所（1941）『恩賜元離宮二條城』恩賜元離宮二條

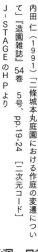

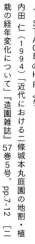

城事務所　代表者勝田圭通、p.71

14 文献4、p.231

15 京都市文化市民局元離宮二条城事務所（2023）『研究紀要元離宮二条城』第2号、p.69

16 「238　明治二七年六月一〇日　宮内省が、桂宮の建物が移築された二条離宮内旧本丸跡の庭に古い意匠の山水を造る意向を示す」を一部引用

今江氏は、文献4、p.233で、筆者が過去に発表した論文の記述間違いを指摘されています。今江氏がご指摘のように、『近代における二條城本丸庭園の地割・植栽の経年変化について』では、「…京都市伏見区の城南宮庭園を参考に、植木商井上清兵衛によって作庭…」*1と記述し、また『二條城庭園の歴史』でも、「明治27年（1894）城南宮庭園を参考に植木商井上清兵衛によって枯泉水庭園が作られた。」*2と記載しています。しかし、新聞記事などのように鳥羽天皇城南離宮の庭園（鳥羽離宮庭園）の秋の山の意匠を参考に、御自身の工夫を加えて四季の景色をつくられています。鳥羽離宮庭園（或いは鳥羽天皇城南離宮）と記すべきところ、城南宮庭園と誤解を与える記述をしたことをこの場でお詫びいたします。ですので、現在の城南宮庭園・楽水苑（中根金作氏が1954〈昭和29〉年作庭）ではありません。

平安時代後期（11世紀末～14世紀頃）、白河上皇や鳥羽上皇によって、城南宮（当時は馬場殿と推定）を取り囲むように鳥羽離宮（別名鳥羽殿、城南離宮）が造営されて院政の拠点となっていました。鳥羽離宮は一つの建物ではなく、現在の名神京都南インターチェンジ南側一帯の東西1・5㎞、南北1㎞、約180万㎡という広大な敷地に、南殿・北殿・泉殿・馬場殿・東殿・田中殿等と呼ばれた御所、証金剛院・勝光明院・安楽寿院・成菩提院・金剛心院等の御堂（寺院）を含むさまざまな施設が造営され、これらの周囲には池を中心とした大規模な庭園がつくられていました。白河天皇陵・鳥羽天皇陵・近衛天皇陵や離宮にゆかりのある城南宮（当時は馬場殿と推定）・安楽寿院・北向山不動院・秋の山が点在しながら現存していますが、勝光明院・金剛心院など現存していないものもあります。*3～6

＊1 文献3、p.7,11

＊2 文献11、p.73
文献11では「枯泉水庭園」としていますが、本書では同義語と考えられる「枯山水庭園」としています。

＊3 京都市埋蔵文化財研究所（2012）「14鳥羽離宮跡」『～文化財と遺跡を歩く～京都歴史散策マップ』

＊4 城南宮ＨＰのご祭神と歴史（https://www.jonangu.com/history.html）では、鳥羽離宮を「城南離宮（鳥羽離宮）」として紹介しています。

＊5 京都市埋蔵文化財研究所（1995）「鳥羽離宮」『リーフレット京都』No.79（1995年8月）、pp.1-2

＊6 前田義明（1998）「鳥羽離宮跡の建築と庭園」『日本庭園学会誌』6、pp.59-68

17 文献4、p.232

18 文献4、p.208

19 文献4、p.232

20 文献1、p.69

21 文献4、pp.228-229,232-233

22 文献4、p.207

23 日出新聞社（1895）「明治28年10月10日付二条離宮両陛下本丸庭園改変指示記事」『京都日出新聞』

24 文献15、p.71
「253　明治二八年一〇月一〇日　去る五月、明治天皇が二条離宮旧本丸跡の新御殿に初めて行幸した後、庭園の拡張と改変を命じる。●二条離宮御庭御造営」を引用

25 宮内庁（1973）『明治天皇紀　第八』吉川弘文館、pp.820-821

26 日出新聞社（1896）「明治29年5月30日付け二条離宮本丸庭園内に皇太后陛下の琉球躑躅植栽希望記事」『京都日出新聞』

27 文献15、p.76
「267　明治三〇年四月一八日　明治二八年の二条離宮行幸の際、天皇が庭園の改造を命じる。今回の駐輦中に二条離宮への行幸する可能性がある

ため、畳替や所々修理が行われる。●二条離宮御修理」を引用

28 文献15、p.76
「269 明治三〇年四月二四日 一昨年（明治二八年）、天皇が二条離宮庭園の築山・花木の位置および修繕を加えるべき箇所を指定する。出来上がりを観るため、今回の駐輦中には必ず二条離宮へ行幸があるか。●二条離宮」を引用

29 文献15、p.76
「270 明治三〇年四月二五日 天皇が二条離宮へ行幸するという噂があるが、喪中のため誤報か。何時行幸啓が仰せ出されても差し支えないように準備が整えられる。」と要約に記述されています。

30 文献15、p.76
「271 明治三〇年四月三〇日 土方宮内大臣が、二条離宮と桂離宮を検分する。これは行幸啓の準備ではなく、天皇・皇后は来月の還幸啓まではどこへも行幸啓せず。●行幸啓なし」を引用。

31 降矢淳子（2023）「二条離宮本丸への桂宮御殿移築と行幸・行啓の一考察」『研究紀要元離宮二条城』第2号、京都市文化市民局元離宮二条城事務所、pp.171-184
鈴木博之監修（2005）「二條離宮本丸御殿（現・元離宮二条城本丸御殿）、皇室建築 内匠寮の人と作品」『建築画報』、pp.143-150
下間正隆（2023）「イラスト二条城」『京都新聞出版センター』p.230-233（本丸御殿）

◉二次元コードは、アララが提供する「クルクル - QR コードリーダー」アプリを利用して筆者が作成したものです。

5章

清流園の作庭記録

清流園についての資料は、１９８７（昭和62）年には、二条城事務所に若干保管されていたものの、当時の様子を詳細に知ることのできるもの（日本銀行京都支店から織殿庭園〈旧角倉邸庭園〉などの資材を譲り受けたとされる資料、中根金作氏が関わったとされる資料、計画図面や写真など）は、残されていませんでした。

そこで、作庭当時に二条城事務所管理係長であった北山正雄氏に対し、数回にわたり、施工などに関する聞き取り調査を行いました。その結果、情熱が伝わったからでしょうか、『庭園（清流園）造成の記録』[1]と題したノート５冊（以下、『北山氏ノート』）を譲渡いただきました。そして、２００１（平成13）年、日本造園学会において、共同研究として『二條城清流園の成立過程及び地割・植栽の経年変化について』[2]を発表しました。

しかし、共同研究で発表した内容は、紙幅も限られていたため、『北山氏ノート』について十分に反映したものではありませんでした。

そこで、私に託していただいた『北山氏ノート』の内容を、一部ではありますが、北山氏自身がまとめられた清流園の作庭記録として紹介いたします。今、改めて読み返すと、当時の責任者の一人であった北山氏が、後世に清流園やその作庭記録を残したいという強い思いを込めて『庭園（清流園）造成の記録』をまとめられたのだと感じます。

『北山氏ノート』には、計画概要・規模・総工費他、寄贈に関する書類、庭園建物贈与契約書、織殿庭園・庭石・燈篭等の評価額書、織殿写真、織殿庭園の庭石を譲り受けた場合と譲り受けない場合の経費の比較、織殿庭園並びに建物解体運搬工事費見積、旧織殿庭園由来記、織殿建物並びに庭園解体運搬工事施工計画、織殿庭園資材解体運搬工事施工にあたっての注意事項、織殿建物・庭石及び樹木運搬工事計画表、織殿建物庭園解体運搬工事施工日誌、現状変更等申請書類、工事施工にあたっての注意事項、新庭園造園工事計画、テニスコート撤去整備にともなう現状変更の理由、庭園造成工事日誌などが全て手書きで記載されています。所々に写真や図面、スケッチによる施工法や構造図を差し込みながらまとめられていました。以下に示す『北山氏ノート』の抜粋は、項目の修正及び若干の項目の追記をしていますが、北山氏がまとめられたものです。

1 『北山氏ノート』抜粋

昭和の庭（清流園）作庭の記録

昭和38年11月に始まった二条城内の新庭園造成工事は40年4月28日に漸やく完成をみた。その間1年と6ヶ月延約7000人の人々の努力により又多くの方々のご理解とご援助に依り出来たものである。

当時は庭作りに機械を用いる事は少なく殆んどが人手に依るものであった。この造成工事も整地・地拵や築山造りに僅かにブルトーザーやグレイター等の重土機をお借りしてお手伝を願ましたが工事の大半は人力に依る、例えば池の護岸の石組みを見ても三又を組みチェンブロックにて石を吊り上げて組んでゆく昔乍の工法である。しかしこの方法であれば石と石との微妙な連がりを生かせると云われ正に職人の業である。この記録は単なる作業の日誌に過ぎないが人々の汗と油のにじみ出る様な毎日を後世に伝えたいと敢えて発表する次第です。工事に際しては庭園に関して権威のある諸先生のご指導を賜わった。ご多忙にも拘らず労をいとわず毎日付き切りで指導され厚く感謝申し上げる次第である。

造園関係者・建築関係或いは又採石に際しての地元の方々のご協力も大なるものでこれ等の方々のご援助あってこそこの工事が完成を見ることが出来たものと思う。

さてこの工事の一番大事な事は二条城職員全員の理解と協力である。工事に際して庭園関係の職員は勿論他の係の方々も参加して頂き所長を中心として一丸なって努力したと云っても過言ではない。或る日横一列に並んで日の暮れるのも忘れて慣れない手付きで芝を張った事もあった。

それが早や30年を過ぎた今日昨日の様に思える。そして庭は次第に奥行かさを増しつつある。と同時にこの工事に関係された方々も多く故人になられている。
造成から30年を隔た今日故人になられた方々に心からご冥福を祈ると共に多くの方々の業績を記録として後世に伝えたい。

平成13年4月12日

計画概要

二条城内既設テニスコート〔写真1〕は、昭和24年第1回マッカーサ盃争奪戦*を行うために作られたもので、試合終了後直ちに撤去するという許可条件のもとに当時G・H・Qの意向により許可されたものであるが、試合終了後14年を経た今日（昭和38年）未だに撤去されず、その間テニスコートの存在により二条城の景観をいちじるしく害し各方面よりその存続は二条城にふさわしくないとの非難を受けて来たが、今回整備に必要な予算が得られたので、原状に復するため撤去整備するものである。

整備にあたっては、以前の荒蕪地として放置することは好ましくなく、これを整備して苑地として利用したいので、整備計画を立てるもので、苑地は別紙図面の如く苑路をめぐらして回遊式苑地とし、北側の土手下及び西側の石垣はその儘保存して現状を維持するものである。

尚整備に使用する材料として今回角倉了以の屋敷跡が解体されるので、それに用いられている資材・庭石・樹木等を譲り受けて利用し、眞に二条城にふさわしい苑地として二条城を訪れる観光客をはじめ一般市民の憩の場所として整備するものである。

工事は38年度追加予算に依って角倉了以の屋敷跡の建物・資材・庭石・樹木等を運搬、テニスコート撤去及びその跡地を苑地として造園し、39年度に於て建物の再建、滝の揚水ポンプ工事及び造園の残りを行い、40年度に於て造園の仕上げ及び附帯照明工事を行って全行程を完成するものである。

＊原文ママ。正しくは第４回マッカーサー元帥スポーツ競技大会。

規模

撤去するテニスコートの面積　11000㎡
整備して苑地として利用する面積　25000㎡

総工費

金　26290000円
内訳
38年度追加予算　3100000円
39年度当初予算　10190000円
9年度補正予算　7000000円
40年度当初予算　6000000円

尚本工事はすべて二条城事務所の直営にて行うものである。

写真1｜当時のテニスコート

旧織殿庭園由来記

田中氏河原町邸林泉茶室庭［写真2］
大阪田中市兵衛別邸

初め角倉氏の高瀬川を開き伏見の漕路を通するや徳川幕府其功を嘉みし邸地を高瀬川の川口なる此地に賜ひ以て其業を督せしむ。其地約方一町余り角倉氏大いに邸宅を築き林泉を作り富王侯に擬せしか。織殿庭園明治維新に及び一般に上地せられしより當時知事槇村氏機工場を此地に設け織殿と称す。其後変遷して近年大阪富豪田中市兵衛の所有に帰し更に館舎を増築し林泉を修造し以て今日に至れり。林泉は其東北部に在り大池を掘り鴨川を引き仮山を築き島嶼を設け橋石工を通し奇石を畳み滝に象とり樹木を竝植し以て人家を屏し直に東山の翠色延き屈指の名園たり。田中氏に及び鉄管を用いて鴨川の水を引き滝を改築し以て池に注ぎ大に風致を加ふ。更に東及び南部を弘め其奥に仮山を築き芝生となし桜を栽ゑて西に緑樹を交植し古塔を安し其下に石を組み滝を作り小溪となして西に下る数十間其南に茅屋の茶亭あり橋あり圯あり以て茶亭に接する。茶亭より滝に望む苑も深山幽溪の如し。別に花園あり。中門の内に竹屏衡門あり。其内小亭を建て百花之を繞る。邸宅の建築も精美なれど之を畧す。書院の額を得福亭といふ。貫名菘翁の書する所なり。

織殿建物並びに庭園解体運搬工事施工計画

昭和39年2月15日にて二条城内テニスコート撤去跡の土盛り整地工事等受入れ体勢は完了し2月20日より解体運搬工事に着工の予定にて着工にあたつては庭石・樹木の運搬班（石工・植木職）と建物解体運搬班（葺士・大工）の2班とする。

・建物解体班は先づ茶室・離れを解体（3月1日まで）又トラック進入の障害となる塀等を解体撤去する。これと同時に石工・植木職の班はトラック進入の道が出来るまで礎石・灯篭・組石・飛石等に印付け・掘起し・荷造り等の準備作業をする。
・離れ及び障害となる塀等が取り除かれたら、次に入口より離れ跡を経て池の畔辺に通ずるトラック進入の道を造成する。（2月末まで）
・トラック進入の道が出来次第、石工・植木職の班は茶室及び離れ周囲・池畔周囲滝組附近・本屋周囲の順にて組石・飛石・灯篭・踞鉢を搬出する。
・建物班は離れに続いて本家平家の部分（玄関も含む）、本屋2階部分の順に解体搬出し、又廊下廻りの部分は本家解体に関連して解体する。
・庭木の落葉樹は2月20日より3月5日までに、更に常緑樹は3月6日より30日までに掘起し搬出する。
・以上解体搬出作業は3月31日までに完了し、又別班（臨時人夫）は3月27日より5日間跡始末作業をして全工程を終了するものとする。

＊実際の工程は、この計画より遅れている。

写真2｜織殿庭園

織殿庭園資材解体運搬工事施工にあたつての注意事項

昭和38年11月15日　中根金作氏

◇織殿庭園資材運搬工事

•灯篭運搬に際しては合口に墨付けをする。（建物北東部の四角燈篭及び春日燈篭はぜひ運搬のこと）

•飛石沓ぬぎ石等には必ず番号を墨で符し飛何番役石1の石2の石等と記号する。

•土橋の下に架る石橋の運搬には特に注意を拂う。

•石はすべて運搬のこと。池の中の栗石も残さず、又小さい栗石はカマス等に入れて運搬のこと。

•樹木は大木の鉢に付き難いものは残して、もみじの若木、あおきさつきの玉もの等は残さずに運搬のこと。

•特に必要とするものは茶室前のもみじ、中の島の松・もち、池の西側の松。中の島のキャラはむりかもしれないが、運べたら運ぶこと。

•下草類はやつで・しだ類に至るまで滑めるが如く運ぶこと。

工事施工

工事施工にあたつての注意事項

昭和38年11月15日　中根金作氏

◇テニスコート現場下見の際の計画及び注意事項

•コート北側の土手の中段はもみじとする。土手下の樫はバックに利用する。

•コートの撤去は6、7、8、9の4面とし、5面までは一応その儘のこす。

•土手下の廃材木を早急に始末すること。

•土手と築山とは3尺程あけて排水溝とし築山は北側をコンクリート石殻等にて土止めとする。土止めより3間南の線が築山の頂となり、それから南にゆるい斜面となる。

・滝の頂上は西北小屋東側のメタセコイヤ附近
・流れの落口は内濠の東北かど附近
・建物はハウスの東側
・コートの上土は半分北にすいて築山の下に入れて利用。半分は南側にすく。
・工事着工は北面隅附近の樹木の移植より始め西側のとちはその附近に移植してトラックの通路を作る。又、入口のセンダン及び樫の垣は東へ1間半取り除く。
尚本日中根金作氏に工事設計図面の作成を依頼す。
(図1・2が該当と推測)

工事仕様

・既設テニスコートを撤去して跡地を苑地とする。
・織殿の建物・庭石・樹木等を運搬し、建物は再建、庭石・樹木は苑地に利用する。
・北西隅石垣の前に築山を設け滝口を作る。滝口築山から東方に伺い石垣土堤にそつてゆるい築山を通し築く。
・滝口より広さを斜めに横切つて南東に向つて流れを作る。流れには沢飛び・石橋等を架け苑地にむすぶ。流れは残し遣水風とする。

図1｜姿図

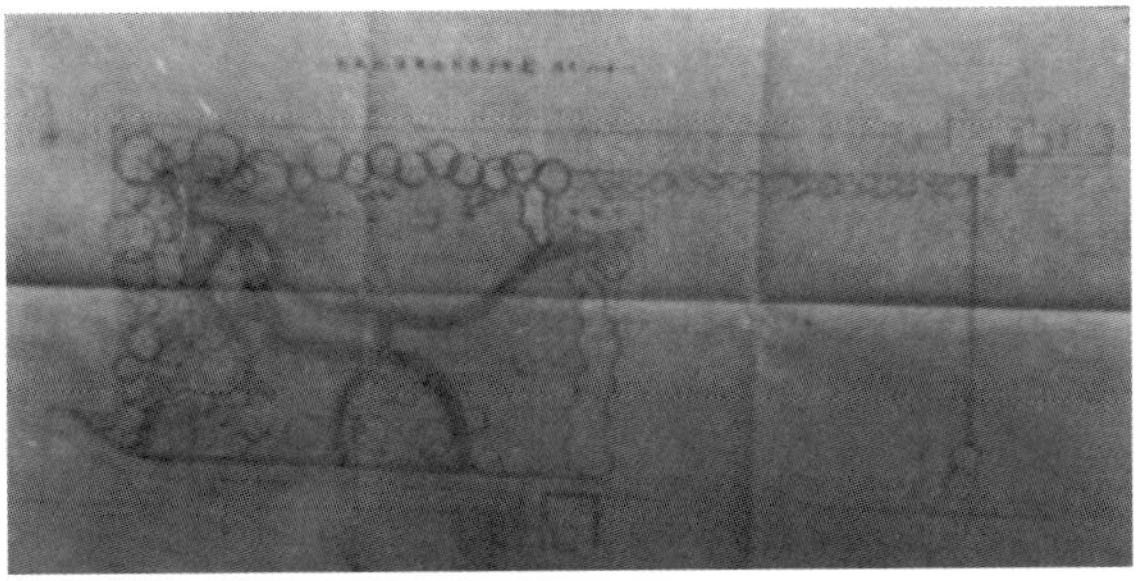

図2｜二条城北部新庭計画平面図(原図縮尺1/300)

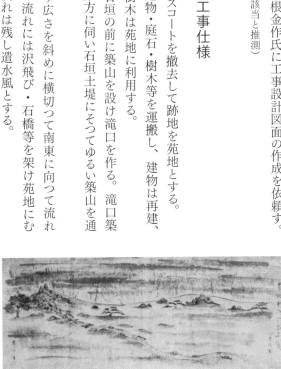

・植栽は石垣土手にそつて滝口後背を厚く森とする。
・広場南西隅附近に茶室を設け周囲を露地とする。広場と露地の区割は植栽及び四つ目竹垣とする。苑地より飛石づたいに露地に入る如くし、入口には中潜り及び庭門を作る。
・露地には席に近く蹲踞を作る。
・広場は芝生地とする。築山も芝生張りとする。
・休憩所より南部広場は取り敢えず芝生張りとする。
・その他施工中に適宜に作庭する。

工事細則

参考資料

・二条城石垣は史跡文化財であることを常に留意して地模様をおもしろく仕上げること。特に西側の石垣と判然と異ならぬよう注意して高度の技術をもつて積上げるものとする。
・積み換の部分はあらかじめ石に番号をつけ60㎝角以下の石を除去し、なるべく原形に近いよう積み換えるものとする。
・石積はすべて練積として裏込コンクリートの表面に出ないようにして、から積のごとく模するものとする。
・根石及び上段の石はなるべく大きな石を積、又石はすべて控を長く使用し、間のからみ合せを充分考慮すること。
・水抜きは4㎡につき1ヶ所とする。この場合水抜パイプが表面に出ないよう注意すること。
・工事に当つては附近の生垣や周囲の芝を損傷しないよう注意し、もし損傷した場合は工事終了後すみやかに復旧すること。

・火気の使用は厳禁のこと。
・工程表日誌を提出すること。写真は工事中細部にわたって撮影し提出するものとする。
・その他必要な事項については、係員の指示に従うこと。

以上

新庭園造園工事計画

昭和39年度予算見積書より

近年特に二条城内を諸種の野外催し会場として使用希望者が多いが、二の丸庭園（特別名勝）、本丸庭園（名園）はこれらの会場として使用させることが出来ないので、現在のテニスコートを整備し、庭園に復旧して諸種の催し会場などに使用出来るよう計画するものである。バックネット並びにコートの表土及び栗石等を除去し地拵を行う。北西隅から東方に向いゆるい築山を築き後背には植栽する。北に北西隅は厚く森とする。又北西隅には滝口を設け、之より斜に南東に向い流れを作る。滝の水は外濠より揚水する。南西隅附近には植栽垣等により区劃をつけ築山広場は芝生地とする。その他各所に適宜植栽・庭石・飛石等を使用する。

第Ⅰ期

バックネット除去鋤取地拵一式	1900千円
園路造成及芝張工事一式	1195千円
植栽滝小川等造園工事一式	4115千円
雑工事	150千円

第II期

揚水ポンプ及附属電気工事　　7400千円
休憩所茶室便所照明灯等

テニスコート撤去整備にともなう現状変更の理由

二条城内テニスコートは昭和24年第1回マッカーサ盃争奪戦*を行う為に作られたもので試合終了後直ちに撤去するという条件のもとに当時G・H・Qの意向により許可されたものであるが、試合終了後14年を経た今日未だに撤去されず、その間テニスコートの存在に依り二条城の景観をいちじるしく害され各方面より二条城にふさわしくないとの非難を受けて来たが、今回整備に必要な予算が得られたので元状に復するため撤去整備するものである。整備にあたつては以前の荒蕪地として放置することは好ましくなく、整地して苑地として利用したいので別紙の通り整備計画を立てるものである。

尚整備に使用する材料として今回角倉了以の屋敷跡が解体されるので、それに用いられている資材・庭石・樹木等を譲り受けて利用し、眞に二条城にふさわしい苑地として観光客をはじめ一般市民の憩の場所として整備利用するものである。

*原文ママ。正しくは第4回マッカーサー元帥スポーツ競技大会。

庭園造成工事日誌

*ここでは庭園造成工事日誌として、日々の作業内容や作業に要した人数などが記載されていましたが、作業内容のみを抜粋しています。

準備工事

◇テニスコートの周辺の樹木の整理

テニスコートの西側及び西北部の樹木のうち工事に支障を来すものを城内の苗圃やその他の場所に仮移植する。

◇北側土手下排水溝石積工事

目的　仕様書の通り北側に排水溝を作ることと北側の土手を現状のまま残すこと。

仕様　石積の高さ70cm　溝の巾120cm　石垣の延長（＊記載なし）

テニスコート北西隅既設材置場取り壊し及び瓦等の材料の搬出作業

◇バックネット及び腰板撤去作業

バックネット　延長69m　巾180cm

腰板　延長200m　H90cm

◇テニスコート表土鋤取搬出作業［写真3］

撤去面積　東西90m　南北40m　面積3600m²

クレー厚さ　6cm×3600　216m³（54台分）

石炭殻の厚さ　9cm×3600　324m³（81台分）

計　540m³（135台分）

写真3｜テニスコート表土鋤取搬出作業

写真4｜床土及び築山盛土搬入整地地拵作業

◇床土及び築山盛土搬入整地地拵作業［写真4］
山内浄水場工事の残土　ダンプカー230台分　4・5㎥×230＝1035㎥
北広場に集積してあり、これを床土及び築山盛土として運搬使用す。
又他に土木工営所より道路補修の残土及び熊谷組より高雄ドライヴウェー工事の山土900㎥を購入搬入す。

池掘り粘土打工事

◇池掘削作業
池面積　538㎡（163坪）
深　（＊記載なし）

◇粘土打作業（準備）［写真5］
・西大路御池付近山の内送水管敷設工事現場より良質の粘土が掘出されているので工事担当の大日本土木と交渉にて搬入することとなる。
・粘土打用の砂利搬入

注意事項
①池底粘土打ちに際し毎日作業終了時に打上げた全面を濡れむしろにて蔽い粘土面の乾燥き裂を防止すること。
②タコは3人用の少々重量のあるものを使用すること。

◇東側テニスコート撤去及び芝生造成工事［写真6］

・防球フェンスの撤去及び整地・地拵
・芝張地拵及び芝張
・池尻工事　池の水を内濠へ流すために配管等を行う

◇石組工事

石組については滝組流れは中根金作先生、池護岸等の石組は小宮山先生の指導のもとに行なわれた。又茶庭露地の施工は中根・小宮山両先生の指導のもとで佐野造園の施工による。使用した庭石は主として織殿庭園に用いられたものであるが補足として京都府内や滋賀県の主な河川から許可を得て採石されたもの、岐阜県や四国から購入等により搬入されたもの或は又篤志家から寄与されたもの等である。

・庭石等の荷卸し及び移動（運搬）
織殿庭園より搬入した庭石・橋石・灯篭等及び河川から採石搬入した石、購入した石等を後日石組に利用するために移動し易い場所に荷卸しする作業である。又石の移動に際しては最初に良く選別しておかないと無駄な労力がかかるものである。

写真5｜粘土打作業（準備）

写真6｜東側テニスコート撤去及び芝生造成工事

・石組

石組作業に当っては、すべて丸太を三又に組み、チェンブロックによって行なわれた。したがって充分時間をかけ、ご指導の先生方が納得のゆくまで手直を繰返された事もあった。又石組に使用した庭石は由緒ある織殿庭園で使用されていた大小約800個の外に京都府下を始めとして滋賀県・岐阜県等の河川から採石したものや、又篤志家の寄贈によるもの等約200個を含め約1000個にも及ぶ中から選ばれたものである。ご指導された諸先生は古来の技法に新しい感覚を取り入れられ、単に鑑賞するだけでなく、広く市民の憩の場として利用すると云う、正に昭和の名園にふさわしく、又これをいつまでも後世に残さんものとご努力された様子が伺がわれる。

①滝組及び流れ石組［写真7］

北西隅の上手の部分には二条城の古来の大木が多くこれ等を利用し滝石組によって深山幽谷の奥の深さを偲ばせる。

②池護岸石組［写真8］

写真7｜滝組及び流れ石組

写真8｜池護岸石組

池護岸石組は単に石と石とを組み合せるだけでなく、全体の石の連がりが必要である。点と点、線と線の連がりによって池全体の石の連がりが統一されるものである。

③加茂七石石庭

＊加茂七石石庭については、後述「6章　加茂七石石庭と菊洲垣」（p.88）を参照。

④添景配石［写真9］

織殿庭園より譲り受けた十三重塔、春日灯篭等を配置すると共に京都府下を始めとして滋賀県、岐阜県、四国等より搬入した庭石を景石としてすえ付け庭園全体の景観を整えるものである。

⑤茶室・茶庭（露地）造成［写真10］

新庭園の西の一郭に織殿より譲り受け搬入した離れ（建坪25坪）を再建して茶室の友待として利用し、織殿の茶室は由緒あるものではあるが老朽甚だしく再建不能のため新たに表千家の指導による「残月」の模を建てることとなる。

「残月」とは「色付九之間書院の茶室と称せられ元々聚楽第にあり千利休が秀吉より拝領した2つの書院の1つで、当初18畳の書院作りの茶室であった。後2代にお家復興の際、小川の現在地に移され12畳に縮小されて残月と命名されたと云われる。

茶室に付随する露地（茶庭）は表千家久田先生をはじめとして中根先生・小宮山先生・佐野藤右衛門氏等の方々の指導によるものである。

⑥樹木植栽［写真11］

新しい庭園の造成に当って樹木の植栽について織殿庭園より

写真9｜添景配石

寄贈を受けて搬入した樹木は41種 226本であるが、その内18種61本の常緑樹は植替の時期が適当でなく、加えて永年織殿庭園の樹木として生育していた古木はあらかじめ根廻し等の処置が必要であるにも拘らず搬入の期日が制約されている関係上、移植困難と思われ乍ら止むを得ず二条城内の数箇所に運んで仮植した。

次に新しい庭園に必要な樹木を城内に求め、既に育生されている樹木の内、支障なきものに限り掘起し新庭園に運び込まれた。

以上の外、新庭園の景観として、或は又茶庭の景石やつくばい等の根じめに必要欠かせない樹木は業者に依頼して購入した。その主なものは、しやれ松、赤松、黒松、椿、台杉、とが、まき、もくせい、あせび、とうだんつつじ、山もみじ、万両、びしやこ、きやら、もうそう竹、笹類等である。

⑦庭園造成のまとめ工事 〔写真12〕

池の周囲の整備及び池の北側に小高い築山を設け、滝の築山とのつながりとして、庭園全体のま

写真10｜茶室・茶庭（露地）造成

写真11｜樹木植栽

とまりと景観を整えるものである。更に庭園よりの内濠の眺めを視野に入れ、鳴子門より北中仕切門に至る間通路脇に垣を設け、通行人の危険を防止すると共に、庭園の景観を一層良くするものである。又垣と内濠との間の濠端は杉苔にて地覆する。

昭和40年4月28日（水）清流園開園式

◇準備雑作業、園内外の清掃
◇午前11時30分秀抜式引続いてお茶席開き
◇午後2時開園式祝賀パーティー［写真13］
・市長挨拶、議長祝詞、市長テープカット、京都市消防音楽隊の行進曲に合せ園内一巡
・中央広場にて祝賀パーティーに移り風船ハトを飛ばす、小林社中による琴演奏、平安舞楽会による雅楽上演
・功労者表彰、佐野造園主、小宮山造園主、井上造園主、垣口造園主
出席者約１５０名

写真12｜庭園造成のまとめ工事

2 まとめ

元二条城事務所管理係長の北山正雄氏がまとめていた『北山氏ノート』には、前記以外に「昭和38年11月18日付けテニスコート撤去並びにその跡の整備に関する現状変更等許可申請」の起案書類、「昭和38年12月2

写真13｜清流園開園式

日付け文化財保護委員会委員長殿宛ての現状変更等許可申請書（写）」、「昭和39年2月3日付け史跡旧二条離宮（二条城）の現状変更（テニスコート撤去）の許可通知について（写）」の内容が手書きで転記されていました。

また、1963（昭和38）年12月27日付けで京都市が日本銀行に対して寄贈の依頼を行い、同年12月31日に承認の通知がされたこと、1964（昭和39）年2月5日付けで、「織殿建物ならびに同庭園の贈与契約の締結について（依頼）」が出されたこと、京都市が日本銀行に対して契約締結依頼を行ったこと、双方が交わした庭園建物贈与契約書の内容（契約の条項、物件表示、贈与を受けた建物と庭園、植木内訳リスト）が記され、庭園の写真（織殿庭園）が貼り付けてありました。

贈与を受けたもののリストの中には「14章　石造品調査」（pp.290-292）で取り上げる「春日型石燈籠、織部型石燈籠、十三重塔、四方仏の手水鉢等」が記載され、織殿庭園から持ち込まれたものであることが確認できます。

さらに『北山氏ノート』から、中根金作氏（当時京都府教育委員会文化財保護課課長補佐）が、織殿庭園資材解体運搬工事施工にあたっての注意事項などについて指示を行い、姿図の作成、滝組流れ、茶庭などの作庭の指導にも携わっていたことがわかりました。

それまで先輩方からのヒアリングでは、「清流園の青写真（計画図面）は頭の中にあった」と皆さん口を揃えておっしゃり、当時の資料も見当たらなかったため、廃棄されたものと考えられていました。しかし当時の書類、姿図、計画図、施工写真や施工法、御苦労を垣間見ることができる詳細な資料が、北山氏の手書きの作庭記録として残されていたのです。

共同研究発表後、北山氏とは年賀状のみのお付き合いとなっていましたが、後年にご家族から訃報が届きました。北山氏には感謝するとともに、心よりご冥福をお祈りいたします。

参考引用文献

1 北山正雄（1965、2001）『庭園（清流園）造成の記録』内田 仁蔵

2 内田 仁・北山正雄（2001）「二條城清流園の成立過程及び地割・植栽の経年変化について」『ランドスケープ研究』64巻5号、pp.447-450 ［二次元コード］J-StageHP より

荒賀利道（1970年代頃）『二条城の緑と花』京都市元離宮二条城事務所、pp.6-7

中根金作（1986）『元離宮二条城』京都市、p.53

内田 仁（2006）『二條城庭園の歴史』東京農業大学出版会、pp.99-102,107,108,121,122

尼﨑博正（2012）『七代目小川治兵衛 山紫水明の都にかへさねば』ミネルヴァ書房、pp.3,39,59

文献2、pp.449-450

清流園内の植栽樹木本数については、荒賀利道氏（文献3）、p.6 によると、2900本（主なものは、サクラ、モミジ、イチョウなど〈昭和40～50年代調査と推定〉）とされています。1994（平成6）年12月樹木調査（個人調査）では、2576本でした。昭和40～50年代に行われた樹木調査（文献3）、p.6 と1994（平成6）年の樹木調査を比較すると、樹種などの違いから昭和40～50年代の樹木調査は、緑の園も含まれたものと考えられ、ほぼ類似した本数が維持されていたと推測できます。

◉二次元コードは、アララが提供する「クルクル - QR コードリーダー」アプリを利用して筆者が作成したものです。

6章

加茂七石石庭と菊洲垣

ここでは、加茂七石石庭と菊洲垣（竹垣）について、『北山氏ノート』*の記述と、私が在職中に菊洲垣が改修された時の記録を紹介します。

加茂七石石庭と菊洲垣は、清流園和楽庵南側（北中仕切門東側）に位置し、京都を代表する加茂七石が配石されています。そして後方には、菊洲垣が設置されています。

＊5章参照。北山正雄氏による『庭園（清流園）造成の記録』全5冊。

1 加茂七石石庭

加茂七石石庭〔写真1〕については、『北山氏ノート』No.3[1]に次のように記述されていました。

「京都の加茂川の水域には昔から7種の銘石が産して居り、これ等を称して加茂七石と呼ばれていた。又当時水石の愛好者が多く新しい庭の一角にぜひ加茂七石を集めて石庭を造る希望が強かった。これ等の希望を受けて茶室の南側に作られたもので、石の収集は鞍馬の上田さんをはじめ多くの方々の努力によるものである。なお石庭造成はお花の先生の長谷川菊洲さんの指導によるものでユニークな作である。」

石の名前と産地については、以下の通りです。

鞍馬石《くらまいし》：鞍馬、紫貴船石《むらさききぶねいし》：貴船、八瀬真黒石《やせまぐろいし》：八瀬、紅加茂石《べにがもいし》：市ノ瀬、

写真1｜加茂七石石庭を望む（2023年筆者撮影）

糸掛石《いとかけいし》：静原、畑石《はたいし》：雲ヶ畑、畚下石《ふごろしいし》：鞍馬

また『北山氏ノート』によると、1964（昭和39）年6月16日から11月19日までのうちの9日間で石庭へ運搬、配石が行われ、7月24日には「長谷川菊洲先生指導」と記されていました。

2 菊洲垣

作庭当初は、加茂七石石庭の後方（北側）にある竹垣は、菊洲垣と呼ばれていたそうです。華道家として知られる長谷川菊洲氏[2]の名前にちなんで命名されたようです。ただし、実際に加茂七石の配石と併せて竹垣も指導されたのかは定かではありません。

『北山氏ノート』には「萩垣」と記されていますが、萩垣の施工日、仕様、指導内容についての記載はありません。萩垣についての記述は少なく、『北山氏ノート』No.4の[3]「庭園造成まとめ工事」の「9月22日　まとめ工事（打合せ事項）」に、「④庭石の萩垣の屋根は取りやめ、北側に杭を打込み染縄にて固定、垣の東端はもくせいか、とべらにておさえる」とある程度です。

二条城職員OBで元事業係のKU氏によると、「菊洲垣についても長谷川菊洲先生の指導だと思っていた。北山氏（当時の管理係長）も菊洲垣と言っていた」ということでした。

1988（昭和63）年頃の菊洲垣［写真2］は、萩と竹を材料とした竹垣ということで、筆者は変形光悦寺垣だと捉えていました。萩は、北大手門西側などに生えていたものを刈取り、補修用に利用するため、苗圃の小さな小屋にストックしていました。のちの、菊洲垣の改修時に、萩材の調達ができないことからクロモジを材料と

して改修せざるを得なくなったと記憶しています。

この菊洲垣について自宅の書類を整理したところ、1992（平成4）年に全面改修した時のメモと写真集[4]がありました。当時、改修に関わることはできませんでしたが、どのようにつくるのか興味津々でした。以下、菊洲垣の改修の記録を紹介します。

菊洲垣の改修の記録

施工年月日

1992（平成4）年9月3日〜9月10日

施工業者

市内竹業者

菊洲垣の施工人工

16・5人工

必要な資材

菊洲垣の材料／太い竹（直径約20㎝位）、焼き丸太、萩（萩穂約1・8m）、銅線（萩を固定するため）、長丸太、番線（柱と菊洲垣本体を固定するため）、女竹（立子）、染縄（結束のため）、杉皮、釘（5）、菊洲垣の製作に使った主な道具／竹切鋸（竹をきるため）、スコップ、アメリカンスコップ（柱の穴を掘るため）、バール大、バール小、鉄パイプ、ほうき、木づち（柱を打ち込むため）、ハンマー（柱を打ち込むため）、なた（丸太を尖らせたりするため）、ペンチ（銅線を切ったり結束させるため）、スケール（寸法を計測するため）、チョーク（印をつけるため）、シート（コケ養生、作業や掃除をし易くするため）、ゴムバンド（萩を固定するため）他

施工方法

①両サイドに焼き丸太の柱を立てる。［図1、写真3］

②太い竹は、幅15cm位の割りを入れる（萩の立子を入れるため）。柱と接続する箇所は、丸太が入るように切り込みを入れる。［図2、写真3、5］

③柱の頭に太い竹（冠）を被せる。柱と竹は釘止めする。［図3、写真3］

④事前に一握り程の太さで銅線止めした萩小束を準備しておく。女竹を均等に割り出した位置に冠と差し石の間に立てる。萩小束を冠と差し石の間に立てるため、位置だしする。（差し石にチョークで萩小束の設置位置を印す。バカ棒〈細い竹に格子の交点の位置を印したもの〉及び女竹を目安にして、萩小束の交点を割り出す）位置だしを確認しながら、萩小束を冠と差し石の間に差し込む。萩小束どうしの交点を銅線で固定していく。［図4、写真4〜6］

⑤冠の太さを均一にするため、細くなっている所には割竹を巻く。［写真7］

⑥割竹との境は、凹凸ができないように杉皮を巻いて太さを均一にする。［写真8］

⑦焼き丸太の柱も竹で覆う。［写真8］

⑧冠の左端から萩を巻いていく。萩を固定するためゴムバンドを使用。はじめの萩をはわせる時にゴムバンドで一時的に固定し、銅線で固定していく。太さが均一になるよう隙間を埋めながら、凹凸ができないように二重に巻いていく。柱を萩で巻く。［写真9〜12］

⑨裾にも事前に割竹に萩を巻き付けておいたパーツを被せ、本体とパーツを銅線で結束していく。冠や柱に巻きつけた萩なども銅線で結束する。［写真13、14］

⑩銅線の上から染縄で結束していく。［写真15］

⑪菊州垣本体が倒伏しないよう本体裏側の冠に長丸太を沿わせ銅線と染縄で固定する。数カ所に杭（焼き丸太）を打ち込み、長丸太と杭を番線で固定し完成。［写真16］

参考引用文献

1 北山正雄（1965、2001）『庭園（清流園）造成の記録』（北山氏ノートNo.3）、内田 仁蔵

2 いけばな嵯峨御流 華務長（2017）「3月11日。嵯峨御流華道平安司所創立75周年記念華展のテープカットに列席させて頂きました」いけばな嵯峨御流 嵯峨御流華道総司所HP、https://www.sagagoryu.gr.jp/post_id_7526/

3 文献1、（北山氏ノートNO.4）、内田 仁蔵

4 内田 仁（1992）『菊洲垣写真集』内田 仁蔵

図1｜両サイドに柱を立てる

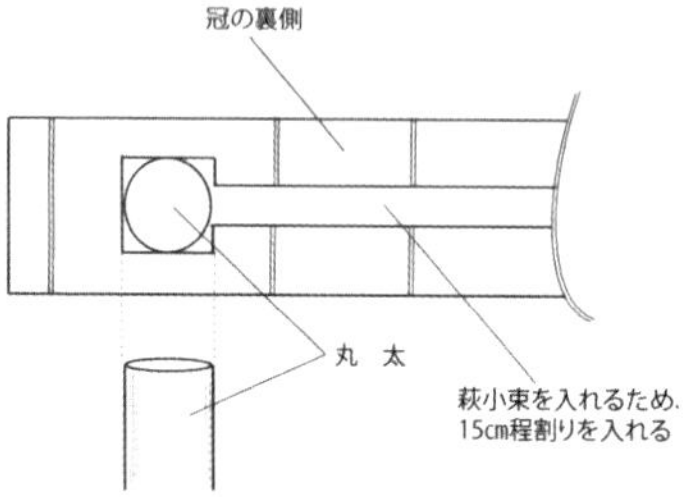

図2｜冠の裏側に割りを入れる

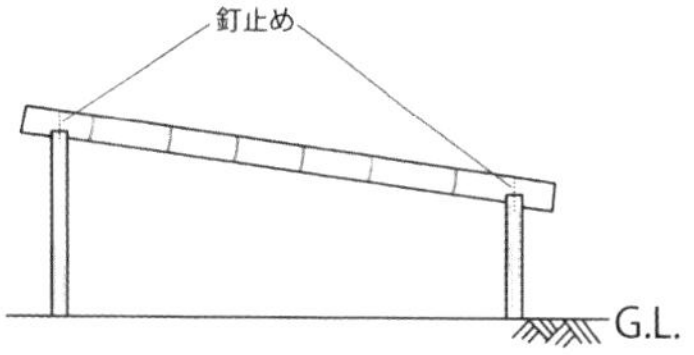

図3｜柱と冠を固定する

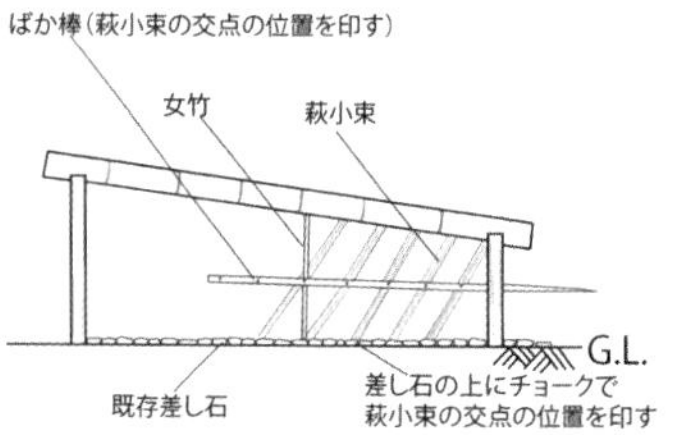

図4｜位置出しをして萩小束を差し込み固定する

写真2｜1988（昭和63）年頃の菊洲垣

写真3｜両サイドに柱を立て、割りを入れた冠を設置する

写真4｜女竹を設置する

写真5｜萩小束は冠の割りを入れた中に差し込む

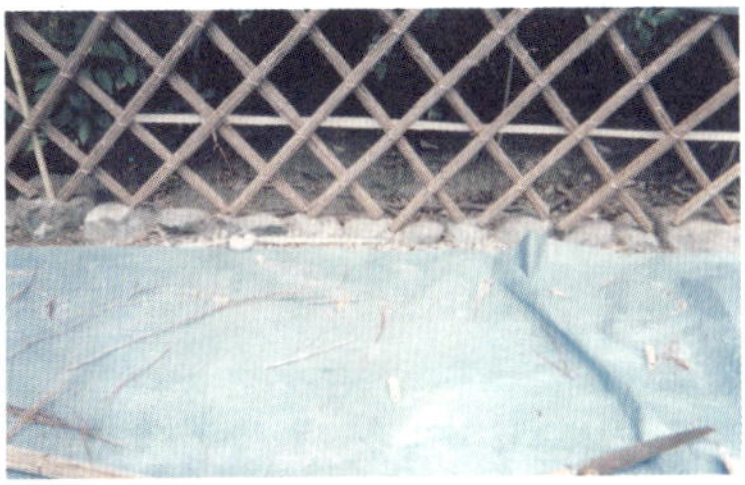

写真6｜バカ棒で萩小束の交点をあわせる。萩小束どうしの交点を銅線で固定する

写真7｜冠の太さを均一にするため割竹で調整する

写真8｜繋ぎ目は凹凸ができないよう杉皮で調整する。焼き丸太の柱も竹で覆う

写真9｜冠に萩をはわせ巻いていく

写真10｜萩の上に萩をはわせ巻き付けていく

写真11｜柱にも萩を巻く

写真12｜冠は二重に萩を巻く

写真13｜裾は事前に割竹に萩を巻いておいたパーツを被せ、銅線で本体と結束する

写真14｜冠や柱に巻きつけた萩なども銅線で結束する

写真15｜銅線を隠すため、銅線の上から染縄で結束する

写真16｜冠の裏に長丸太を沿わせ、本体と銅線・染縄で結束する杭を数カ所打ち込み、長丸太と杭を番線で固定し完成

7章 補足説明

この章では、補足説明として、二条城編、二の丸庭園編、本丸庭園編、清流園編に分け、「2章　探訪・二条城庭園の魅力」で記述しきれなかった、より詳細な点などについて各編ごとに紹介します。

1 二条城編

二条城は売りに出されていた

この件については、いくつかの文献に記されています。

『史料京都の歴史　第1巻　概説』[1]

同書には以下のようなことが記されていました。「にわかに信じがたいことだが、明治六年（一八七三）、御所が五千円で、二条城が一万円で売りにでたのは、作り話ではなかったらしい。公家が東京移住を命じられ、現在の御苑の地域が荒れ果てたとき、御所および公家屋敷、二条城は京都府の管理下にあったが、京都府は当時文明開化の先頭にたっていたから、もはや空き家になった御所や二条城に特別の意味を見いださなかったのである。一時は宮内省も御所を放棄する考えに傾いたらしい。維新による天皇復権によって、御所・離宮が大切に扱われたと思うのは、のちに作られたイメージである。新政府ははじめ、天皇家と京都を切り離すことのみに熱心であり、その最大の表現が、東京遷都だったのである。即位式は京都でおこなわれたけれども、天皇が真の天皇となるのに不可欠な大嘗祭は、東京でおこなわれたのであった。」

『史料京都の歴史　第9巻　中京区』の「付録京都の歴史月報7」[2]

「徳川幕府が崩壊すると、二条城周辺は一時火の消えたようになった。所司代や奉行所はなくなり、与力・同心・雑色等の役人は職を失い、わが町の先祖も、深刻な転換期に立たされたに違いない。当時、二条城が一万五千両で売りに出たという噂話もあるほどである。二条城は、明治四年（一八七一）に京都府に移管され、同十八年まで二之丸御殿が京都府庁舎として使用されたそうである。絢爛豪華な狩野派の障壁画に囲まれたこんな立派な官庁は前代未聞である。」と記されています。

『教業の語り部』[3]

「むかし古老達から聞いた話では、維新当時は京の五本指に数えられた財閥であったそうで、二条城が新政府に没収になる前に、要人からお城を金子一千両とか、当時の金で二万円とかで買わんかとの噂話をよく聞かされたものです。その時、城内全部を農地にしてもよいなら引き受けてもよいとの返事だったので、その話はそれ切りになったという矢野家の話です。」と記述されています。

『文春新書1365　仏教の大東亜戦争』[4]

ジャーナリストで僧侶の鵜飼秀徳氏は、「かつて筆者は臨済宗相国寺派管長で、京都仏教会の理事長を務める有馬頼底氏に…取材している。有馬氏は、戦時下で資金難にあえいでいた京都市から臨済宗妙心寺にたいし、二条城を一万円で売却する提案がなされたと明かした。最終的に二条城の取得は実現しなかったが、…」と同書に記しています。

前記の文献のように、明治維新頃と第二次世界大戦の戦時下に、二条城は売りに出されていたようです。

大正大礼時の二条離宮

二条城は1884（明治17）年、宮内省に移管され二条離宮となりました。二の丸庭園の大規模な植栽工事、本丸内への旧桂宮屋敷の移築、それに付随した庭園整備などが行われ、皇室にも所縁のある城とされました。その後、1912（明治45）年に明治天皇が崩御され、元号を大正と改め、皇太子明宮嘉仁親王が天皇に即位することになります。1913（大正2）年1月9日、天皇御即位式は1914（大正3）年の秋冬の間で行うと公布されました。

しかし昭憲皇太后（明治天皇の皇后）が、1914（大正3）年4月11日に崩御されたことにより、勅令をもって即位の大礼は延期され、即位礼を1915（大正4）年11月10日、大嘗祭を同14日、饗宴の儀を同16日、17日に開催することになりました。

大礼に先立ち、二条離宮では饗宴の儀のため、二の丸庭園南庭の改造が行われ、南門や城内二の丸御殿北方に大饗宴場などの施設が新設されました。[1〜4]

当時の記録を探ると、『大正大禮京都府記事　庶務之部　巻下』[5]の「第三項　二條離宮及ヒ其他へ行還幸」には、「一、大饗第一日越エテ十一月十六日ハ即位禮及大

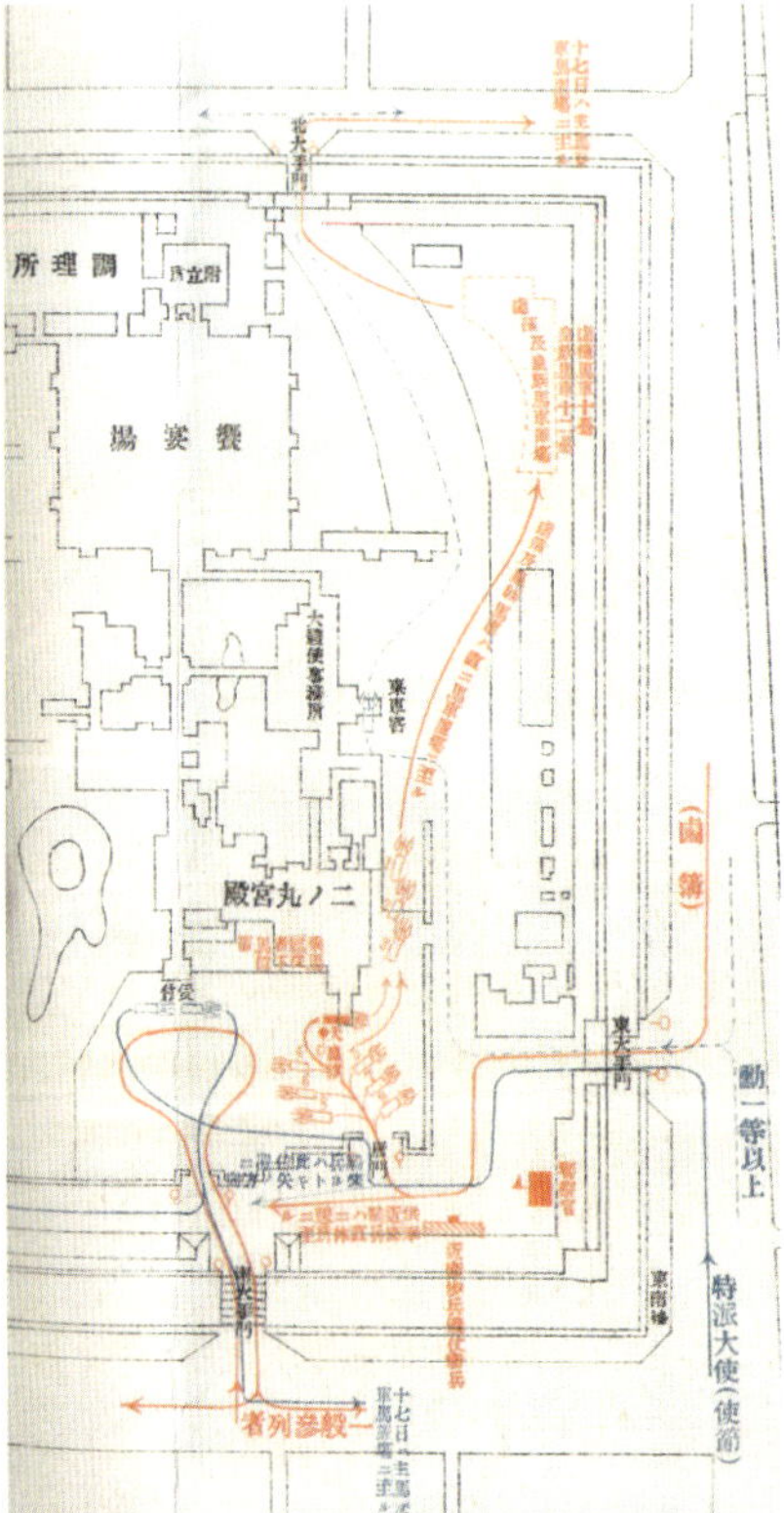

図1｜「二條離宮著御時鹵簿要圖」転載、一部抜粋。出典：『大正大礼京都府記事　警備之部』京都府警察部編、合資商報會社、1916年、京都府立京都学・歴彩館蔵

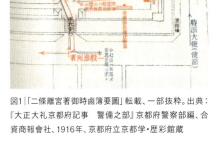

嘗祭後大饗第一日ノ御儀ニ付此日午前十時五十分皇宮御出門、二條離宮へ行幸アラセラルヘキニヨリ、場内委員ハ午前六時寺町門内詰所ニ參集シ、手ヲ分チテ部署ニ就ケリ。團體奉拜者ノ入場時刻ハ午前七時三十分ニシテ、起立ノ儘靜肅ニ奉拜セシメタリ。皇宮へ還御ハ午後二時ナルヲ以テ、委員ハ引續キ場内ノ設備其ノ他ニ從事シ、奉拜者ハ豫定ノ如ク午前十一時三十分ヨリ入場セシメタリ。」とあり、また、「二、大饗第二日　一月十七日ハ大饗第二日ノ御儀ヲ行ハセラルヘク午後四時五十分御出門、二條離宮へ行幸アラセラレ、夜宴ノ御儀終テ還御ハ翌午前二時ナルヲ以テ、奉拜ハ行幸ノ時ノミトシ、委員ハ午後一時詰所へ參集、同一時三十分ヨリ奉拜者ヲ入場セシメタリ。」と記されているように、饗宴の儀が二条離宮内で行われました。

高木八太郎氏の『大正大典史　全』[6]には、二条離宮行幸写真、車寄写真、饗宴場内部の写真、大正天皇大典に関わる詳細な記録が残されています。同書の第四章御大禮記事編の「六一　二條離宮御室割」[7]には、「來る十一月十六、十七兩日二條離宮に於て大饗宴を催させられ大禮參列の内外文武官、貴衆兩院議員、全國各縣會議長並に各種團體代表等一千八百餘名を召させらるゝ…」と多くの参集者が訪れる様子が記され、同書同章同編の「一九四　大饗宴第二日の御儀」[8]には、「…午後の四時過ぎより續々參集勳一等以上は東大手門を入り第一車寄より、又外國使節、夫人、随員は唐門を通りて第二車寄より、勳一等以外の諸員は新しく設へられたる南大手門を潜りて第二車寄より朝集所に入る…」と記載されています。

また、『大正大礼京都府記事　警備之部』[9]の表「(第七十四號表)十一月十六日十七日二條離宮著御時鹵簿要圖」[図1]にも、鹵簿(行幸・行啓の行列)や勲一等以上、特派大使(使節)は東大手門から唐門をくぐり、一般参列者は南門をくぐり二の丸庭園南側入口から二の丸御殿に至る動線を見ることができます。その他、『大正大禮京都府記事關係寫眞材料』[10]には、即位礼当日の様子、京都市主催の園遊会等、大礼の諸行事、大典記念京都博覧会、小学校の運動会等の奉祝の関連行事、市中の人々の様子、街の装飾などが収録されています。二条離宮東側の東堀川通に、天皇に拝謁するため多くの市民が集まっていたことが写真からうかがえます。

大正大礼後の二条離宮

大礼後、1916（大正5）年に大礼諸施設が移築や取り壊しとなり、復旧工事が行われています。『京都の歴史　第8巻』[1]は、大礼後、「…二条離宮内の方四十間に及ぶ大饗宴場の建物をも下賜された。…大饗宴場千八百坪のうち、舞楽殿その他を公会堂、あとは市庁舎に移築することとした。…公会堂の敷地は、紆余曲折の末、桜の馬場（現在京都会館所在地）に決まり、大正五年七月起工、六年六月完成した。」と記されています。また「大正4年の大典に際して二条離宮内に新築された大饗宴場であったが、大正6年岡崎桜の馬場に移され、市の公会堂となった。本館は3000余人を収容する偉容を誇った。しかし昭和9年9月の室戸台風によって倒壊した。」とあります。

二条離宮の復旧工事については、筆者が『二條城庭園の歴史』[2]で報告した通り、1916（大正5）年9月〜同年11月には小川治兵衛らによって二の丸南庭（主に御内庭堺囲ヒ復旧ニ付長押塀建設工事、二ノ丸台所土間梁上見切壁塗工事、二の丸南庭車寄前広場の庭園工事）や城内二の丸御殿北方一帯（大饗宴場跡の庭園復旧工事）で行われています。

小川治兵衛は、京都皇宮並に二条離宮植樹其他事業を担当しました。南庭車寄前広場を庭園に復旧する地均し工事、京都二条離宮二ノ丸南車寄前芝伏工事、京都二条離宮饗宴場跡復旧工事は、京都皇宮並に二条離宮大礼建物取解跡復旧工事はその他の請負人、供給人によって行われました。

この復旧工事の竣工状況は、二の丸南庭の竣工当時の状況を撮影したと推測される記録写真[3]（中根俊彦氏提供、1917）からうかがうことができます。地割の変遷については、大正天皇大礼以前から昭和時代までの平面図、現況との比較から以下のようなことがわかりました。

二の丸南庭

二の丸南庭は、大礼時の長押塀は大礼以前の位置に復旧され、曲線的園路と芝生を主体とした庭園景観に復旧されました。ただし、復旧以前の図面と比較すると地割が若干異なっています。竣工写真の2枚[4]をみると、撮影された範囲内の地割は1919（大正8）年以降現在に至る図面[5]とほぼ一致しています。このことから、この復旧により今日に至る二の丸南庭の地割が完成していたことがわかります。植栽は2005（平成17）年現在とほぼ同様な形態を示し、当時の松樹や灌木も確認できています。ただし、若干の変化は見受けられました。

城内二の丸御殿北方一帯（現、清流園付近含む）

城内二の丸御殿北方一帯は、大饗宴場や附立所、調理所などが撤去された後、饗宴場跡地の整地・芝張り、大礼建物取解跡の敷均し、白石敷き、芝地繕いや植樹が行われています。

この植樹帯のことを、1963（昭和38）年頃の新聞記事では疎林式庭園[6]と称しています。竣工当時の庭園景観を竣工写真[7]からみると、樹木が植えられた様子がうかがえ、記録写真の地割は1919（大正8）年の図面など[8]とほぼ一致するものでした。

参考引用文献

二条城は売りに出されていた

1 京都市（1991）『史料京都の歴史　第1巻　概説』平凡社、p.623
2 京都市（1985）「小川平太郎（二条城周辺―わが町の変遷）、付録京都の歴史月報7（1985年1月）」『史料京都の歴史　第9巻　中京区』平凡社、p.2
3 竹島初太郎（1994）『教業の語り部』奥井正博、pp.69-70
4 鵜飼秀徳（2022）『文春新書 1365　仏教の大東亜戦争』文藝春秋、p.126

大正大礼時の二条離宮

1 京都市（1975）『京都の歴史　第8巻、古都の近代』學藝書林、pp.332-335,493-494
2 京都市役所教育部社会教育課（1939）『恩賜元離宮二條城』京都市役所教育部社会教育課　代表者西田利八、p.13

3 恩賜元離宮二條城事務所（1940）『恩賜元離宮二條城』恩賜元離宮二條城事務所　代表者勝田圭通、pp.10-11
4 恩賜元離宮二條城事務所（1941）『恩賜元離宮二條城』恩賜元離宮二條城事務所　代表者勝田圭通、p.13
5 京都府（1917）『大正大禮京都府記事　庶務之部　巻下』合資商報會社・似玉堂、京都府立京都学・歴彩館蔵、p.51
6 高木八太郎（1915）『大正大典史　全』大日本實行協會
7 文献6、「六一　二條離宮御室割」、第四章　御大禮記事編、pp.161-162
8 文献6、「一九四　大饗宴第二日の御儀」、第四章　御大禮記事編、pp.351-352
9 京都府警察部（1916）「(第七十四號表) 十一月十六日十七日二條離宮著御時鹵簿要圖」、第四章　各府縣應援警察室宿泊賄、『大正大礼京都府記事警備之部』京都府警察部編、合資商報會社、京都府立京都学・歴彩館蔵
10 京都府（1915）『大正大禮京都府記事關係寫眞材料　第壹巻、第貳巻』、京都府立京都学・歴彩館蔵
下間正隆（2023）『イラスト二条城』京都新聞出版センター、pp.91-107（大正大礼）

大正大礼後の二条城

1 京都市（1975）『京都の歴史　第8巻　古都の近代』學藝書林、pp.332-333
2 内田仁（2006）『二條城庭園の歴史』東京農業大学出版会、pp.70-72
3 中根俊彦氏の御協力によって得られた記録写真は、復旧工事の竣工写真と考えられ、記録写真の脇には「二ノ丸南庭ノ一」、「二ノ丸南庭ノ二」、「北大手門内ヨリ北中仕切門方面ヲ望ム」、「北大手門内ヨリ二ノ丸宮殿ヲ望ム」と書き込まれ、小川白楊の印が印刷されたものでした。復旧工事録や小川白楊の経歴などから復旧工事が完了した1916（大正5）年11月以降からこの世を去る1926（昭和元）年以前に撮影されたものと推測でき、小川治兵衛は復旧工事録の請負人名にも名を連ねていることから竣工写真と推測します。
4 文献2、p.87（二の丸南庭、正誤表で差替えたもの）
5 文献2、p.77,78,103,104
6 新聞社名不明（1963頃）「二条城内に公園　重文〝織殿〟の庭を移す」『新聞名不明　年月日不明』
＊記事によれば、「疎林式庭園とは木をまばらに植えた庭で、外敵が外堀を越えて侵入してもそこの立木をタテにとって鉄砲で防げるというねらいでつくられたもの。江戸時代の様式といわれている。」と記されています。
7 文献2、pp.92-93（城内二の丸御殿北側一帯〈現清流園地区含む〉）
8 文献2、pp. 81-83
尼﨑博正（2012）『七代目小川治兵衛　山紫水明の都にかへさねば』ミネルヴァ書房、pp.259-260
＊「七代目小川治兵衛略年譜」によれば1912（大正元）年「大礼準備のため、京都御苑内改造工事、桂離宮、修学院離宮、二条離宮整備工事を拝命」と記載しているものの、本文の「4　大正大礼前後の植治（pp.111-118）」では1916（大正5）年の復旧工事については触れていません。

2　二の丸庭園編

二の丸庭園の作者について

二の丸庭園の作者については、「2章　探訪・二条城庭園の魅力　2　二の丸庭園」（p.20）で触れています。徳川家康・秀忠時代の庭園は、「泉水」、「築山」、「松」によって特徴づけられたものであったと推測されていますが、当時の作者については不明です。家光時代に既存の庭園を改作して完成した二の丸庭園の作者は、小堀遠州と考えられています。しかし、「小堀遠州作」とする最も古い史料の記述は二の丸庭園が完成してから142年後のものです。ただし、「3章　後水尾天皇行幸時の二条城二の丸庭園の植栽について」（p.47）で記したように、小堀遠州がなんらかの関わりをもつと想像させる史料が見つかっています。二の丸庭園の作者についての詳細は、3章の参考文献30（pp.48-49）を御参照ください。

二の丸庭園の滝水について

二の丸庭園の滝水供給源の水道筋について

二の丸庭園の滝水の水道筋については、吉永義信氏により、金地院の住持である以心崇伝の『寛永三年二條城行幸記』の序文を基に、「賀茂川の清流を城内の池へ、豊富に取り入れた趣…」と報告されています。[1]　また、吉永氏は具体的な賀茂川から庭園までの水道筋について、筆写本『二條城沿革記』（1884〈明治17〉年編集）に記述された1717（享保2）年の水道筋の説明を、1840（天保11）年の地図『京都指掌図』と1879（明治12）年の地図『京都明細地図』と照合した結果、ほとんど矛盾がなかったことを報告しています。さらに、『二條城沿革記』（1884〈明治17〉年編集）に記された水道筋をわかりやすいように以下のように記述しています。賀茂川から二条城までの水道筋は、「…上西加茂あたりで賀茂川から二股川が畑の中を南へ流れ、その下流は堀川に注ぐのであるが、今宮御旅の東方で二股川から水道が分かれ、御旅の内を西南に行き、大宮通りに出て、その頭町から埋樋となって南下し、一條通から北へ半町の所で東へ折れて、神明町を一町流れ、猪熊通を再び南へ下り、二條城の北門の橋下を掛樋で渡って城内に入り、泉水に掛る、というのである。…」。

京都府立京都学・歴彩館の古文書担当者の協力を得て、ここでは吉永氏が報告した賀茂川から二条城までの水道筋を、江戸時代の地図[2]［『池田遥邨氏旧蔵京都関係絵図類』に含まれる『京絵図』1843〈天保14〉年作成／図2］と現況図[3,4]［国土地理院地図／図3］上に当てはめることを試みました。図2、図3のように、賀茂川から二条城までの水道筋は、賀茂川より分岐した

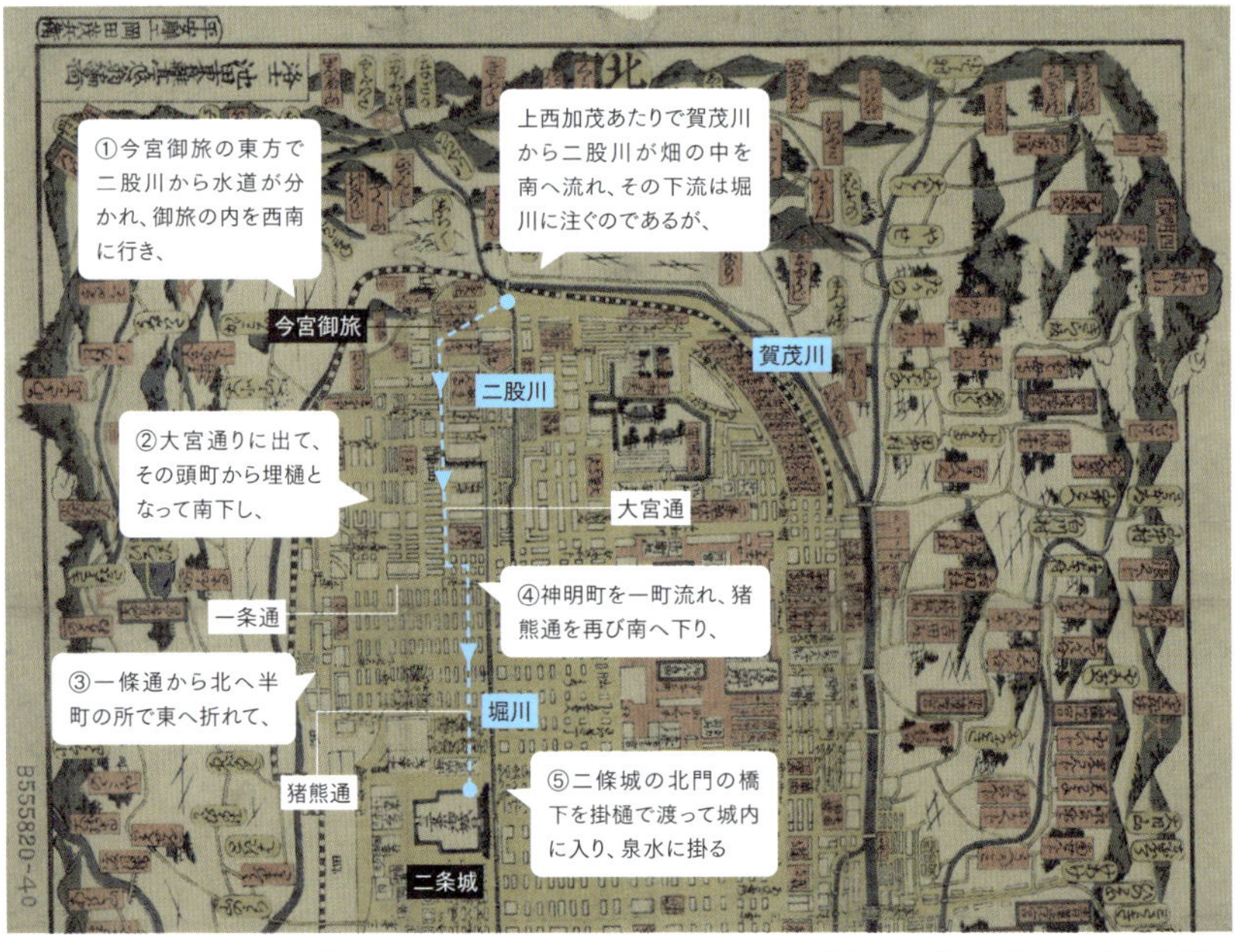

上西加茂あたりで賀茂川から二股川が畑の中を南へ流れ、その下流は堀川に注ぐのであるが、
①今宮御旅の東方で二股川から水道が分かれ、御旅の内を西南に行き、
今宮御旅
賀茂川
二股川
②大宮通りに出て、その頭町から埋樋となって南下し、
大宮通
④神明町を一町流れ、猪熊通を再び南へ下り、
一条通
③一條通から北へ半町の所で東へ折れて、
堀川
猪熊通
⑤二條城の北門の橋下を掛樋で渡って城内に入り、泉水に掛る
二条城
B555820-40

図2｜江戸時代の水道筋図（『池田遥邨氏旧蔵京都関係絵図類』に含まれる『京絵図』〈1843（天保14）年作成〉に賀茂川から二条城までの水道筋〈推定〉を加工・加筆）。出典：池田遥邨『京絵図』「京の記憶アーカイブ」、京都府立京都学・歴彩館蔵

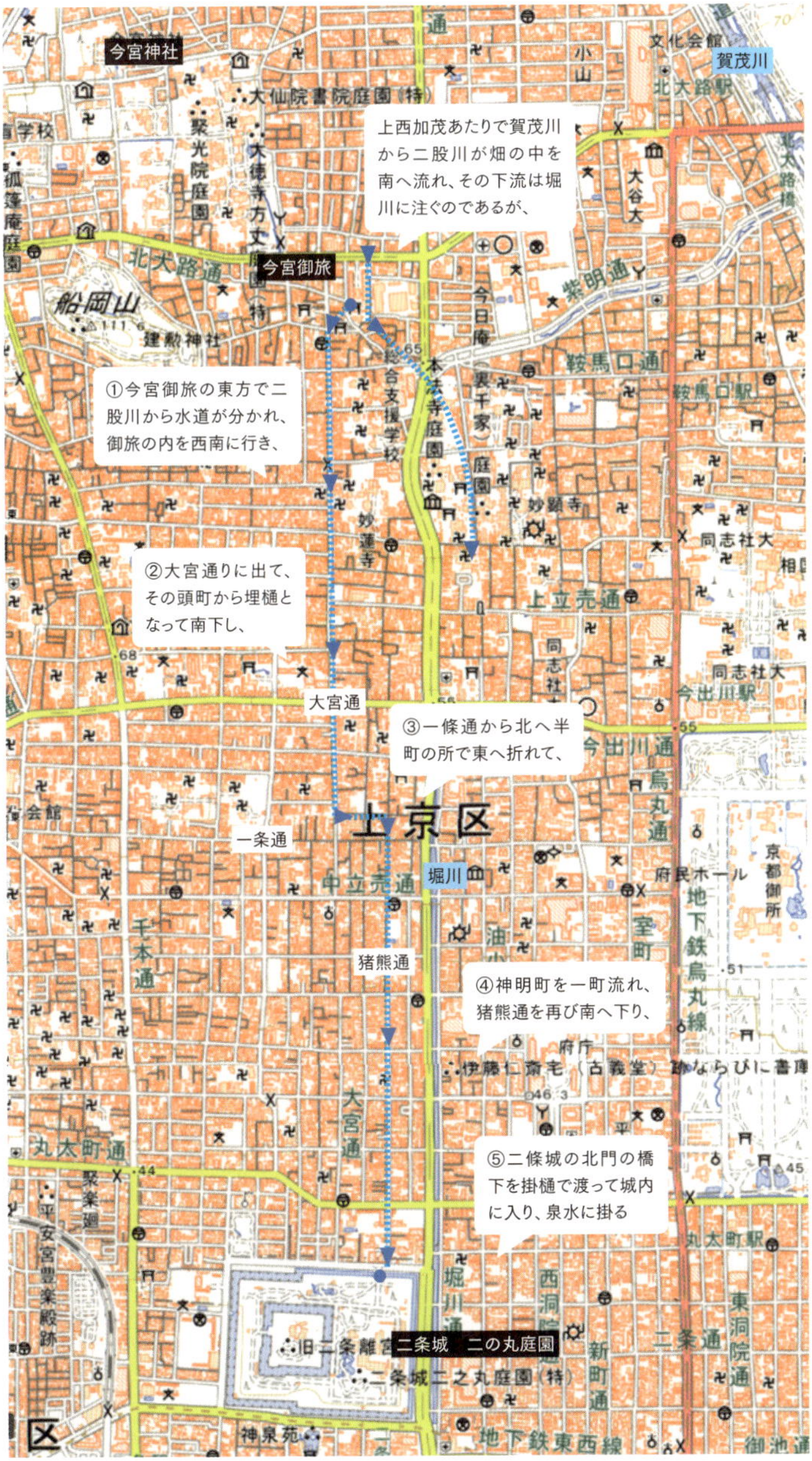
今宮神社
賀茂川
上西加茂あたりで賀茂川から二股川が畑の中を南へ流れ、その下流は堀川に注ぐのであるが、
今宮御旅
①今宮御旅の東方で二股川から水道が分かれ、御旅の内を西南に行き、
②大宮通りに出て、その頭町から埋樋となって南下し、
大宮通
③一條通から北へ半町の所で東へ折れて、
一条通
上京区
堀川
猪熊通
④神明町を一町流れ、猪熊通を再び南へ下り、
⑤二條城の北門の橋下を掛樋で渡って城内に入り、泉水に掛る
二条城　二の丸庭園

図3｜現況図に当てはめた江戸時代の水道筋（推定）。地理院タイルに賀茂川から二条城までの水道筋〈推定〉を加筆

二股川より今宮御旅内を通り、大宮通・猪熊通から埋樋を利用して、ほぼ一直線に二条城北大手門まで導水されていることが確認できました。ちなみに国土地理院地図によれば、今宮御旅所の標高は67・3m、二条城北大手門の標高は42m（二の丸庭園滝口付近の標高は41m）で、今宮御旅所と二条城北大手門の標高差は25・3mでした。[5・6] なお、北大手門から二の丸庭園滝口までの水道筋については、現段階では不明です。ですが、２００９（平成21）年の防災設備工事に先立つ遺跡調査[7]によって、滝水を導水する施設の一部と考えられるものが二の丸御殿の北側で発掘されています（「15章 庭園遺構」pp.302-304 参照）。また、飛田範夫氏は、「元和元年十二月二日の町触に、「二条水道の御用に大仏にこれ有る足代木取り寄せ候」（『京都町触集成』）と記しているため、鴨川から二条城に引いた水は「二条水道」と呼ばれていたことがわかる。この水道のために足場を組む材が必要になって、大仏から取り寄せたらしい。二条水道の工事はまだ続いているが、二の丸の園池が現在の姿になったのは、元和元年だった可能性が高くなる。北大手門から一二〇メートルほど南側で江戸前期の木樋が、発掘調査で見つかっているが、これが二条水道の一部なのだろう。」[8]と報告しています。さらに古代文化調査会によれば、二条城北側に位置していた所司代上屋敷の発掘調査で、池跡と木樋遺構が発見されています。[9] 報告書の「所司代上屋敷内西高瀬新規川筋絵図」のトレース図には猪熊通沿いの樋門付近から池や木樋に至る導水筋（推定）が描かれているので、二条城と同様に所司代上屋敷も、賀茂川から導水した水道筋を利用していた可能性が考えられます。

滝水の変遷について

筆写本『二條城沿革記』（１８８４〈明治17〉年編集）に記述された１７１７（享保2）年の水道筋の説明には、「右近來樋所々潰ヘテ水不通ノ由」と記されていますが、吉永義信氏は、「明治十七年に編集の際、編者が加筆したものであろう。かように賀茂川の取り入れ口から庭園までかなりの距離があり、そして埋樋や掛樋などで水を導いたので故障を起こしやすく、早くから水はとかく途絶えがちであった。「二條御城御指図」には、滝の所に付箋があり、「瀧口當時水掛無御座候」と書いてある。」[10]と記しています。

大正時代には、勸修寺經雄氏によって「池には西北の隅に瀧があり元は堀川の水を分け北大手門の下を經て水をかけてあつたが水が餘りに汚れて悪臭を發するので一時中斷し大正御大典の時より必要ある毎に上水道を用ひられたが現時は内堀の水を電力にて汲み上げ之を専用せられて居る。」[11]と報告され、「二條離宮平面図」（1894〈明治27〉～1897〈明治30〉年頃）でも上水道が滝口まで延びていることが確認[12]できます。

現在の滝口からの水は、1928（昭和3）年9月昭和天皇の大礼を記念して、桃山門付近の内堀から水を汲み上げ、滝口まで管を延ばす揚水ポンプ工事が行われ、今日に至っています。これについて、中島卯三郎氏は、「…昭和大禮の際モーターポンプを据え付けお濠の水を吸ひ上げ飛泉より出して水を湛ふ」[13]と報告し、吉永義信氏は、「池に水を再び湛えたのは昭和三年九月であった。揚水ポンプを設備し、内堀の水を汲み上げ、滝に水を掛け、池に水を満たして、長い間空滝、空池で、なんとなく空虚な庭景であったが、ようやく昔日の景趣を復原することができた。…」[14]と記しています。現在、滝口付近のやや北側に、マンホールのようなコンクリート製の蓋（直径約50㎝）があり、その蓋をあけると、二重になった土管である揚水施設が確認できます。内側は、内堀から汲み上げられた水が揚水され、その溢れでた水が外側の土管に流れ込み滝口に至る構造です。柔らかな水を滝口に落とす工夫が凝らされています［写真1］。なお、現在は二の丸庭園池尻の西南隅と東南隅に、2つの排水口が確認できます。[15・16] 西南隅排水口は内堀へ水を流し落とすもの（現在）で、東南隅排水口は昭和大礼以前に利用されたものと考えられます。

オーバーフローした水は
この隙間から滝口へ流れる
内堀から汲み上げられた水
写真1｜揚水施設（写真はイラスト加工したもの）

1894（明治27）～1897（明治30）年頃に描かれたと考えられる『二條城地積図』[17]には、東南隅排水口から南側に延びる排水路が描かれていることから、外堀へ排水していたものと推測します。

二の丸庭園の二つの滝口について

二の丸庭園には滝口が二つ存在すると記載された文献があり、以下に引用して紹介します。

①勧修寺經雄氏は、「瀧は口が二個あり現在北の方より水を下せども南の方古き様に思はる、…」[1]と記載しています。

②中島卯三郎氏は、「現在の瀧口は變更の址が見ゆるが誠に惜しいものである。」[2]と記しています。

③吉永義信氏は、「現在の瀧の石組は近代の作と思はれるが、瀧の位置は寛永時代からこの場所であつたに相違ない。……『二城御城御指圖』*…には池の西北隅に附箋をなし瀧の場所を示してをり、現在の瀧の位置と同じであるを明瞭ならしめてゐる。」[3]と記述しています。

＊『二城御城御指圖』は『二條御城御指圖』のこと。

④重森三玲氏は、「又向かって右奥部（北西部）に現在流水の滝組があるが、この少し左が元の滝組で、甚だ力強い豪華な手法となっている。」[4]と記しています。

以上のように滝口については、古い滝口と新しい滝口が存在するという見解もありますが、今後の揚水工事についての詳細な史料の発見などによって、この疑問が解決されることを期待します。

御亭と渡り廊下の礎石

「2章 探訪・二条城庭園の魅力　2 二の丸庭園」（pp.20-21）でも触れていますが、1626（寛永3）年の後水尾天皇行幸の頃の様子を描いた絵図『行幸御殿并古御建物御取解不相成以前　二條御城中絵図』（中井正知氏蔵）をみると、行幸御殿から渡り廊下が北側の池に向かい、池汀で北西方向に廊下が折れ、その先端に建物（御亭）が確認できます。[1]

この御亭と渡り廊下の遺構ともいえる礎石について、吉永義信氏と西 和夫氏によって報告されています。

吉永氏の『二條城』によると、「庭園はこれ等の多数の建築物で取りかこまれてゐた。そうして、池の南汀に接して水中に御亭（既存、亭の礎石と推定されるものが水中に二箇、陸上に二箇殘存してゐる。）が建てられ…」[2]とされ、また同氏の『日本の庭園』では、「…池の南汀に接して池中に亭が建てられ、廊下で行幸御殿に連絡されていた。亭の礎石と思われるものが、今も水中に二箇、地上四箇残存している。…）」[3]と記しています。

さらに西氏は、「…いや、じつは礎石が四個だけ残っている。いずれも直径五一センチ（一尺七寸）ほどの円形で、中央に九センチ（三寸）ほどの円形のくぼみがある。これは、行幸御殿と御亭とを結んでいた廊下の礎石だと考えられる。中井家の『二條城御城中絵図』…によると、行幸御殿からまっすぐ北へのびる十間の長さの廊下がある。その北端で北西へ斜めに折れ、北東側で二間、南西側で一間の長さを進んで池中に建つ「御亭」に達する。…現存の四個の礎石（挿…〜…）は、中心から中心まで一メートル九五センチ（六尺五寸）の間隔をもつ。これは六尺五寸を一間とした場合、史料にある「廊下壱間ニ捨弐間」という廊下幅一間に合っている。……昭和十六年（一九四一）に書かれた論文で吉永義信氏は、「亭の礎石と推定されるものが水中に二箇、陸上に二箇残存してゐる」とされた。陸上の二個は、先述の現存四個のうちの池汀に近い二個を指すのではないかとも思われるが、寛永期の様相を示すどの古図にも御亭は池中にあるように描かれており、しかも柱間は二間半だから現存の礎石とは合わない。したがって別の礎石が昭和十六年（一九四一）当時存在したと考えざるをえないが、「水中の二個」もまたこの「陸上の二個」も、現在では存在が確認できない。」[4]としています。

これらの記述から、西氏が指摘したように、吉永氏の記述の亭の礎石と推定される地上2個、及び吉永氏記述の亭の礎石と思われる地上4個は、現在でも二の丸庭園南庭に確認できる、渡り廊下の礎石4個であると推測します。

ただし、『二條城』が出版された1942（昭和17）年頃当時の礎石地上2個が、『日本の庭園』が出版された1958（昭和33）年には、礎石地上4個となった理由については今後の検証が必要と考えます。

なお、吉永氏の言う礎石であるかは不明ですが、池掃除の際に、廊下の礎石と考えられるものが池の汀に1個、御亭の礎石と考えられるものが池の中央付近に1個あったと記憶しています。この水中礎石2個が吉永氏の言う礎石であるかは、今後の検証に期待したいと思います。

庭石の刻印

二の丸庭園南西側の一番大きな石橋（清正橋）付近の複数の庭石に、刻印を確認することができます。西和夫氏は、清正橋西南の庭石の刻印については、「…刻印がいつ、なんの目的でつけられたかは不明だが、…同じ印が大坂城の石垣にもあり、これは前田利常の印だとされている…慶長造営当時は、前田家はまだ利長の時代であった。…利常が家を継ぐのは同十年六月二十八日のことである…、大坂城石垣は寛永期のものであり…二條城の刻印も寛永期に打たれた可能性が高い。」[1]と報告しています。また、清正橋東南通路沿いの庭石の刻印については、「…土中に埋まっていたとでも考えないかぎり、当然見えたであろう位置にある…考えられるのは、寛永よりのちの時点で庭石が動かされたか、あるいは、慶長創設時のままで寛永には位置を動かさなかったかのいずれかであろう。…二点とも現段階ではこれ以上明らかにできないので、後考を待ちたい。」[2]と記しています。

西氏が報告した2つの庭石以外にも、筆者や高橋脩二氏の調査によって、加えて4つの庭石（①西氏が二点目に指摘した箇所の通路挟んで西側の庭石、②清正橋北西側の庭石、③鶴島内の庭石、④二の丸庭園北東側〈大広間上段の間正面〉の庭石）にも刻印が確認できます。庭石の刻印については、今後の検証に期待します。

行幸当時の御亭の様子と御亭の移築先

吉永義信氏によると、「この亭は庭園に於ける唯一の庭園建築物であつた。亭は二間四方の釣殿であつて、『東武實録』によると、寛永三年九月後水尾天皇行幸の際には御餝として、釣殿の東南隅にある二階棚には短冊筥と蒔繪の硯とを、御座には茵を置き、天井に掛風鈴が、廊下に玳瑁の燈籠がつるされてあつたのであつて、これなどの餝からしてこの釣殿の構造が想像されるであらう。」[1]と記されています。

この『東武實録』の原文（国立公文書館デジタルアーカイブ[2]や内閣文庫所蔵史籍叢刊第1巻[3]）の『東武實録巻第十六』には「…御釣殿　一東南ノ角　二階棚　御短冊箱　御硯蒔繪　一御座　御　一天井　掛風鈴　一御廊下　玳瑁ノ御燈籠…」と記されています。釣殿（御亭）の東南隅には二階棚、短冊箱、蒔絵の硯があり、釣殿内には御座（将軍や天皇のための座席）や天井には掛風鈴があり、廊下には玳瑁の燈籠が飾られていたことがわかります。

また、この御亭の遺構について、西 和夫氏によれば、「御亭は、行幸二日目の九月七日に、対面の場として使われている。『二條御城行幸記』（陽明文庫蔵）に……とある。この御亭の遺構ではないかと川上貢氏によって指摘されているのが、妙心寺麟祥院御霊屋である。『麟祥院年譜』に、後水尾天皇の二條城行幸の際につくられた「釣殿」が寛永十六年（一六三九）に春日局に下賜されて麟祥院へ移築されたとあることなどがその根拠である。ただし、藤岡通夫氏は、この御霊屋は元和六、七年ごろ（一六二〇、二一ごろ）に内裏に建てられた御亭の遺構だとされており、（『京都御所』彰国社、昭和三十一）、大和智氏も、内裏の造営文書の検討および御霊屋の実測調査から藤岡説を支持されている。[4]」と記され、二の丸庭園に設けられた御亭は、妙心寺麟祥院御霊屋移築説と内裏移築説があるようです。

後水尾天皇行幸時の二の丸庭園の様子

後水尾天皇行幸時の二の丸庭園の様子については、「2章探訪・二条城庭園の魅力 2 二の丸庭園」（pp.20-25）、「3章 後水尾天皇行幸時の二条城二の丸庭園の植栽について」（pp.40-44,46-47）、本章「江戸時代中期の二の丸庭園の改修年代」（pp.112-113）でも触れていますが、後水尾天皇行幸直後の絵図からみた当時の二の丸庭園は、大広間及び黒書院の西南に面し、次之間、庭園の南側に増築された行幸御殿、中宮御殿、西側に設けられた長局などの建造物に取り囲まれた「中庭的な庭園」でした。また、行幸御殿から廊下を延ばし、池汀付近で途中北西側に折れ曲がり、その先端に御亭（釣殿）が設けられ、池の中央には2つの島、4つの木橋を配する特徴がありました。[1,2] さらに『東武實録』や『小堀遠州差出栗山大膳宛書状』には鍋島信濃守勝重が蘇鉄1本、福岡藩が蘇鉄10本を献上していたこと、『永井家文書』には、後水尾天皇行幸から29年後の１６５５（明暦元）年頃には蘇鉄が城内に60本も存在していたことが記されています。全て二の丸庭園に存在していたかは不明ですが、後水尾天皇行幸時の二の丸庭園には林立する程の蘇鉄が植栽されていたと考えられます。[3]

江戸時代中期の二の丸庭園の改修年代

二条城の歴史をみますと、初代将軍家康、2代将軍秀忠、3代将軍家光、14代将軍家茂、15代将軍慶喜以外の将軍による二条城の利用はなく、特に家光上洛以降は２２９年間、将軍の上洛・入城はありませんでした。しかし、二の丸庭園が描かれた絵図などを比較すると、江戸時代中期以降に、二の丸庭園の池東南隅一郭が拡幅され、木橋が石橋へ改修されていることがわかります。

これらについて、吉永義信氏は、①絵図からみた寛永行幸時の二の丸庭園の様子、及び②改修年代について記述し、尼﨑博正氏（『庭石と水の由来—日本庭園の石質と水系』）は、４カ所の石橋の石材、切石積みの直線的護岸、石橋の設置された時期などについて記載しています。内田 仁・鈴木 誠（『二條城二の丸庭園における庭園景及び担った役割の変遷』）は、新資料として公表された絵図によって、①絵図からみた１７３０（享保15）年の二の丸庭園の様子、②改修年代について報告しています。なお、吉永氏は「地割の変更年代」と記していますが、ここでは「改修年代」と統一することにします。

吉永義信氏の報告

①絵図からみた寛永行幸時の二の丸庭園の様子（後水尾天皇行幸の頃）

吉永義信氏は、『寛永行幸御城内図』から「…寛永三年後水尾天皇行幸時代の二條城が描かれ、二之丸の庭園には一つの池と二つの中島と四つの木橋があって、庭園の地割を知りうる。絵図によると、庭園の東には蘇鉄之間、大広間、次之間、南には行幸御殿、中宮御殿、西には長局、溜り、北には小広間があり、溜りから廊下が東に延び、小広間に連なる。庭園はこれらの多数の建物で取り囲まれていた。そして、池の南岸に接し、池中に亭を建て、長い廊下で行幸御殿に連絡してあった。」[1]と記しています。

②改修年代について

吉永義信氏は、後水尾天皇行幸の頃の最も古い絵図『寛永行幸御城内図』について「池の東南隅が現在は寛永時代より南方へ湾入し、この部分の西岸と南岸が切石で直線に畳まれ、かつ直角に交わっていて、東岸に水面に降りるための石段が築かれていることであり、この庭園として最も著しい地割の変更である。」[2]と記載し、また、『二條御城内絵図』については「…池の東南隅の南方に深く湾入し、切石垣と石段が描かれ、現在の地割と全く同じである。絵図は既に考証したように三輪城久が御殿番であった享保元年から寛保元年までの在職中に作られたと推定されるので、地割の変更はこの二十五年間に行われたかもしれない。」[2]と見解を示し、さらに『京都巡見記』（1851〈嘉永4〉年頃）の記述から二の丸庭園内の木橋は石橋になっていたことを報告[3]しています。

尼﨑博正氏の報告

①改修年代について

尼﨑博正氏は、「四ヶ所に架けられた石橋の石材は、すべて結晶片岩である。ことに、南西隅にみられるような長大な石橋の石材を得ることは、花崗岩の切石以外の自然石では結晶片岩であってこそ可能であった。ところが、寛永三年（一六二六）の『二条城行幸御殿指図』（中井家蔵）では、これら結晶片岩の石橋が架かっている位置に、木橋が描かれている。したがって、結晶片岩の石橋は寛永三年以後に設置されたことになる。なお、同指図では、中島の南の離れ小島も存在しない。後水尾天皇の行幸後、行幸御殿などの建物は各所へ移築された。現在の護岸の状況を右記の指図と照合すると、園池西南隅の池尻にみられる切石積み直線護岸は、行幸時の建物の基礎として築かれたものと判断される。一方、南東隅に切石積み直線護岸は、建物撤去後に行われた園池の拡張工事の際に築かれたとみてよい。結晶片岩の石橋が設置されたのも、これと同じ時期であると推察される。」[4]としています。

内田 仁・鈴木 誠の報告

①絵図からみた1730（享保15）年の二の丸庭園の様子（後水尾天皇行幸から104年後）

1997（平成9）年、太田浩司氏によって、新たな資料として1730（享保15）年に制作された『二條御城中二之御丸／御庭蘇鉄有所之図』[5]（中井正知氏蔵）が公表され、筆者らが、当時の絵図からみた二の丸庭園の様子を「池東南隅一郭が南に深く湾入し、石段や切石垣が積まれている。また庭園内には燈籠（1基）、石橋（4橋）がみられ、二の丸御殿黒書院南、中島、南小島、二の丸庭園池尻付近に計15本の蘇鉄、池西側の園路には5カ所に延段と飛石をみることができる。さらに北小島には「柳」、中島や池周囲には「植込」、園路西側の築山には「植込」、「山」、東南には「並木」、「朝鮮石」、「カブロ石」、そして行幸御殿跡及び中宮御殿跡には「植込」という文字が書き込まれ、池は青色に、植込地は緑色に着色され、この頃の安定していた庭園景の特徴をみることができる。」[6]と報告しました。

②改修年代について

二の丸庭園の改修時期については、吉永義信氏によって1716（享保元）年から1741（寛保元）年の25年間[2]と報告されていました。しかし、1730（享保15）年の絵図『二條御城中二之御丸／御庭蘇鉄有所之図』（中井正知氏蔵）が公表されたことによって、筆者らが、二の丸庭園の改修年代をさらに絞り込み、江戸中期の1716（享保元）年以降1730（享保15）年以前の14年の間に行われたと報告しています。[7]

以上のように、吉永義信氏、尼﨑博正氏、内田 仁・鈴木 誠の報告などによって、江戸時代中期の二の丸庭園の改修年代は、絵図の比較や石橋の設置時期から、1716（享保元）年以降1730（享保15）年以前の14年の間と考えられます。

江戸時代中期の二の丸庭園の改修理由

前項では、二の丸庭園は江戸中期の享保年間に改修されていたことに触れましたが、改修理由について記述された史料はいまだ見つかっていません。特に3代将軍家光から14代将軍家茂までの229年間に将軍は上洛していないことから、改修理由が考えにくいとされます。しかし、改修理由の一つとして考えられるのが、『史料京都の歴史　第1巻　概説』[1]や『史料京都の歴史　第5巻　社会・文化』[2]の記述により、1722（享保7）年9月と1733（享保18）年1月に、将軍上洛の噂が再度にわたり流れていたことです。また、『京都の歴史6　伝統の定着』[3]では、深刻な不景気であった当時、上洛を契機に景気を盛りあげる動きがあったことが記されています。このように政治的な狙いがあると考えるならば、二の丸庭園の改修は、将軍上洛に備えてのものであった可能性があると推測できます。

江戸時代中期の二の丸庭園の様子（後水尾天皇行幸から142年後）

二の丸庭園の作者を裏付ける現段階で最も古い史料の『京師順見記』[1]では、記述から当時の庭園の様子を垣間見ることができ、筆者が『二條城庭園の歴史』[2]で報告しています。『京師順見記』の1768（明和5）年2月4日、「二條御城御殿見分并御道具拝見」の条には、「…御庭は小堀遠州作、四方正面青石の大石橋巾四、五尺長二間余、一枚石也、朝鮮石の由　禿石楠の石に成たる由、木目有之　此御泉水は、北御門下通りを加茂川より埋樋にて取れ候由、三輪市十郎物語也。御泉水水際、御茶屋跡礎有之。御座之間御庭二ヶ所、御花畑の跡、石の縁有之…」と記されています。二の丸庭園は小堀遠州作で四方正面から見られ、青石の大石橋、禿石、泉水の水は北大手門を通り加茂川より埋樋を利用して取り入れ、滝から水を池に湛えていたことがわかります。また泉水の水際に御茶屋跡礎があったこと、白書院付近には庭が2カ所あり、花畑の跡が存在していたことが記されていました。ただし、蘇鉄については触れられていませんでした。

江戸時代後期の二の丸庭園の様子

『京都巡見記』（1851〈嘉永4〉年頃、筆者不明）にみる二の丸庭園の様子（後水尾天皇行幸から225年後頃）

吉永義信氏は、1851（嘉永4）年頃の庭園景観については、『京都巡見記』（1851〈嘉永4〉年頃、筆者不明）の「二ノ丸御殿見分御道具拜見」の条を取り上げ、「右畢面御庭へ下る　此御庭小堀遠州作の由　大石奇石さまざま有　昔は瀧も落し由　瀧の跡も有也　御泉水も余程あれ共空堀にて　たての巾四尺程　長九尺斗の生石の石橋有　加藤清正が獻上したる由　其先に高さ四尺斗　太さ壹抱程の木の石に化したる有　如何様木口に木目も有　又枝を切たる跡の様なるところも有て奇石也　山上に燈籠抔もあれ共　當時は減り　荒果て　草生茂り　燈籠も大石も半ばは　草に埋りて身へず　虎杖抔誠に多し（上下略）」[1]と記載されていることを報告しています。江戸時代後期の二の丸庭園は、枯滝、枯池となり、イタドリなどの雑草が覆い茂り、燈籠や大石などは半ば埋没し、荒れ果てていた様子がわかります。

『官武通紀』（1862〈文久2〉年）にみる二の丸庭園の様子（後水尾天皇行幸から236年後）

齊藤洋一氏は、幕末の史料『官武通紀』[2]に、14代将軍家茂の上洛に備えて、二条定番と京都町奉行が1862（文久2）年9月16日に視察した二条城内が、「狐狼之巣窟之様」と称されるほど荒れ果てていたと記述されていることを報告し、併せて、二の丸庭園の幕末の古写真を公表しています[3]。

また筆者は、この古写真からみる庭園景観について、以下のように報告しています。「二の丸庭園の実像をとらえた最も古い記録写真では、石組に蔓が絡まり、池底には草が生え、燈籠、蘇鉄、黒書院西南角付近には松、二の丸庭園北東付近の樹木、中島の樹木、燈籠北側の樹木、塀が存在するのみで、枯山水風な庭園景を呈していたことが明らかとなり、記録写真と現況との景観比較を同一アングルで検討したところ、植栽形態に違いはみられるものの、地割、燈籠、石組などは一致していたことが判明した。」[4]

もともと二の丸庭園には樹木がなかったという説について

もともと二の丸庭園には樹木が全くなかったという説については、いくつかの史料に掲載されています。

『京華要誌』

1895（明治28）年刊行の『京華要誌』は、「大広間と黒書院の西南にあり。西は本丸の濠に接す。中に大池あり。広さ四百八十余坪。加茂川の水を引き、城内に入り瀑布となり池に注ぐ。池中、島嶼洲崎を築き橋梁を架す。奇石恠岩、向背突兀たり。木と樹木無し。作者の意は樹木の栄枯ありて林泉の観を変するを恐れ、故さらに之を栽ゑす、只水石の布置を以て一偉観を作りたりといふ。近年雑樹を叢植し、面目為めに一変せり。」[1]とあります。

『京都名勝記　上』

1903（明治36）年刊行の『京都名勝記　上』には、「林泉は大廣間と黒書院の西南にあり、西は本丸の濠に接す。中に大池あり、廣さ四百八十餘坪、加茂川の水を引き、城内に入り瀑布となり池に注く。池中島嶼洲崎を築き、橋梁を架す。奇石怪岩、向背突兀たり。舊と樹木無し、作者の意は樹木の榮枯ありて林泉の観を變するを恐れ、故さらに之を栽ゑす、只水石の布置を以て一偉観を作りたりといふ。近年雜樹を叢植し、面目爲めに一變せり。」[2]とあります。

『新修京都叢書』京都坊目誌　巻之三

1967（昭和42）年刊行の『新修京都叢書』第十七巻の中の京都坊目誌　巻之三には、「宮殿林泉…林泉は大廣間と黒書院の西南に在り。中に池を穿つ。始め始め大宮頭より賀茂川の水を引き飛泉と爲し。池に灌きしと云う。池の東西三十七間。南北三十六間半。奇石怪巖を疊み。島嶼を作り橋梁を架す。頗る雄大な作とす。現今水を堰入せす。枯林山水の景致を爲す。花樹は四時榮枯の爲めに其觀を改むる嫌あるを以て之を栽ゑず。所謂石庭の法作に出ると。其後櫻樹を栽う。加藤清正が文祿征韓の時將來せしと傳ふる。」[3]とあります。

前記のような史料の存在から、何人かの研究者が取り上げているものと考えられます。

①勸修寺經雄氏は、「御庭の南方は芝原なれども明治四十年頃迄は大なる竹藪であつた、南北に長く東西短い形である。元來此の御庭は花木を植えずとかで何も木はなく單に石のみで西の境には若干の樹木があつたと云ひ傳へられて居る現に池の西に大なる榧の木がある。」[4]と記しています。

②中島卯三郎氏は、「もと此庭園には樹木は一本もなかつたといふことである。蓋し作者の意は樹木の榮枯に依り林泉の觀を變ずるを恐れて故さらに之を栽えず、只水石の布置を以て一偉觀を作つたと云はれてゐるが果たして之が作者の本意であつたであろうか。又樹木一本も無しと云つたのは花木の意ではなからうかといふ人もあるやうであるが、果たして何れが眞であるか暫く後日の考證を待つこととしやう。」[5]としています。

③恩賜元離宮二條城事務所は、「もとこの庭園には樹木は一本もなかつたといはれ、そしてそれは樹木の榮枯により林泉の觀を變ずるを恐れて、故らに作者が之を植ゑず、只水石の布置を以て一偉觀を作つたといはれ、或はまた樹木一本も無しといつたのは花木の意ではなかろうかといふ人もあるのであるが、今はたゞさういふ

説もあるといふことを附記するに止めておかう。」[6]としています。

④吉永義信氏は、『東武實録』にある鍋島信濃守勝重が蘇鉄を1本二條城御庭に献上している記述から「このことは、庭園がもともと岩石と水とのみからなり全く庭樹を配してなかつたと云ふ従來の説を裏切るものである。」[7]と、見解を示しています。

⑤中島卯三郎氏は、「古來二條城二の丸庭園には樹木を植えなかつたとか或は花樹を植えなかつたと云ふ云ひ傳えがある。尤も之は全くの云ひ傳えであつて古書には文献が見當らないやうである。」[8]としています。中島氏は文献として『京都叢書』（1916〈大正5〉年11月1日発行）、『京都名勝記』（1903〈明治36〉年4月20日発行）を挙げています。しかしながら、2書とも出所が明記されていないことから、いずれも言い伝えの範囲を出ないものと思われると記載しています。また、吉永氏と同様に『東武實録』の鍋島勝重の蘇鉄1本の記述や『行幸図屏風』に描かれた滝、岩組、樹木、蘇鉄などから「二の丸庭園研究の一資料として重く見ることができると思われる」と記しています。

これらの説については、徳川慶喜が写真師に撮影させたと考えられている幕末の古写真（1863〈文久3〉～1867〈慶応3〉年頃撮影と推定）にみる庭園景観が記されたものと推測します。おそらく、歳月とともに言い伝えや説として残ったものと考えられます。

1879（明治12）年頃の二の丸地区の樹木本数

二条城は、1871（明治4）年から1885（明治18）年まで京都府の管轄となっていました。一時期、陸軍省管轄の期間があり、その間、京都府は陸軍省から二条城を借用する定約[1]を結んでいます。その書類『二條城借受定約并本丸返戻一件』の中の「二條城郭内樹木并石礑員數明細書」の条、「二ノ丸ノ内」における樹木本数の合計が記されています。それによると、竹（468本）と211本の樹木（松〈9本〉、雑〈90本〉、槻〈3本〉、槢〈8本〉、樅〈3本〉、櫻〈97本〉、樫〈1本〉）で、落葉樹が樹木本数合計の5割以上を占め、雑、櫻、竹藪に特徴をもった植栽形態であることがわかっています。[2]

同明細書類は1879（明治12）年6月、1879（明治12）年8月、1880（明治13）年9月にも収められ、ほとんど変化はありませんでした。

また二の丸地区の桜については、佐野藤右衛門氏によって明治以降離宮時代の二条城には20～30本程度であったと報告されていましたが、[3]『二條城借受定約并本丸返戻一件』によって、少なくとも陸軍省所管時の二の丸地区には桜が多く存在していたことがわかっています。

さらに竹藪については、勸修寺經雄氏が「御庭の南方は芝原なれども明治四十年頃迄は大なる竹藪であつた…」[4]と報告しています。[5]

1890（明治23）～1891（明治24）年の大規模な植栽工事

1895（明治28）年刊行の『京華要誌』によれば、「…木と樹木無し。作者の意は樹木の栄枯ありて林泉の観を変するを恐れ、故さらに之を栽ゑす、只水石の布置を以て一偉観を作りたりといふ。近年雑樹を叢植し、面目為めに一変せり。」[1]とあり、明治時代に樹木が植栽され、一変したことが記されています。

これを裏付けるように、吉永義信氏によれば、「…まず樹木の植え付けを明治二十三年十一月から翌二十四年五月まで行い、その経費は一千六百四十六円余りであった。」[2]とされ、工期や経費からも、それまでの庭園景観が変貌する程の植栽工事が行われたことがわかります。また、京都市元離宮二条城事務所調べによる『京都日出新聞』の1891（明治24）年3月11日付の記事によれば、「●離宮に風致を添へられる　皇居御苑内に桜、楓樹を多く移植さるゝ由は、此程の紙上に報じたるか。尚亦修学院離宮、二条離宮へ桜、楓樹及び五倍子等を植え付けらるゝ由。而して桜。楓樹は七百五十本、五倍子一千五百本にて、一半は嵐山種を移植し、一半は名古屋地方より取寄せらるゝ都合なりと云ふ。」[3]とあり、修学院離宮と二条離宮へ、嵐山や名古屋地方から取り寄せた桜、楓樹、五倍子などが植え付けられたことがわかりました。

また、『京都日出新聞』の1891（明治24）年5月12日付の記事によれば[4〜6]、露國皇太子、親戚筋の希臘皇子らが二条城を訪問していることから、植栽工事後の二の丸庭園をご覧になったことと推測します。恐らく、この大規模な植栽工事によって、今日に至る植栽が成立したのではないかと考えます。今後、当時の史料などによってこの工事について解明されることを期待します。

1897（明治30）年の模様替えと大正時代の様子

恩賜元離宮二條城事務所は「明治三十年になつて池の水を乾す事になり、池底に小石を敷いて所謂空泉水に模様替された。」[1]と記述し、吉永義信氏も、1897（明治30）年6月から同年9月までの4カ月を費やし、経費365円を支出して、池を乾し、池に玉石を一面に敷き、枯池に模様替えしたことを報告しています。[2〜5]

また、さらに京都市元離宮二条城事務所調べによる『京都日出新聞』の1897（明治30）年10月7日付の記事によれば、「二条離宮御内廓大書院御庭園の泉水は、兎角水排悪しく、停滞する為め、夏季には不潔を極むる由なれば、去る七月より改修工事に着手し、去月二十日竣功したれば其節来京の提内匠頭も検分したるが、昨今は泉池引水交代速やかにして、頗る清潔なりたりと。」[6]と記され、二の丸庭園の泉水は、7月から改修工事に着手し、9月20日に竣工したことが記述されています。

さらに、龍居松之助氏（1924）の『日本名園記』に収められた図版ページの「二條離宮御庭」写真（撮影年代：大正時代（推定））には、南庭（切石積み直線護岸付近）から二の丸御殿を望むアングルで池の様子が確認でき、池の水は涸れているため底石がむきだしになっています。また、「…（尤も今日でも瀧に水道を引いてはあるが常には水を落としてゐない、従て空池となつてゐる）…」と記され、大正時代の池の様子が窺えます。[7]

二つの庭園解説

二の丸庭園の解説には、構造的な話（建物に取り囲まれた庭園であったこと等）に加え、主に二つの側面があります。一つは神仙説に基づく庭園であること、もう一つは通称八陣の庭であるということです。

神仙説に基づく庭園

一つ目は、神仙蓬莱の世界を現し、おめでたいお庭としてつくられたという解説です。神仙蓬莱の世界では、遥かかなた海の上に蓬莱島があり、そこには黄金でできた宮殿が建てられ、仙人が住み、不老不死の薬があり、人間界の人々は滅多に近づけない尊い島であると言われました。その空想の世界をお庭に再現し、また大広間を背にして左手に鶴島、右手に亀島を配し、後水尾天皇の行幸を祝う、吉祥の庭としてつくられたという解説です。

これについて、吉永義信氏は、「苑池に三つの中島を浮かべるのは、中国から渡来した神仙説に基くものであって、蓬萊、方丈、瀛州の三神仙島を象徴する。神仙説にはいくつかの解釈があるが、日本での作庭に関係あるものは、海中にあって仙人が住んでおり、不老不死の霊薬があるという蓬莱、方丈、瀛州などの神仙説にまつわる説話である。中国では非常に古い時代から神仙説を庭に取り入れ、漢の武帝は建章宮の北側に太液池を作り、蓬萊、方丈、瀛州、壷梁の神仙島になぞらえた中島を築き、隋の煬帝も西苑に蓬萊、方丈、瀛州をかたどっている。神仙思想がわが国に伝来したのは奈良時代であるが、庭に具体的に影響を与えたのは平安時代後期からであろう。…」[1]と記しています。また、中根金作氏も「…広い池中に三個の中島を配置して、蓬莱、方丈、瀛州を象った三島一連の庭の形態を表わした、典型的な庭である。…」[2]としています。両者の報告などによって、筆者が紹介したような解説が加わったのだと推測します。

八陣の庭

二つ目の解説は、二の丸庭園が通称八陣の庭と呼ばれているというものです。八陣というのは、三国志に登場する中国の軍師として有名な諸葛孔明が考え出した布陣です。八つの陣（風、竜、雲、蛇、天、虎、地、鳥）を庭園に現しているといわれ、どこから攻められても、磐石な徳川政権を象徴した庭園だという解説です。いつ頃からそのような解説が行われるようになったのかは不明ですが、上司に尋ねたところ、大正時代頃からではないかとのことでした。

そこで八陣の庭について解説している文献を、京都市右京中央図書館の参考図書係の皆様の協力を得て、可能な限り関連資料から探ってみました。その文献が以下になります。

①勧修寺經雄氏は、二の丸庭園について「八陣の庭の名稱により八陣を案ずるに諸葛孔明異傳八陣圖説に總陣、天前衝四隊天後衝四隊地前衝六隊地後衝六隊天衝十六隊地軸十二隊風八隊雲八隊遊兵二十四隊四方爲四頭八門爲八尾無不是頭無不是尾とあり圖も詳細に記さる。……之れによつて考ふるに池中央の中島は地軸に相當し西方の石橋は地軸各三隊宛の二個の各一隊づゝの外方へ曲りし位置を示し突出せり橋の袂に當る部分である、……、東岸にては大廣間と蘇鐵の間との間の西に當つて出張れる所及び或は地前衝とも見え得る突出部の基となる出張りが各天衝である、そして蘇鐵の間の前、西北隅瀧の後、西南石橋の西南部、東南

石段の東南部各風雲の陣と見るべきものである、……、東南舟着きと排水とは外門、東北雨水落と其南の谷を外門と見るべきである、……、此の様な形で其南の竹藪を雲霞の如き敵の大軍とみせて對待した所を配石し城の庭として且つ軍の最も重用なる方陣を示し建物に相應しい工夫をしたはさすが遠州の遠州たる所であると思はれる。」[3]と記し、八陣圖説［図4］を二の丸庭園全体に当てはめて解説を行っています。

②中野楚渓氏は「…孔明の八陣形式を見せてゐる點からすれば書院の庭と考へねばならぬ。八陣説は何時頃から出た説か不明ながら地割と石組とはそれを語り、豪壮さは桃山期の特徴と見てよい。」[4]と、八陣説がいつ頃から出たものか不明と記しています。

③京都市観光課では、「…孔明の八陣形式をとつてゐるから、城郭庭園として適しいのみならず武家の書院庭園として絶好の庭である。」[5]と紹介しています。

④恩賜元離宮二條城事務所は、「本庭は俗に「八陣の庭」ともいはれてゐるが、これは陣法の一つに八陣の法といふのがあり、その陣の配置に倣つて池の形が案ぜられ、島や石の布置が行はれてゐるといふのである。この事について別に確かな記録等があるわけではないが、これは本庭園が武將の庭であり、庭園全體の形が大體方形をなし、石殊に立石が甚はだ多い等の事からして、かくいはれるやうになつたかと思はれるのである。」[6]と記しています。

⑤重森三玲氏（1943）は、「本庭は大書院の西庭にして、四方正面の形式をとり、中央に蓬莱島を作り、西に鶴亀二島を配す。北西に瀧を落とし、巨岩を組み、泉石の美最も豪華にし

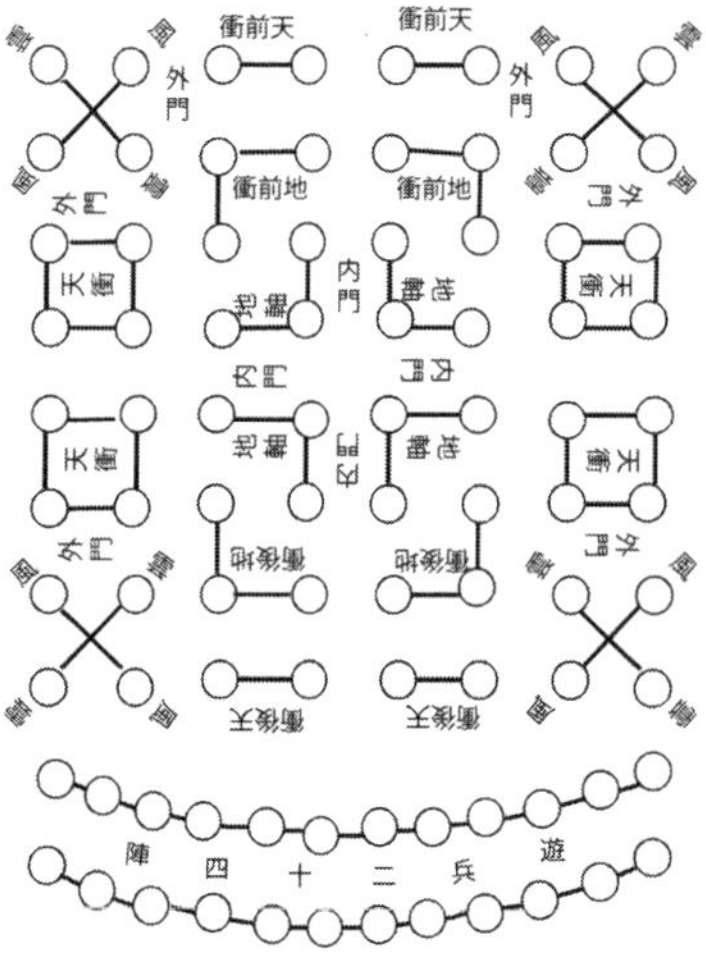

図4｜八陣圖説（転記）。出典：勧修寺經雄『京都園藝第十三輯』京都園藝俱樂部、1930年

て當代の庭園中名園の名高く、別に八陣の庭とも稱せり。」[7]と記しています。

⑥二条城事務所管理係内部資料の庭園解説（1955～1984年〈昭和30年代～昭和50年代〉頃に作成〈推定〉）によれば、二の丸庭園の解説には、三神島の蓬莱形式の他に、二の丸庭園の平面図（表題『池泉石組（二之丸）』の左上に「八陣の庭」と記入）の中島の中央に大将陣、周りに八陣（竜陣、雲陣、蛇陣、天陣、虎陣、地陣、鳥陣、風陣）が記入されたものがありました[8][図5]。ただし、勸修寺氏の図4とは異なり、中島（蓬莱島）の中に八陣があるという解釈で、その根拠資料の明記はされていません。『二条城の緑と花』[9]（1970年代頃）では、三神島の蓬莱形式については触れていますが、八陣の庭については記載されていませんでした。

⑦重森三玲氏（1964）は、『重森三玲作品集　庭』の中で、岸和田城の八陣の庭について、以下のような記述をしています。「…昭和28年（1953）7月25日には設計図が完成しました。この設計では、本城を永遠に保存することが主体でしたから、後世の人々が本庭を観賞するためには、…上空からの観賞…第3次元の観賞法を、創作の重点としたのでした。…城廓庭園としてのテーマ八陣法（諸葛孔明）を用い、さらに3重の小石垣は、上古時代の城砦の地割からヒントを得て、これを現代的にアレンジしたものとしました。…この地割の中に八陣の石組を作り、一木一草を用いない枯山水式の平庭で、しかも廻遊式にしました。八陣の配石は下図の順であります。従って各陣のテーマがあるわけですから、各陣の石組もそのテーマに従った抽象的な扱いにしたのでした。「上空よりみた八陣庭と城廓全景」は原始的でしかも現代的な線と点とが、上空か

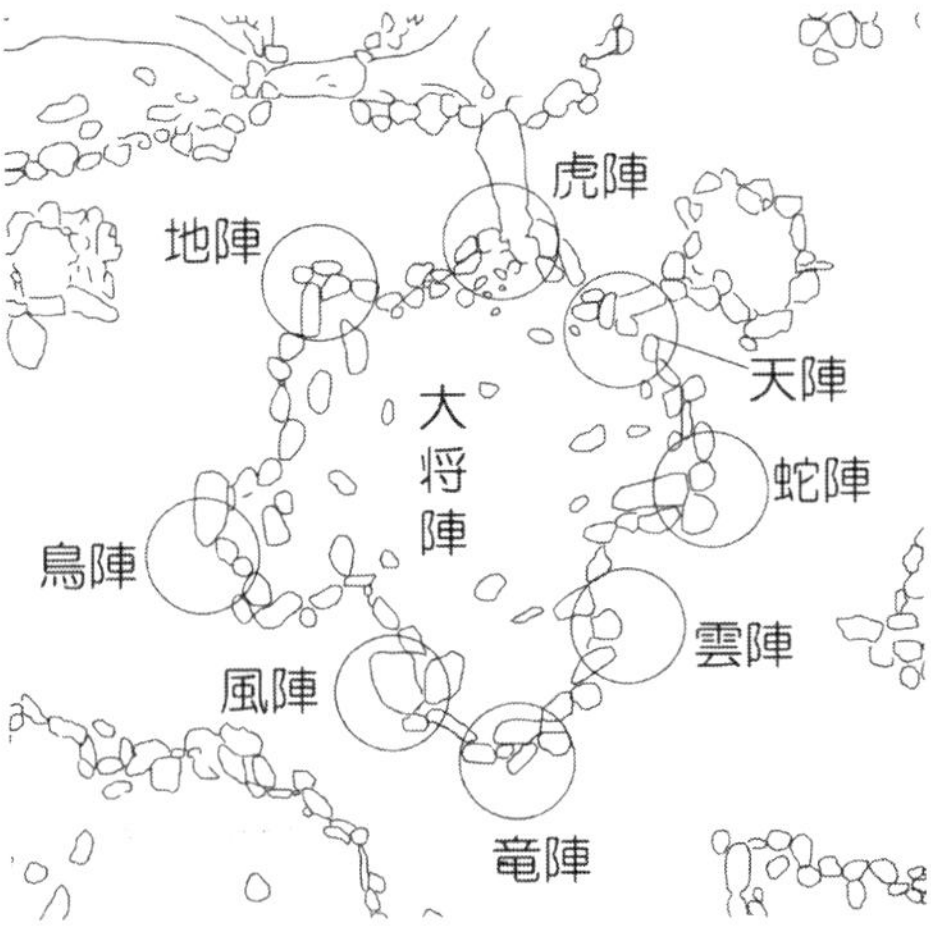

図5｜八陣の配石布陣位置図（拡大、転記）。出典：『恩賜元離宮二條城』恩賜元離宮二條城事務所、1941年

らの観賞効果を見せたものです。また本庭は、展覧会や、舞踊その他にも利用出来るのが特色なのです。他に「鳥陣石組」「蛇陣石組」「竜陣石組」「雲陣石組」「天陣石組」「大将陣石組」などのテーマがあるのですが、もとより抽象的な構成ですから、観賞者の自由な立場で御観賞願いたいものです。」[10] このように八陣法をテーマとした作庭意図等が記されています。

なお、同書の八陣の配石図［図6］は、天陣と地陣が重森氏の「八陣の庭設計図」（岸和田市教育委員会蔵（https://www.city.kishiwada.osaka.jp/soshiki/70/hachijin.html)）と逆になっていますが、印字ミスなどではないかと考えられます。印字ミスと考えれば、これらの八陣の配置は、図5の二条城二の丸庭園の方角と一致するものでした。

⑧田中佩刀氏は、1959（昭和34）年3月刊行の雑誌『日本庭園』第12号において、丹羽鼎三博士の「八陣の庭―岸和田市・城内（大阪府）」と題する論稿を基に、丹羽氏の「八陣の庭」論稿に対する田中氏の見解、丹羽氏の論稿中に引用されている諸葛孔明の八陣の構え、八陣・八陣図の辞典の説明、『朱子語類』の諸葛孔明や八陣図に関する記事について、八陣は戦術か陣地か、二条城二の丸庭園や岸和田城址庭園が八陣の庭であるかの検証などを詳細に論じています。[11] 田中氏の論説によると、重森三玲氏作庭の岸和田城址庭園の八陣については以下のとおりです。

「さて、それでは重森三玲氏の「八陣」は何に拠っているか、という事になるが、八陣の名称としては、『十八史略』の陳段の註に挙げているものと同じである。又、石を用いて作庭する所から八陣図への聯想が働いたのだとすれば、それも極めて正統的な八陣図の理解であると言えよう。その布陣の実際に就いては、『図書編』に言うように「敵によって陣を変ずる」のであるか

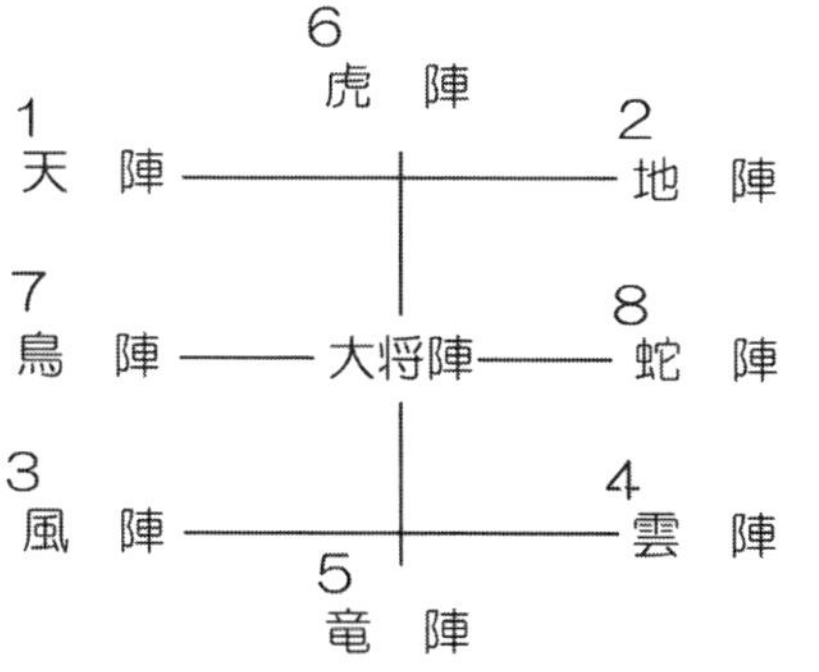

図6｜八陣の配石図（転記）。出典：重森三玲『重森三玲作品集　庭』平凡社、1964年

ら、重森氏の八陣の解釈として認めていいと思うのである。従って孔明の八陣図とこの八陣の庭の抽象的結び付きを認め得るのである。」また、「以上、「八陣」と「八陣の庭」とについて私見を開陳した。「八陣」には戦術とか陣地構築法とか種々の内容が考えられるが、やはり臨機応変の軍団配備の戦術としての性格が強いこと、「八陣図」は諸葛孔明が石を材料として作った軍団配備の模型であろうということ、又、八陣及び八陣図に易の思想との関聯が感じられること等を、従来行われている諸説を参考にして考えて見た。更に「八陣の庭」については、一部で謂われている京都二条城の八陣の庭（二之丸庭園）は、実地に調査した結果として、作庭の意図に果して八陣の庭という計画が有ったかどうか、なお疑問に思われたこと、又、岸和田市の城址庭園の八陣の庭は、作庭者の意図が十分に果されているもので、現代庭園としてその価値が高いことを、これも実地調査の結果として述べて見たのであった。」とありました。

⑨高桑義生氏・浅野喜市氏[12]（1971）は、二の丸庭園について「四方正面とか八陣の庭などの称があるが…」と記載していますが、その詳細については触れていません。

⑩重森三玲氏（1972）は、二の丸庭園について「本庭は、大体三方から観賞できるようになっていて、地割や配石から八陣の庭とか四方正面様式だといわれるわけである。八陣とは、諸葛孔明の布陣の一形式で、当庭に当てて見ると、中島を大将陣、北部の東を雲陣、中を蛇陣、西を天陣と見立てた集団石組を配し、東部出島を竜陣に西部石橋のあたりを虎陣に、南部は東から風陣、鳥陣、地陣と見立てられぬこともない。しかし当初から八陣と企画されたものではない。」[13]と記しています。

⑪重森三玲氏・重森完途氏は、「本庭の根源となっている様式は、いうまでもなく蓬莱様式であるが、橋を架け、観賞と廻遊を行えるようにし、鶴亀両島を配置し、中央に、最も大きい蓬莱島を据えるなど、まことに、構想が雄大であるために、「八陣の庭」の別称があるが、ただ、この「八陣の庭」という構想が、庭園の計画当初からあったものか否かは不明である。また、この呼称そのものが、作庭完成後、直ちに呼ばれるようになっ

たか、その後におこったものかも不明であるが、何れにしても、武将としての大網を握る徳川氏の居館の庭園であるところから、そのような別称がつけられたものと考えられたのである。ついでながら「八陣」というのは、…「続日本紀」の二十三淳仁の項に、…吉備真備によって、諸葛孔明の創作した八陣の兵法を伝えた…その後、武田信玄によってもこの陣法が用いられたようで、『信玄全集末書』上巻之一 軍法、八陣之事のところに、一 天陣、二 地陣、三 風陣、四 雲陣、五 龍陣、六 虎陣、七 鳥陣、八 蛇陣とあって*、……野戦に於いて用いたか否かは不明…このような「八陣」の形態は、実際には、どのような姿をしていたかに就いては、「三将軍解」に、……と説明しており、八陣の備えを古今不易の陣法としている。…このような「八陣」の考え方を本庭にあてはめてみると、蓬莱島を大将陣として、北部の東側が雲陣となり、真中に蛇陣、西側を天陣にした集団石組ととれぬことはない。そして、東部の出島を竜陣、西部の石橋附近を虎陣で、この竜虎で大将をかこんでいるような姿となっており、更に、南部の方は、東の方から順次、風、鳥、地の各陣と考えてもよい。ただ、すでに記したように、この「八陣」の呼称のはじめは不明であるから、最初から八陣を発想にして意匠したとはいいきれないのである。」[14] としています［図7］。

＊重森三玲氏ら（1972）の『日本庭園史大系 第九巻・桃山の庭（二）』（二条城二之丸庭園、社会思想社、pp.40-42）では、縦書きで、『信玄全集末書』上巻之一 軍法、八陣之事を図7下図のように記述（転記）していました。各陣

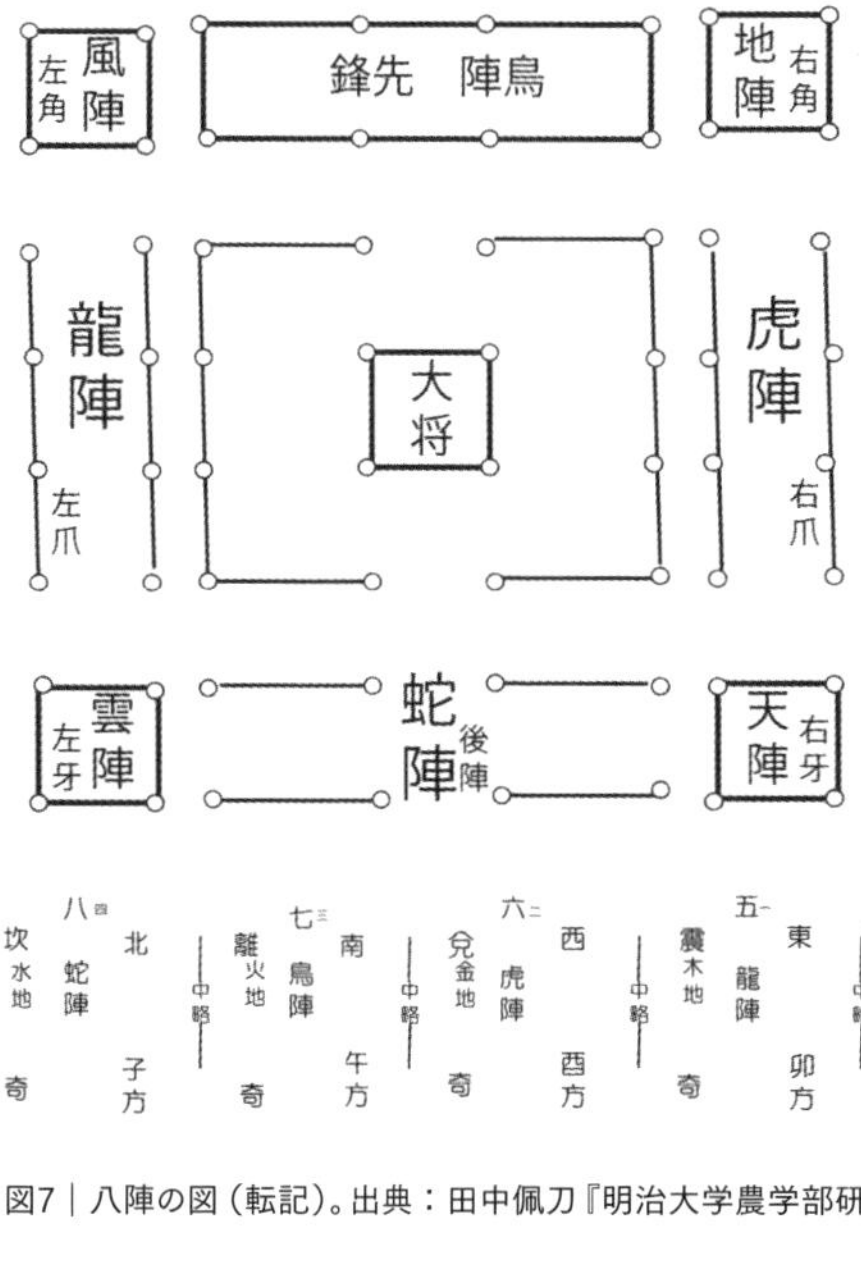

図7｜八陣の図（転記）。出典：田中佩刀『明治大学農学部研究報告』7巻、1970年

の周囲には番号、八卦、方位、十二支などの文字が記され、重森氏らが二の丸庭園に当てはめた方位と一致しています。また⑦重森三玲氏（1964）の八陣の配石図［図6］の番号と一致するものでした。

⑫明永恭典氏は、「いずれにも正面をもつという意味から、「八陣の庭」とも「八方睨みの庭」ともいう名称が生まれたのである。」[15]と記しています。

⑬京都林泉協会は、二の丸庭園について、「蓬莱島を作り鶴島二島を配し、滝を落とし、巨岩多く、泉石の美はすこぶる豪華、八陣の庭という。」とし、八陣の庭を「中国の名将諸葛孔明が用いた兵法の陣形を引用して作られた庭で、二条城二ノ丸庭園や、戦後重森三玲作庭の岸和田城庭園などがある。」[16~18]と記述しています。

⑭上原敬二氏は、「二の丸庭園は中央に蓬莱島、左右に鶴亀の島がある蓬莱形式、通称八陣の庭とは池の西南に行幸御殿が建てられた時、大広間から眺める庭の正面を双方からも眺められるように改造したのによる。」[19]としています。

また八陣の庭については「八陣とは大江維時が唐から伝来した布陣の形式、魚鱗、鶴翼、長蛇、偃月、蜂光、方円、衡軛、雁行に象るという。または天、地、風、雲、竜、虎、鳥、蛇に象るともいう。一説には中国で諸葛孔明が魏の司馬仲達と五丈原に対陣したときの布陣法ともいわれる。これらの表象を石組に現した庭であり、豪快な趣がある。その例は京都市二条城旧二ノ丸御殿大書院の庭に見られる。新しいものでは大阪府岸和田城内本丸櫓の前にもある。」とも記しています。

⑮講談社から発行された『新京都の本』では、「どの方向から見ても美しい景観であることから、八陣の庭とも言われる。」[20]と記されています。

⑯岡野敏之氏は、「この庭を別名「八陣の庭」というが、いつごろからそのような名称がついたのか定かでない。」[21]と記しています。

⑰京都林泉協会は、「蓬莱島を作り鶴島二島を配し、滝を落とし、巨岩多く、泉石の美はすこぶる豪華、八陣

の庭という。」[22]と記していましたが、八陣の庭についての詳細な記述はありませんでした。

⑱小学館発行の『週刊日本庭園をゆく　第25回配本　京都洛中の名園　二条城・西本願寺』には、「二の丸庭園は四方八方から鑑賞できることからか、「八陣（はちじん）の庭」の別称がある。八陣は中国から伝えられた兵法の8つの陣形。」[23]と記載されています。

⑲加藤理文氏は、「四方八方から鑑賞できることから「八陣の庭」とも呼ばれている。」[24]と記しています。

⑳山岡邦章氏・福原成雄氏は、重森三玲氏が作庭した岸和田城庭園の八陣の庭について報告しています。[25]山岡氏らは、重森氏（1953）の『岸和田城址本丸庭園に就いて』私家版（岸和田市立図書館蔵）での「龍陣と虎陣とは上古以来の四神に見る青龍と白虎の手法を抽象化して見た。鳥陣はやはり四神の朱雀形式、蛇陣は玄武式としてこれを近代的な抽象手法に導いたのである」という記述の意味について、重森氏の意図を追究しています。彼らによると、岸和田城庭園（八陣の庭）は、四神の「蛇（玄武）」「鳥（朱雀）」「虎（白虎）」「龍（青龍）」と、八卦（方位神と方位思想）に基づく「天」「地」「風」「雲」が組み込まれ八陣として配置されており、「つまり重森の意図として天守閣を北極（天極）として位置づけ、天守閣の位置を仮の北に見立て、その世界観を中心に四神を配置しているものである。」と報告しています。

二条城二の丸庭園をこの考え方に当てはめると、虎陣方向には本丸内に天守閣跡があり、⑩重森三玲氏[13]（1972）、⑪重森三玲氏・重森完途氏[14]に記された二条城二の丸庭園の八陣の配置と岸和田城庭園とは一致したものとなっていました。

㉑下間正隆氏は、二の丸庭園を以下のように紹介しています。[26]「二の丸庭園は、「八陣の庭」ともよばれます。八陣とは中国から伝わった兵法で、戦いの際に大将を真中において、その周りに八つの陣営を配置する陣構のことです。大将が陣どる蓬萊島の前方に、…風陣、鳥陣（先陣）、地陣の3つの陣をおいて前方のまもりをかためています。池の東側（…）の出島を竜陣、西側（…）の石橋付近を虎陣として、竜虎で大将を側面から

まもっています。大将の後ろには…雲陣、蛇陣（後陣）、天陣をおいて後方から援護しています。…南の方角から攻めてくる敵の大軍にそなえます。」

なお、下間氏の聞き取りから、図8は、⑪重森三玲氏・重森完途氏の『日本庭園史大系　第九巻・桃山の庭（二）』の「二條城二之丸庭園（p.39-42）」を参考にして作成されていたことがわかりました。

下間氏作成の図8をみると、陣形の方角は⑥二条城事務所管理係内部資料、⑩重森三玲氏（1972）、⑪重森三玲氏・重森完途氏、⑳山岡邦章氏・福原成雄氏と同様になっていました。また、⑦重森三玲氏（1964）についても、印字ミスであれば一致しています。ただし、⑥二条城事務所管理係内部資料の庭園解説［図5］では、中島（蓬莱島）一つの中に八つの陣形があると捉えていますが、下間氏は図8のように二の丸庭園全体で八つの陣形としています。

以上の①～㉑の文献調査から、八陣の庭を以下のようにまとめることができます。今回の文献調査では、二条城二の丸庭園が、作庭当初から「八陣の庭」をイメージしてつくられたという根拠資料は見つかりませんでした。筆者らが調べた中では、①勧修寺經雄氏が示した、八陣圖説を参考に二の丸庭園全体に当てはめたものが最も古い文献で、次いで④恩賜元離宮二條城事務所、⑤重森三玲氏の文献でした。

また、「八陣の庭」を、今日のような観点から解説した最も古い文献は、⑩重森三玲氏の『推賞日本の名園〈京都・

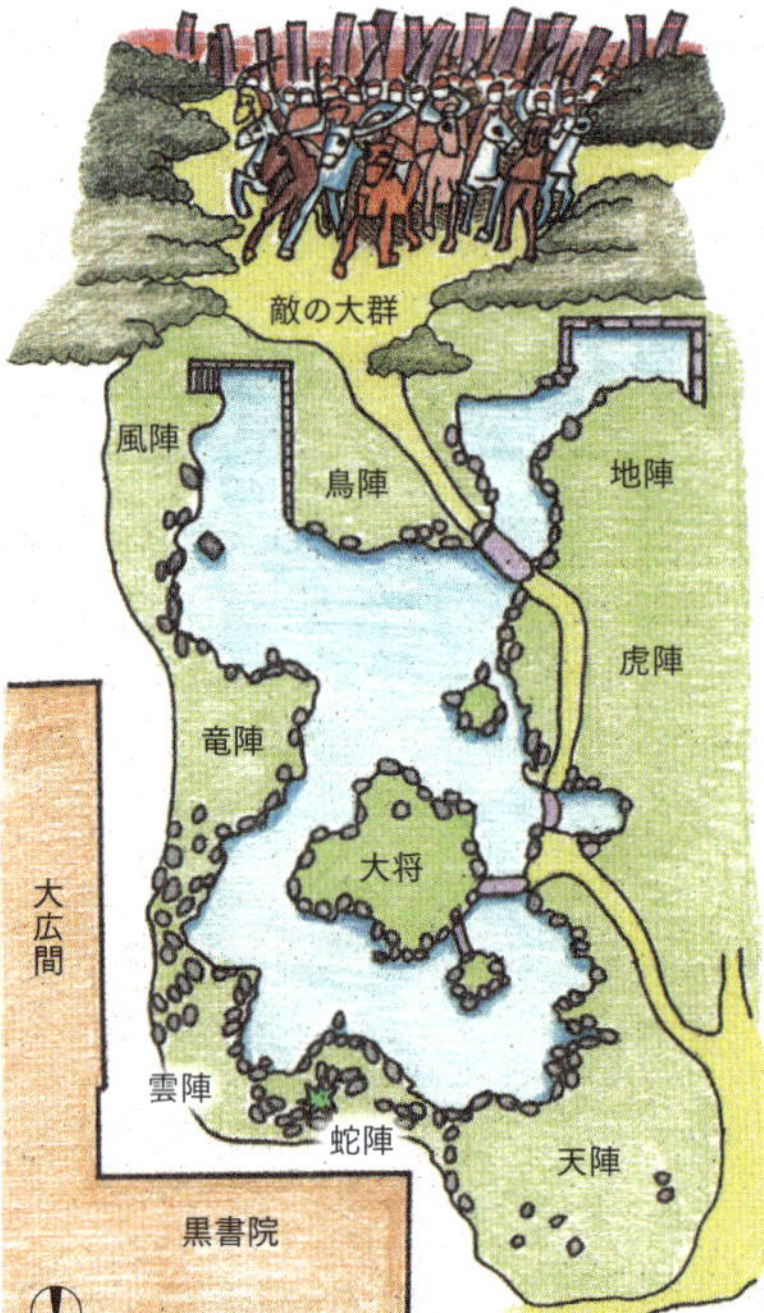

図8｜二の丸庭園イラストに八つの陣営を配した図（下間正隆氏提供の原画利用、陣形等を加筆）

中国編〉京都林泉協会編』、[13] ⑪重森三玲氏・重森完途氏の『日本庭園史大系　第九巻・桃山の庭（二）』[14]でした。

なお、重森氏の二の丸庭園に八陣を当てはめた解説は、庭園解説の記述内容から庭園全体に当てはめたものと推測されます。しかし、中島（蓬莱島）の中心を大将陣とし、中島周囲の石組を八陣に当てはめた解釈も可能と考えます。前者の解釈を具体的に当てはめたものが、下間正隆氏の文献です。そして後者の解釈は、二条城事務所管理係内部資料でした。どちらの解釈が正しいのかの判断は今後の検証に譲ることにしますが、それだけ二条城二の丸庭園が、さまざまな見方ができる名園であることの証だと考えます。

参考引用文献

二の丸庭園の滝水について

1 吉永義信（1974）『元離宮二條城』小学館、p.308
2 池田遥邨（1843）『京絵図』、京の記憶アーカイブ、京都府立京都学・歴彩館蔵
＊『京絵図』（1843〈天保14〉年作成）は、『池田遥邨氏旧蔵京都関係絵図類』の中に含まれる江戸時代の絵図
3 洛中洛外　虫の眼　探訪―（2015）『洛中洛外　水源を探る　中世の堀川とその水源』、現況図に二股川を落とす際の参考とした、http://youryuboku.blog39.fc2.com/blog-entry-130.html#horikawa
4 現況図は国土地理院地図を利用
5 国土地理院地図（電子国土Ｗｅｂ）から今宮御旅所、二条城北大手門、二の丸庭園滝口付近の標高の検索を行った
6 下間正隆（2023）『イラスト二条城』京都新聞出版センター、p.164（3滝の水はどこから来るのか）
＊下間氏は「城内では、北大手門と二の丸中心部との高低差1・3ｍを利用して、幅55㎝、高さ30㎝の箱型木製の埋樋で水を引いて、池の西北から滝水として流しました。」と記載しています。
7 京都市埋蔵文化財研究所（2010）『史跡旧二条離宮（二条城）京都市埋蔵文化財研究所発掘調査報告』2009-15,pp.19-23,92,93
8 飛田範夫（2017）『京都の庭園　御所から町屋まで』上、京都大学学術出版会、p.194
9 奈良文化財研究所ＨＰ「京都所司代上屋敷跡発見の建物跡と池及び木樋跡報道向け発表」古代文化調査会（2020）、pp.1-3、『全国遺跡報告総覧』、https://sitereports.nabunken.go.jp/ja/71372
10 文献1、pp.308-309
11 勸修寺經雄（1930）「二條離宮の御庭を拝觀して」『京都園藝第十三輯』京都園藝倶樂部、p.24
12 内田仁（2006）『二條城庭園の歴史』東京農業大学出版会、p.74
13 中島卯三郎（1943）「行幸圖屏風に現はれたる二條城二の丸庭園に就いて」『造園雑誌』10巻、3號、p.27
14 文献1、p.310
15 文献12、p.74,95

16 松下倫子・藤原　剛・出村嘉史・川崎雅史・樋口忠彦（２００７）『江戸期の堀川系における水の共用に関する研究』、土木計画学研究発表会・講演集36巻、pp.290-293
17 文献12、p.74 図20、p.95

二の丸庭園二つの滝口について

1 勧修寺經雄（１９３０）「二條離宮の御庭を拝觀して」『京都園藝第十三輯』京都園藝倶樂部、p.28
2 中島卯三郎（１９３２）「京都に於ける御所と離宮の御庭に就いて」『庭園と風景（14）』日本庭園協会、p.296
3 澤島英太郎・吉永義信（１９４２）『二條城』相模書房、p.111
＊吉永義信（１９３９）の『史蹟名勝天然記念物　第14集第20号』（史蹟名勝天然記念物保存協會、刀江書院、p.865）にも類似したことが記載されています。
4 重森三玲（１９６３）『林泉第１０４号会報』京都林泉協会、p.6
内田 仁（２００６）『二條城庭園の歴史』東京農業大学出版会、p.94
下間正隆（２０２３）『イラスト二条城』京都新聞出版センター、p.165（新旧の滝）
京都名園の会（１９５７）「二条城二の丸庭園」『京都名園の会』素人社、p.33
＊二つの滝口については触れていませんが、「滝組付近は近年改造されているので当初の姿を変えている。」と記されています。

御亭と渡り廊下の礎石

1 内田 仁（２００６）『二條城庭園の歴史』東京農業大学出版会、p.51
2 澤島英太郎・吉永義信（１９４２）『二條城』相模書房、p.98
3 吉永義信（１９５８）「6　二条城二の丸庭園」『日本の庭園』至文堂、p.238
4 西 和夫（１９８１）『名宝日本の美術〈第15巻〉姫路城と二條城』小学館、pp.120-121

庭石の刻印

1 西 和夫（１９８１）『名宝日本の美術〈第15巻〉姫路城と二條城』小学館、p.130
2 文献1、p. 131

行幸当時の御亭の様子と御亭の移築先

1 澤島英太郎・吉永義信（１９４２）『二條城』相模書房、p.P98
2 松平忠冬（１６２６）『東武實録16巻』国立公文書館デジタルアーカイブ蔵、p.43,pp.63-64/140
3 史籍研究會（１９８１）「東武實録（一）」『内閣文庫所蔵史籍叢刊　第1巻』汲古書院、p.316,326
4 西 和夫（１９８１）『名宝日本の美術〈第15巻〉姫路城と二條城』小学館、p.121,129
吉永義信（１９５８）「6　二条城二の丸庭園」『日本の庭園』至文堂、p.244
＊吉永氏によると、「二条御城御指図には多数の付箋があり、付箋は一七八八年（天明八）の京都大火以後、したがって地割変更以後になされたものであるが、池の東南隅、地割の変更をみた部分に「御茶屋跡」との付箋があり、このところにかって数寄屋が建築されていたことを説明している。実際に数寄屋が建築されたのであるならば、地割の変更はこの数寄屋が建築されたためであろう。変更された池の西・南両岸が直線の切石垣になっているのは、池に臨んで数寄屋が建築されたことによる。だが数寄屋が建築されたかどうかは、史料の不足からよくわからない。あるいは寛永行幸の際の釣殿跡を誤って御茶屋跡と考え、付箋をつけたのかもしれない。」と記しています。
なお、地割変更後の１７３０（享保15）年制作の『二條御城中二之御丸／御庭蘇鉄有所之図』（中井正知氏蔵）の絵図をみると、東南隅一郭の拡幅、蘇鉄15本、柳等の樹木、燈籠、石橋等が確認できますが、建物は確認できません。

後水尾天皇行幸時の二の丸庭園の様子

1 吉永義信（１９７４）『元離宮二條城』小学館、p.306
2 中根金作（１９８６）『元離宮二條城』京都市、小学館、p.52
3 内田 仁（２０２２）「後水尾天皇行幸時の二條城二の丸庭園の植栽について」『令和4年度日本造園学会関西支部研究・事例発表要旨集』日本造園学会関西支部、p.22

江戸時代中期の二の丸庭園の改修年代

1 吉永義信（１９７４）『元離宮二條城』小学館、p.306
2 文献1、p.308

3 文献1、pp.309-310
4 尼﨑博正（2002）『庭石と水の由来—日本庭園の石質と水系』昭和堂、p.59
5 太田浩司（1997）『小堀遠州とその周辺—寛永文化を演出したテクノクラート—』市立長浜城歴史博物館、pp.49,89
6 内田仁、鈴木 誠（2001）「二條城二の丸庭園における庭園景及び担った役割の変遷」『ランドスケープ研究』65巻、1号、p.46
7 文献6、p.50
下間正隆（2023）『イラスト二条城』京都新聞出版センター、p.171（38代将軍・吉宗の頃の庭）

江戸時代中期の二の丸庭園の改修理由

1 京都市（1991）『史料京都の歴史　第1巻　概説』平凡社、p.116
＊「…享保改革への着手が本格的となった享保七年秋には将軍上洛のうわさが京中に流布し、奉行所ではうわさの否定にお触れを出したりしたが『古久保家文書』、…」と記されています。
2 京都市（1984）『史料京都の歴史　第5巻　社会・文化』平凡社、p.439
＊「将軍上洛の噂が再度にわたり流れる。9〔古久保家文書〕御触留帳享保七年九月八日　口触　此比町々にて、来春御上洛も有レ之様ニ虚説を申触、…」や「10〔月堂見聞集〕享保十八年一月　同（一月）十五日六日比より、何者が申したるや、当正月十七日には長々と書たる御触状出る、御上洛の事と云う者あり、…」と記されています。
3 京都市（1974）『京都の歴史6 伝統の定着』學藝書林、p.262
＊「…京都も深刻な不景気に見舞われた享保七年九月には、「此頃、町々にて来春御上洛も有之様ニ虚説を申触、畢竟商ひ之ためニも仕候様ニ相聞不レ届候」と口触れにより、浮説を禁止している。八代将軍吉宗の上洛があるかどうかは別にして、上洛を契機にして景気を盛り上げようとした動きがあったのである。それほどまでに京都の不景気は深刻であったというべきであろう。」と記されています。
内田仁（2006）『二條城庭園の歴史』東京農業大学出版会、p.42

江戸時代中期の二の丸庭園の様子（後水尾天皇行幸から142年後）

1 駒 敏郎・村井康彦・森谷尅久（1991）「京師順見記」『史料京都見聞記 第2巻　紀行II』法藏館、p.220
2 内田仁（2006）『二條城庭園の歴史』東京農業大学出版会、pp.16,42

江戸時代後期の二の丸庭園の様子

1 吉永義信（1974）『元離宮二條城』小学館、pp.309-310
2 日本史籍協會（1976）「官武通紀　一」『續日本史籍協會叢書』東京大學出版會、p.284
＊「…二百年前之御造営、且久敷空城に相成居候故、多分破損、左右草莽蓁々として孤狼之巣窟之様にて、一見目を驚し候程に御座候、…」と荒れ果てていることが記されています。
3 齊藤洋一（1994）『二条城—黒書院障壁画と幕末の古写真—』松戸市戸定歴史館、p.93
＊齊藤氏は、文献3、pp.30-32 ,p.39 に掲載している幕末の写真をp.59では1863（文久3）年3月家茂入城から1867（慶応3）年12月慶喜の大阪城退去までの時期と推定され、さらに絞り込むと慶喜が将軍を継承した1866（慶応2）年8月以降の可能性が高いと推測しています。（写真は1993〈平成5〉年徳川慶喜家から発見され、4代目当主慶朝氏から戸定歴史館へ寄託）。
4 内田　仁（2006）『二條城庭園の歴史』東京農業大学出版会、pp.44,47,57,58

もともと二の丸庭園には樹木がなかったという説について

1 新撰京都叢書刊行会（1987）『京華要誌』『新撰京都叢書　第三巻』臨川書店、p.43
2 京都市参事會（1903）「二條離宮」『京都名勝記　上』京都市参事會　代表者内貴甚三郎、五車樓書店、p.49
3 武井一雄（1967）「京都坊目誌　巻之三」『新修京都叢書　第十七巻』新修京都叢書刊行會、臨川書店、p.175
4 勧修寺經雄（1930）「二條離宮の御庭を拝観して」『京都園藝第十三輯』京都園藝俱樂部、p.24
5 中島卯三郎（1932）「京都に於ける御所と離宮の御庭に就いて」『庭園と風景（14）』日本庭園協會、pp.296-297

6 恩賜元離宮二條城事務所（1941）『恩賜元離宮二條城』恩賜元離宮二條城事務所　代表者勝田圭通、pp.68-69

7 澤島英太郎・吉永義信（1942）『二條城』相模書房、p.105

8 中島卯三郎（1943）「行幸圖屏風に現はれたる二條城二の丸庭園に就いて」『造園雑誌』10巻、3號、p.27

1879（明治12）年頃の二の丸竹の樹木本数

1 元離宮二条城事務所（1990）『重要文化財二條城修理工事報告書　第八集』元離宮二条城事務所、pp.76-78

2 京都府（1881）「二條城郭内樹木并石礶員數明細書の条他」『明治11-0027　二條城借受定約并本丸返戻一件』京都府庁文書、pp.50-51,70-73,123-125,244-246、京都府立京都学・歴彩館蔵

3 佐野藤右衛門（1973）『桜守二代記』講談社、p.126

＊「明治以後六十年近い離宮時代の桜はせいぜい二、三十本を残すばかりで、その他はすべて市の管理におかれてのちに移植したものです。…」と記されています。本書の佐野藤右衛門氏は15代目

4 勸修寺經雄（1930）「二條離宮の御庭を拜觀して」『京都園藝第十三輯』京都園藝倶樂部、p.24

内田 仁（2006）『二條城庭園の歴史』東京農業大学出版会、pp.16,62

荒賀利道（1970代頃）『二条城の緑と花』元離宮二条城事務所、p.6

＊二の丸庭園の樹木は1100本、主なものは、マツ、シイ、カシ、モクセイ、モミジ、モッコクなどと記されています。1995（平成7）年4月樹木調査（個人調査）での二の丸地域の樹木本数は28科52種1024本、97・6％が常緑樹でした。主なものは、クロマツ、モチノキ、サツキ、ヒラドツツジ、アラカシ、ネズミモチ、トベラ等の樹木（本数の多い順で列記）で、全体の7割を占めていました。

1890（明治23）～1891（同24）年の大規模な植栽工事

1 新撰京都叢書刊行会（1987）「京華要誌」『新撰京都叢書　第三巻』臨川書店、p.43

2 吉永義信（1974）『元離宮二條城』小学館、p.310

3 京都市文化市民局元離宮二条城事務所（2023）「136 明治二四年三月一一日」『研究紀要　元離宮二条城　第2号』、p.49

＊コトバンク（http://kotobank.jp）によれば、五倍子とはヌルデの葉茎にできる虫こぶのことをいうそうで、樹種からヌルデと推測します。

4 日出新聞社（1891）『京都日出新聞　明治24年5月12日付記事』（内田 仁調べ）

5 京都市文化市民局元離宮二条城事務所（2023）『研究紀要　元離宮二条城　第2号』、p.51

＊「144 明治二四年五月一二日、ロシアの皇太子らが二条離宮を拝観する。」と要約が記述されています。

6 外務省HP『外交史料　QA　明治期』

＊1891（明治24）年5月11日の大津事件のことが記され、ロシアのニコライ皇太子が従兄弟にあたる（希臘）ギリシャのゲオルギオス親王と共に親善来日していることが記されています。https://www.mofa.go.jp/mofaj/annai/honsho/shiryo/qa/meiji_01.html#01

内田 仁（2006）『二條城庭園の歴史』東京農業大学出版会、pp.68,94

1897（明治30）年の模様替えと大正時代の様子

1 恩賜元離宮二條城事務所（1941）『恩賜元離宮二條城』恩賜元離宮二條城事務所　代表者勝田圭通、p.68

2 吉永義信（1939）『史蹟名勝天然記念物』第14集、第20号、史蹟名勝天然記念物保存協會、刀江書院、p.865

3 澤島英太郎・吉永義信（1942）『二條城』相模書房、p.111

4 吉永義信（1958）「6　二条城二の丸庭園」『日本の庭園』至文堂、p.246

5 吉永義信（1974）：『元離宮二條城』小学館、p.310

6 京都市元離宮二条城事務所（2023）『研究紀要　元離宮二条城第2号』p.82

＊「292 明治三〇年一〇月七日、二条離宮内郭大書院前庭園の泉水は水はけが悪いため、去る七月から改修工事に着手し、九月二〇日に竣工する。堤内頭がこれを検分する。●離宮御泉水」を引用

7 龍居松之助（1924）「二條離宮御庭」『日本名園記』嵩山房、図版ページ、p.139

内田 仁（２００６）『二條城庭園の歴史』東京農業大学出版会、pp.68,94

二つの庭園解説

1 吉永義信（１９７４）『元離宮二條城』小学館 pp.310-311

2 中根金作（１９８６）『元離宮 二條城』京都市、小学館、p.51

＊また、同氏（１９９９）は『中根金作 京都名庭百選』（淡交社、p.462）でも、「…蓬莱島、方丈島、瀛州島の…三神仙島を表現した庭すなわち「三島一連の庭」の様式については、『築山庭造伝』にも記され…この庭園様式は中国において秦の始皇帝のころより始まっており、後に日本に伝来して日本の庭園様式の基盤をなし…この二之丸庭園は近世はじめ頃の典型的な三島一連の庭である。」と記しています。

3 勧修寺經雄（１９３０）「二條離宮の御庭を拝観して」『京都園藝第十三輯』京都園藝倶樂部、pp.23-27

＊勧修寺氏は、八陣について、以下のように解説しています。「八陣は方陣にして中央に地軸三隊づゝ内門を狭で外方に向て四個あり、前後に地前衝地後衝各三隊宛内方に曲って二個づゝあり、左右に天衝各外方に向ひ四隊宛両側に二個づゝあり、地前衝の前に天前衝二隊一列に二個、地後衝の前方に天後衝二隊一列に二個あり、天衝の外側、地前衝天前衝の外側、地後衝、天後衝の外側即ち各の隅に外門を挟で風隊雲隊各二隊宛四個あり、此の一角に見るに雲隊は中央より外部に向て二隊一列にあり風隊は之に交叉して又二隊一列にあり、遊兵二十四隊は天後衝の列の外側に少しく灣曲して十二隊となる。」

4 中野楚渓（１９３３）「九一 二條離宮御庭園」『庭園』東方書院

5 京都市観光課（１９４０）「恩賜元離宮二條城」『京都の庭園』p.10

6 恩賜元離宮二條城事務所（１９４１）『恩賜元離宮二條城』恩賜元離宮二條城事務所 代表者勝田圭通、p.67

7 重森三玲（１９４３）『日本庭園便覧』昆文社、pp.23-24

8 元離宮二条城事務所（１９５５〜１９８４〈推定〉）「二条城事務所管理係内部資料の庭園解説」

＊昭和30年代〜昭和50年代頃に作成したと推定

9 荒賀利道（１９７０代頃）『二条城の緑と花』京都市元離宮二条城事務所、p.6

10 重森三玲（１９６４）『重森三玲作品集 庭』平凡社、p.189

11 田中佩刀（１９７１）「「八陣」と「八陣の庭」」『明治大学農学部研究報告』27巻、pp.88-89、http://hdl.handle.net/10291/10146

12 高桑義生・浅野喜市（１９７１）『庭拝見 続』光村推古書院、p.119

13 重森三玲（１９７２）『推賞日本の名園〈京都・中国編〉京都林泉協会編』誠文堂新光社、p.102

14 重森三玲・重森完途（１９７２）「二條城二之丸庭園」『日本庭園史大系 第九巻・桃山の庭（三）』社会思想社、pp.39-42

15 明永恭典（１９７２）『路 千本と朱雀大路』星光社、p.147

16 京都林泉協会（１９６９）『全国庭園ガイドブック』誠文堂新光社、p.36,pp.184-185

17 京都林泉協会（１９７３）『全国庭園ガイドブック』誠文堂新光社、p.36,pp.184-185

18 京都林泉協会（１９８０）『増補改訂版 全国庭園ガイドブック』誠文堂新光社、p.36,pp.190-191

19 上原敬二（１９８４）『造園大辞典』加島書店、pp.632,680

20 講談社（１９７９）『京の寺と国宝、新京都の本』p.174

21 岡野敏之（１９９４）『古都 庭の旅［3］京都洛中・洛南・奈良』読売新聞社、p.47

22 京都林泉協会（２００４）『日本庭園鑑賞便覧 全国庭園ガイドブック』学芸出版、p.117

23 小学館（２００６）『週刊日本庭園をゆく 第25回配本 京都洛中の名園 二条城・西本願寺』、p.10

24 加藤理文（２０１２）『二条城を極める』サンライズ出版、p.20

25 山岡邦章・福原成雄（２０２２）「岸和田城庭園（八陣の庭）に重森三玲が込めた意図—四神の配置からみる天守閣と八陣の庭のインスタレーション的関係性—」『令和4年度日本造園学会関西支部研究・事例発表要旨集』日本造園学会関西支部、pp.17,18

26 下間正隆（２０２３）『イラスト二条城』京都新聞出版センター、p.163（二の丸庭園 ２八陣の庭）

3　本丸庭園編

大御所秀忠の本丸庭園を裏付ける最も古い記述史料

これまでの既往報告では、大御所秀忠のための本丸庭園の存在を直接裏付ける史料はなく、『洛中洛外図屏風』に描かれた樹木、秀忠のために本丸御殿が建造されたこと、さらには後水尾天皇が本丸御殿に入り、天守閣の遠望を楽しんだ記録などから、間接的に推測するしかありませんでした。しかしその記録と考えられるものを、筆者が明らかにした江戸中期の史料[1]『京師順見記』[2]に見ることができます。

1768（明和5）年2月4日の「二條御城御殿見分并御道具拝見」の条に「…御庭に御花畑の跡、縁石有之、蒲藤有之、御天守台十間四方程…」とあり、庭園、御花畑跡、縁石、蒲藤の存在が記されています。これは、後水尾天皇行幸から142年後の記録にあたります。なお、この頃には既に天守閣はなく（1750〈寛延3〉年の落雷により焼失）、天守台のみでした。時代は下りますが、1788（天明8）年、市中の大火の飛び火によって、本丸御殿、隅櫓、多聞櫓等の焼失とともに庭園も失われたと考えられています。

幕末につくられた本丸内の建造物（慶喜の居室）の撤去時期について

「2章　探訪・二条城庭園の魅力　3 本丸庭園」（p.27）で記したように、大御所秀忠のために建造された本丸御殿は、天明の大火の飛び火によって焼失し、江戸時代の絵図などを見ると空き地として維持されていました。しかし、幕末になると再び本丸内に建造物が出現し、幕末に撮影された古写真から建造物と茶庭の存在がうかがえます。[1]この建造物については、西和夫氏・荒井朝江氏[2]、元離宮二条城事務所[3]、齊藤洋一氏[4]らによって、15代将軍徳川慶喜のための居室であった可能性が高いことが報告されています。

そして、二条城は徳川慶喜によって発表された大政奉還後、太政官代、京都府、一時陸軍省に所管が変遷し、本丸内の建造物は陸軍省所管時に撤去されることになります。この建造物が撤去された時期（＝茶庭の消失時期）については、未だに明確に把握されていません。そこでここでは、幕末につくられた本丸内の建造物の撤去時期の追究を試みたいと思います。

この撤去時期については、元離宮二条城事務所（1990）が、「明治十四年、二條城借受定約并本丸返戻一件」（京都府が二条城を京都府庁として使うため陸軍省から借り受け、本丸だけ返し戻した際の書類）につづられた中に、京都府と陸軍省のやり取りがあるとしています。1881（明治14）年6月24日には、『本丸内建家』の『悉皆入札』のため『上下京両区内凡ソ十カ所』へ『広告』を出すことが陸軍省から府に『依頼』された。」、また同年6月26日には「その『広告』を府の土木課営繕掛等が立案した。」、「本丸の建物は二の丸などとともに京都府が陸軍省から借りることに一度なりながら、『大破』のため使えないとの理由で、明治十二年八月に「返戻」され、同年十四年には本丸建物の入札が予定されている。…」[5]と記しています。

また、元離宮二条城事務所（2020）により、「本丸返戻にあたり、京都府は『本丸地所建物』の目録を付した『引渡証』を作成し陸軍省に提出している（「1879年8月22日　本丸引渡証」『明11-0027「二条城借受定約並本丸返戻一件」』）。これによると、本丸には、『仮建家』と記された建造物が8棟、そのうち2棟は、それぞれ228坪、115坪の広さがあったとされている。このかなりの広さをもった2棟が、前述の『食堂』と『遥拝所』に相当するのか、……なお、1881年6月28日付『大阪日報』が、『今度陸軍省より当地旧二條城の本丸の建家幷に建具等を悉皆下らる』（『大阪日報』1881年6月28日付）と報じており、陸軍省に返されて間もなく、これらの建造物は処分されたのではないかと考えられる。」[6]と報告されています。

この建造物に関する明治時代の新聞記事は、前述の『大阪日報』の他に、『京都新報』にも類似したものを見ることができます。

『京都新報』[7・8]（1881〈明治14〉年7月9日付／高橋脩二氏調べ）によると、「〇予て記せし如く当二條城本丸の建物を売払はるるに付、入札せしめられし処、下京備前島町吉村六左衛門へ落札なりしにより、実地検分のため大坂鎮台工兵第四方面十四等草野温良氏、昨日来京されぬ」とありました。現代語訳にあたっては、京都府立京都学・歴彩館の古文書担当者に協力を頂きました。

現代語訳は「予てから記しているように二条城本丸の建物を売却するにあたって入札が行われ、下京備前島町吉村六左衛門が入札したことにより、実地検分のため大阪鎮台工兵第四方面十四等草野温良氏が昨日、京都に来られた」で、現在の中京区備前島町付近（立誠ガーデンヒューリック京都付近）に店を構えていたと考えられる吉村六左衛門氏が、二条城本丸内の建造物を入札によって落札したこと、実地検分のために陸軍部隊の大阪鎮台工兵第四方面十四等草野温良氏が1881（明治14）年7月8日に京都に来たことがわかりました。

また、解読にご協力いただいた同館古文書担当者の調べにより、吉村六左衛門氏の名前が京都府行政文書の『郡区長伺届並往復』の中の「官地（神戸邸跡地）拝借願」[9]にも掲載されていることがわかりました。

この行政文書は、吉村六左衛門氏が二条城本丸内の建造物を落札したのとほぼ同時期に作成されていることから、本丸内の建造物の移築または建築資材の仮置きなどのために官地を借りる手続きを行った可能性が考えられます。再度、同館古文書担当者にご協力をいただき解読した結果、書類には利用目的が記載されていない点、この書類だけでは実際吉村六左衛門氏が官地を拝借したのか不明な点から、二条城との関連性を見ることはできませんでした。

このように、元離宮二条城事務所、『大阪日報』や『京都新報』の記述から、幕末につくられた本丸内の建造物（慶喜の居室）は、入札によって売り払われ、1881（明治14）年7月9日以降に撤去され、併せて茶庭も消失したことが推測できます。

なお、同館古文書担当者からは「この『京都新報』（1881〈明治14〉年7月9日付）には「予て記せし如く」と記述があり、これ以前に何か記事になっていると考えられる。また落札で実地検分程度の内容が記事になっているくらいなので、実際の建物解体や移動などの記事が出ていてもおかしくないという気がする。」という感想をいただきました。

そこで、筆者は1881（明治14）年7月9日以前とそれ以降について、マイクロリーダーに収められている『京都新報』と『京都滋賀新聞』で本丸内の建造物についての記事の確認を試みましたが、かなりの時間を要するため断念しました。幕末から明治初期に存在していた本丸内の建造物の撤去時期については、今後の検証に期待したいと思います。

1879（明治12）年頃の本丸地区の樹木本数

陸軍省所管時の1879（明治12）年頃の本丸地区の樹木について、『二條城借受定約并本丸返戻一件』の「二條城郭内樹木并石礓員數明細書」の条[1]によれば、「本丸ノ内」の樹木本数は99本。内訳は、松（90）、雑（9）と記され、松が樹木本数合計の9割以上を占め、本丸居室及び庭園撤去以前の本丸地区には、松によって特徴づけられた景観が維持されていたことがわかっています。[2・3]

参考引用文献

大御所秀忠の本丸庭園を裏付ける最も古い記述資料

1 内田仁（2006）『二條城庭園の歴史』東京農業大学出版会、pp.16,43,46

2 駒 敏郎・村井康彦・森谷尅久（1991）「京師順見記」『史料京都見聞記』第2巻　紀行II、法藏館、p.221

幕末につくられた本丸内の建造物（慶喜の居室）の撤去時期について

1 内田 仁（2006）『二條城庭園の歴史』東京農業大学出版会、pp.44,45,56,58
この他、文献4、pp.34-37、東京都江戸東京博物館編集／元離宮二条城事務所編集／読売新聞社編集／博報堂DYメディアパートナーズ編（2012）『二条城展 江戸東京博物館開館20周年記念』東京都江戸東京博物館、p.147に本丸仮御殿の幕末写真が確認できます。撮影年代は齊藤洋一氏（文献4）、p.95によると、1863（文久3）年3月家茂入城から1867（慶応3）年12月慶喜の大阪城退去までの時期と推定され、さらに絞り込むと慶喜が将軍を継承した1866（慶応2）年8月以降の可能性が高いといいます。

2 西 和夫・荒井朝江（1987）「幕末・明治初期に二條城本丸に存在していた徳川慶喜の「居室」について」『関東支部研究報告書集』、計画系58、日本建築学会、pp.349-352

3 元離宮二条城事務所（1990）『重要文化財二條城修理工事報告書　第八集』元離宮二条城事務所、pp.76-79

4 齊藤洋一（1994）『二条城―黒書院障壁画と幕末の古写真―』松戸市戸定歴史館、pp.92-101

5 文献3、p.76

6 京都市文化市民局元離宮二条城事務所（2020）『史跡旧二条離宮（二条城）保存活用計画』京都市、p.37

7 文献1、pp.16,67

8 京都新報社（1881）『京都新報　明治14年7月9日付記事』（高橋脩二氏）

9 京都府（1881）「官地（神戸邸跡地）拝借願に付照会の件」『郡区長伺届並往復』京都府、pp.38-40

1879（明治12）年頃の本丸地区の樹木本数

1 京都府（1881）「二條城郭内樹木井石礓員數明細書の条他」『明治11―0027　二條城借受定約井本丸返戻一件』京都府庁文書、pp.50-51,70-7-,123-125、京都府立京都学・歴彩館蔵

2 文献1、pp.16,62,63

3 なお、荒賀利道（〈1970代頃〉『二条城の緑と花』京都市元離宮二条城事務所、p.6）によると、本丸内の樹木は1300本、主なものは、モッコク、マツ、シイ、モミジ、カシ、モクセイ、モチなどと記されています。1995（平成7）年4月樹木調査（個人調査）での本丸地域の樹木本数は28科60種1079本でした。クロマツ、サツキ、カナメモチノキ、ヒラドツツジ、ウバメガシ、ギンモクセイ、アラカシ、スダジイ等（本数の多い順で列記）で全体の7割強を占める樹木構成となっていました。

4 清流園編

清流園作庭に至る背景など

当時の新聞記事[1]には、清流園作庭に至る背景などが以下のように記されています。

「…二条城は元国有財産だったが戦後京都市有となった。そのうち西北部の一角を二十五年占領軍の命令で「マッカーサー杯」争奪戦[*]のためのテニスコートに転用、当時文部省の文化財保護委員会からも苦情が出ていた。このコートは二条城にとってはいわば…だったが、代替地がないためそのままになっていた。ところが最近右京区西院に用地が見つかったので三十八年度から追加予算を組み本格的に造園を始めることになった。設計には京都府文化財保護課の中根金作技師があたるが、広さは約一万平方メートルで、全般的に芝生にしその一角に由緒のある織殿の庭をほとんど原型のまま移し池だけが〝流れ〟に変えられるが、戦前の〝疎林式庭園〟として復活する。この公園の建設は二カ年の予定で予算は約二千五百万円、織殿は明治時代から京都の織物の展示場として海外に有名で、建物は明治時代のもの。ここを最近日銀が買い同京都支店を新築するが、庭と建物は日銀が京都市に無償で寄贈。織殿の建物は解体して一応二条城に運ばれるが、庭とのバランスを見ながら茶室など復元価値のあるものだけを復元するもの。」と、当時の背景から清流園作庭に関わることについて記されていました。

＊原文ママ。正しくは第4回マッカーサー元帥スポーツ競技大会。

作庭当時の清流園の様子

作庭当時の清流園の様子を、佐々木利三氏による記述や『京都新聞』記事にみることができます。佐々木氏によって、「…今は作庭中で…滝組、池、島などが出来るらしい。…二条城の当事者は隣地にはガーデンパーティなども出来る場所を考え、お茶室など…施設をと企図しておられるらしい。…寄附者は日本銀行で…寄附された二条城の方ではその材料だけで新庭が出来るわけではないから新材料も購入されたらしい。…それを使って、池や島は小宮山氏が引受けられた由島には切石橋が架かっている。矢の根穴が美しい。これは織殿にもあったものらしいが、植治さんの使いそうなものだ。滝組の方は中根さんが引受けておられる由。枯滝のように見えるが、池が大きくて水をはるらしいので、そこへ水を導くように水を落されるのではないかと思う。これはもう少し出来上がってみないと、又ご本人から意図を聞かないと、見ただけでは判りにくい…」[1]と作庭の様子が記されています。

また、『京都新聞』（1964〈昭和39〉年12月27日付）記事[2]には「京都市が建設を急いでいた二条城内テニスコート跡の庭園（一万平方メートル）が、九分通り完成、二十六日、はじめて公開された。この庭園は市が二条城内北部のテニスコート九面を撤去して、四月以来、総工費二千三百万円で建設していたもの。設計者は城南宮の楽水苑や将軍塚を作庭した府文化財保護課の中根金作氏。庭園の場所は北大手門近くの馬場跡で、一万平方メートルの広大な敷き地は西側三分の一が築山林泉式庭園、東側は大芝ふとなっている。築山林泉式庭園には、日銀から寄贈された旧織殿の茶室や御座の間、庭石などがすっかり織り込まれ、約三分の一は池となっている。来年三月にはすべて完成。」と記載されています。

さらに、『京都新聞』（1965〈昭和40〉年4月29日付）記事[3]から、庭園開きの様子をみることができます。「京都市が二条城内のテニスコート跡につくったご自慢の迎賓用庭園『清流園』の庭園開き式が二十八日午後二時から行なわれ、高山市長が入り口のテープにハサミを入れて関係者が通りぞめした。外国の賓客が多いのにガーデン・パーティひとつ催すことができず『貴市では個人所有の庭をしばしば借用してもてなすのか…』と訪問客が首をかしげるような不便をかこっていた市が昨年六月に着工、千八百万円をかけて造成した。日銀京都支店から寄付を受けた旧角倉了以邸の『織殿』をそっくり移したものとあって池の畔に建った茶室『和楽庵』休憩所の『香雲亭』など本格的な池泉回遊式山水園で、とくに灯ろう、石塔、石橋のほか全国からとり寄せたのも含めおおよそ一千個の名石が配置され、時価でざっと一億円はするというデラックスさ。なお、市では五月五日から一般客のためにも順路をつけて公開することにした。」

その他にも、清流園の開園などについて各社新聞記事[4~9]で取り上げられていました。

中根金作氏のコメント

清流園作庭に大きくかかわっている中根金作氏の作庭当時のコメントが、新聞や文献に残されていますので引用して紹介します。

①新聞記事[1]（1964〈昭和39〉年10月23日付）に、「少し完成を急いだのがちょっと残念です。しかし地割、構成からいっても金閣、銀閣に劣らない大庭園だと思っています。」と掲載されていました。

②『産経新聞』[2]（1964〈昭和39〉年12月27日付）には、「石組みにもっとも苦労した。四方、八方から見ることができる庭だけに机上のプランではダメで、実地に石を置いたり組み変えたりして、ほぼ満足な庭となった。」と記されています。

③中根金作氏の『庭第77号、人と作品　中根金作の世界』[3]には、清流園作庭に関する記述が掲載されています。それによると「清流園は昭和三十九年に、二条城二之丸の北側広場（戦後テニスコート）二千坪余りの敷地に計画された、市の賓客を招待する場としての施設である。当時の二条城管理事務所所長の依頼を受けて設計

した。園内の主たる建物は河原町二条にあった旧角倉了以邸の客殿、表千家元設計による残月亭写しの茶席である。庭園は、築山林泉庭で敷地の西北隅に瀧口、渓流を設け、遣水となって茶席前を通って池庭に注ぐような形態の構成をとった。そして池を正面にして北側に角倉邸から移した客殿を建て、東側は広い芝生地として、ガーデンパーティーの広場とした。設計図は、文化庁に届出た書類に添えるに必要な簡単な図面を画いたのみであったので、手許に現在残っていない。

作庭工事は、所長の希望で、瀧口から渓流、遣水が池に落ちるまでを私が作庭指図をし、池庭は造園業者にまかせたので、瀧口から遣水が池に落ちるまでの手法と、池庭の手法がはっきりと違っている。専門家が見れば直ちに判断のつくところである。この作庭に用いた庭石は、旧角倉了以邸庭園にあった庭石をすべて運搬したものと、管理事務所所長が、岐阜県から近畿一帯にかけての昔から名石の産地といわれたところから収集した庭石を使用した。私の作庭した部分は、格調のある古典の技法を基調とした石組と地割りを行っている。茶席の前面は明るく品位と詫びを持った雰囲気の流れとした。この清流園の周囲には、城内見学者用の園路に沿って作られた枯山水庭などがあるが、これは所長の作られた庭で私の関係しないところである。また客殿横の水車も同様で私の設計にはない。」とされていました。

当時の二条城事務所所長のコメント

『1965 No.25 京都市庁内 ひろば5月』[1]に、作庭された庭園について、「市長はこの庭を「清流園」と命名された。…造園にかかったのは昨年6月1日であるから、この間11カ月。どうしてこんな庭園が突如として出現したのか。」と記されています。当時の二条城事務所所長は、この間の事情を、以下のようにコメントしています。

「日本銀行が、江戸時代につくられた角倉了以邸跡〝織殿〟を買収すると、この織殿は当然のことながら撤去される運命となった。38年の12月、当時の収入役であった…助役がぜひ二条城にという交渉をされた。この時日本銀行側から出された条件はただ一つ「何もかも全面的に引きとってもらえるなら……」ということであった。こうして市は、河原町二条から二条城までの運賃350万円をかけただけで、茶室のある数寄屋づくりの和楽庵と、角倉邸の応接室であった香雲亭を、その庭園と共に譲り受けた。移された場所は城内西北の16000平方メートルという広大な所であり、本丸内堀を庭の背景にとり入れることのできる絶好の地点であった。造園がはじまった。その原型は織殿の池の形を生かしたものであるが、これに多少の変形が加えられ、新しく三段流れの滝の部分、桜林を配した洋風の芝生をもった広い空間、日本古来の山の情緒をもつ欅、楓などの築山も造成されていった。庭園の規模はぐっと大きくなり、各方面の好意による、金銭にかえがたい美石が全国から採取、搬入された。これに造園師、小宮山、佐野、垣内、井上氏などが人手と技術をもって参加され、京都府当局をはじめ十数名の学識者からも、有形無形の協力をいただいた。もちろん、二条城職員が、この造園工事の中心になって働いたことはいうまでもない……。」

『二条城の緑と花』に記された作庭当時の様子等

『二条城の緑と花』[1]に清流園の作庭当時の様子などについて、以下のように記されています。「城内北部のテニスコートを撤去してその跡地に造成されたものである。テニスコートがあった頃は周囲に〝ばら六〇〇株〟〝しゃくやく三〇〇株〟〝ぼたん三〇〇株〟の花壇を作りコートと良く融和調和した環境で一般市民のテニス愛好家に親しまれた時期もあったが、昭和三十九年六月から二条城職員の労力による直営工事で庭園を造成することになったのである。庭園を造る場合は、まず青写真（設計図）から始まるのが基本であるが、この庭園は当時の所長が心に描いた青写真であって設計図のない状態で地割、滝の位置、築山の配置、植栽等を進めた点と、一ケ年たらずの短期間で完成させた点が一般的な庭園造成と大きく異なるところである。地割については機械化（ブルドーザー）で施工したが、池の護岸の石組、景石の据え付け、植栽等は重量五t～一五tもあるものを、チェンブロッコ（原文ママ）、シラ、チルホール等の機具を使用し人力で施工したため寒中であっても作業を裸でやると云う気合いの入れようであった。さらに石の集積は、賀茂川の上流、滋賀県下の河川から集めるため、夜遅くまで走り廻ったことも再三であった。芝張は全職員を動員して月明りを利用し夜遅くまで施工したり、池の底打に至ってはコンクリート練、敷均等を月明りや、車のライトを明かり替りに利用して施工したことなども今は昔の物語りになっている。施工中石、樹木等の重量物を人力で配石、植栽した経過もあるが一六、五〇〇㎡の規模を持つ庭園をわずか、一ケ年たらずで完成させた。…この庭園は雄大、明朗、優雅を作庭の柱として造成したもので、西半分が池泉廻遊式庭園、東半分が芝生及び落葉樹（さくら、もみじ、いちょう、けやき、）を主体として洋風に造られている春秋の市民大茶会を始め二条城を訪れる国賓公賓の接遇の場所にも利用されている。この庭園は観賞する庭と共に使える機能を持った庭として造られたものである。…この庭園も現在は若年であるがやがて一〇〇年、二〇〇年の年輪が入る頃には昭和の名園として位置づけられることであろう。」

水車などについて

清流園には燈籠や水車、景石など多くの見所が凝縮されていますが、清流園完成後設置されたものや植栽されたものがいくつかありました。

水車は清流園完成後に後付けされたもので、新聞記事[1]（1966〈昭和41〉年3月31日付）には、「…二条城の清流園に、昔なつかしい水車がお目見えした。◇…亀岡市曽我部町の農業……さんが「約三十年間使っていたが、不用となったので」と寄贈したもので、直径二・二メートル。同園の滝の水をひき、近くの池からヨシを刈りとってシック水車小屋もつくられた。…」と掲載されていました。その他和楽庵南側のハゼノキの植栽、清流園からも望めるようにされた本丸東北南隅櫓跡のハゼノキ、レンギョウの植栽、洋風庭園には庭園展示会後に寄贈された獅子似の景石（職員間ではライオン石と呼称）、鞍馬石の燈籠が据えられるなど、１９６８（昭和43）年頃まで少しずつ手が加えられていました。[2] また最近では、池南側に２０１６（平成28）年、醍醐寺と二条城の交流の証として、住友林業のクローン技術で増殖した桜「太閤しだれ桜」が植樹されています。[3]

角倉了以邸の変遷

ここでは、角倉了以とはどのような人物だったのか、角倉了以邸から織殿、田中市兵衛邸宅になるまでの変遷について触れておきます。

北山正雄氏の『庭園（清流園）造成の記録』[1]では、日本銀行京都支店が所有した土地の由来が記され、角倉了以の屋敷跡であったこと、明治維新後政府によって上地され、京都府が織物工場をつくり織殿と称されたことがわかります。その後、所有が変遷し、大阪富豪田中市兵衛の所有になってから、庭園が改修された事も記されていました。

角倉了以は[2,3]江戸初期の豪商で、保津川（大堰川）や高瀬川を開削し、その他幕府の命によって、富士川、天竜川、庄内川などの開削を行うなど、土木事業家としても知られています。徳川幕府にその業績が認められ、現在の河原町二条下ル一之船入町付近に邸地を賜り、邸宅を築き、林泉をつくったことが知られています。この地は、明治新政府によって上地されるまで角倉家によって引き継がれていました。

明治新政府に上地された角倉邸宅は、その後京都府のものとなり、１８７４（明治7）年にわが国最初の洋式織機を採用した織工場を開業し、１８７８（明治11）年工場を増築、１８７９（明治12）年４月これらを織殿と改称しています。1881（明治14）年以降は中井三郎兵衛、1882（明治15）年再び京都府、1887（明治20）年京都織物会社など所有者が転々としました。その後大阪富豪田中市兵衛の所有となり、館舎を増改築し、その折に林泉も大改修されたことが知られています。[1・4]

田中市兵衛は、[5] 近代大阪経済の父、五代友厚（2021〈令和3〉年NHK大河ドラマ『青天を衝け』でディーン・フジオカ氏が演じた人物）と親交があり、第四十二国立銀行を創設し頭取となりました。大阪商船、日本綿花（現、双日）、南海鉄道の社長を歴任、大阪商工会議所会頭、衆議院議員などを務め、大阪財界3大巨頭といわれた人物です。

旧織殿庭園は七代目小川治兵衛によって改修されていた

旧織殿庭園について、佐々木利三氏、北山正雄氏、尼﨑博正氏らの研究に若干の記述が見られます。佐々木氏によれば、「織殿は明治になって出来た…庭園は植治即ち小川治兵衛氏の作庭である。」[1] と記されています。また、北山氏は、『庭園（清流園）造成の記録』の旧織殿庭園由来記に、「近年大阪富豪田中市兵衛の所有に帰し更に館舎を増築し林泉を修造し…」[2] と記載しています。さらに尼﨑氏は「…旧角倉本邸と同別邸は明治三十九（一九〇六）年に田中市兵衛が取得し、植治によって作庭が行われた。」[3] と記し、織殿庭園は田中市兵衛に所有されてから七代目小川治兵衛により改修されたようです。

日本銀行京都支店の変遷

日本銀行京都支店は、1894（明治27）年に東洞院通御池上ルに本店出張所（木造瓦葺きの建物）として初代営業所が開設されました。その後、1906（明治39）年に三条高倉の角に新築された煉瓦造の建物（2代目営業所）

へ移転しました。

２代目営業所は、１９０３（明治36）年に起工、１９０６（明治39）年６月に竣工し、設計者は辰野金吾、長野宇平治。１９６５（昭和40）年に河原町二条に再移転するまでこの建物で営業を続けました。同建物は１９６９（昭和44）年に国の重要文化財に指定され、現在は京都文化博物館別館として公開されています。

３代目営業所は、旧織殿跡が候補地となり、新築着工にともない建物や庭園資材が京都市に寄贈され、清流園の作庭に活用されました。同営業所は１９６５（昭和40）年10月から営業を開始し、現在に至っています。[1,2]

なお、日本銀行京都支店のＨＰによれば、「旧織殿とは明治初期の官営織物工場のことで、染殿（染色技術の研究・教育機関）・舎密局《せいみきょく》（科学の実験・教育機関）と共に明治時代における京都産業革命の原動力となった。」とされています。[3]

参考引用文献

清流園作庭に至る背景など

1 新聞社名不明（１９６３頃）「二条城内に公園　重文“織殿”の庭を移す」『新聞名不明　年月日不明』参考引用文献

作庭当時の清流園の様子

1 佐々木利三（１９６３）「近頃知見の庭園等」『林泉第１１４号会報』京都林泉協会、p.6

2 京都新聞社（１９６４）「庭園初の公開　二条城テニスコート跡」『京都新聞　昭和39年12月27日付』

3 京都新聞社（１９６５）「花やかに「清流園」開き　京都自慢の迎賓用庭園」『京都新聞　昭和40年4月29日付』

4 読売新聞社（１９６４）「観光ラッシュから二条城守る　秋までに「予約制」荒れる文化財　まず観覧時間短縮　二条城内の新庭園づくり」『読売新聞　昭和39年5月23日付』

5 産経新聞社（１９６４）「ちかく市民に披露　二条城内に“昭和の名園”著名な造園師のチエ結集」『産経新聞　昭和39年12月２７日付』

6 京都新聞社（１９６５）「京に優雅な〝迎賓の庭〟、山水情趣たっぷり　二条城清流園　織殿そっくり移す」『京都新聞　昭和40年4月15日付』

7 朝日新聞社（１９６５）「一日から一般公開　二条城内の「清流園」」『朝日新聞　昭和40年4月２9日付』

8 朝日新聞社（１９６５）「新しい庭園二つ　誇る〝ユニークな美〟二条城庭園と竜吟庵の石庭」『朝日新聞　昭和40年1月18日付』

9 その他、新聞記事であるものの新聞社名不明のものが、以下のような小見出しを掲載していました。
・新聞社不明（１９６４）「公開を待つ昭和の名園　角倉邸をそっくり　二条城内に移す　権威を集め　伝統の粋つくして」『新聞名不明　昭和39年10月23日付』
・新聞社不明（１９６５）「二条城に「清流園」　角倉邸跡から建物や岩」『新聞名不明　昭和40年４月15日付』
・新聞社不明（１９６５）「二条城内に〝昭和の名園〟「清流園」と名づけ28日盛大に庭園びらき」『新聞名不明　昭和40年４月15日付』
・新聞社不明（１９６５）「天下の名園は市民のもの　納得のゆく管理を一般にも鑑賞できるよう　二条城内に庭園完成」『新聞名不明　昭和40年５月２日付』
＊２〜９の新聞記事については、高橋脩二氏の調べによるもの

中根金作氏のコメント

1 新聞社名不明（１９６４）「公開を待つ昭和の名園　角倉邸をそっくり　二条城内に移す　権威を集め　伝統の粋つくして」『新聞名不明　昭和39年10月23日付』
2 産経新聞社（１９６４）「ちかく市民に披露　二条城内に〝昭和の名園〟著名な造園師のチエ結集」『産経新聞　昭和39年12月２７日付』
3 中根金作（１９９１）「人と作品　中根金作の世界」『庭　第77号』建築資料研究社（1）、pp.122-123

当時の二条城事務所所長のコメント

1 京都市（１９６５）「二条城に新庭園」『１９６５　No.25　京都市庁内　ひろば５月』

『二条城の緑と花』に記された作庭当時の様子等

1 荒賀利道（１９７０代頃）『二条城の緑と花』京都市元離宮二条城事務所、pp. 6 -7

水車などについて

1 新聞社名不明（１９６６）「「京日記」の欄」『新聞名不明　昭和41年３月31日付』
2 内田 仁（２００６）『二條城庭園の歴史』東京農業大学出版会、p.100
3 元離宮二条城事務所（２０１６）「清流園和風庭園内の醍醐の桜駒札説明書き」

角倉了以邸の変遷

1 北山正雄（１９６５、２００１）『庭園（清流園）造成の記録』（『北山氏ノート』No.1）、内田 仁蔵
2 森谷尅久（２０１６）『京都・観光文化検定試験公式テキストブック』淡交社、p.84
3 京都市ＨＰ（２０２１）「高瀬川再生プロジェクト」『京都市情報館』https://www.city.kyoto.lg.jp/kensetu/page/0000272260.html
4 京都府ＨＰ「１８６７（慶応３）〜１８８７（明治20）の年表」https://www.pref.kyoto.jp/rekisaikan/documents/2_2_1m1-20.pdf
5 八嶋 光（２００８）『近代大阪の発展と実業家たち』大阪あーかいぶＨＰ、大阪府公文書館、https://archives.pref.osaka.lg.jp/search/information.do?method=initPage&id=61

旧織殿庭園は七代目小川治兵衛によって改修されていた

1 佐々木利三（１９６３）「近頃知見の庭園等」『林泉第１１４号会報』京都林泉協会、p.6
2 北山正雄（１９６５、２００１）『庭園（清流園）造成の記録』（『北山氏ノート』No.1）、内田 仁蔵
3 尼﨑博正（２０１２）『七代目小川治兵衛　山紫水明の都にかへさねば』ミネルヴァ書店、p.3

日本銀行京都支店の変遷

1 京都新聞社ＨＰ（２０１９）『建造物編（53）旧日本銀行京都支店』京都新聞デジタル版、https://www.kyoto-np.co.jp/articles/-/34573
2 内田 仁・北山正雄（２００１）「二條城清流園の成立過程及び地割・植栽の経年変化について」『ランドスケープ研究』64巻、５号、p.447
3 日本銀行京都支店ＨＰ（年代不明）『歴代営業所のご紹介』、https://www3.boj.or.jp/kyoto/eigyousho.html
下間正隆（２０２３）『イラスト二条城』京都新聞出版センター、p.234（清流園）

8章

幕末以降の二条城

幕末以降の二条城については、太政官代、京都府、一時陸軍省、宮内省、京都市と所管が変遷してきたことは知られていますが、所管ごとにその詳細と記した書籍は、これまでほとんどみかけませんでした。しかし、本書をまとめるにあたり、『世界遺産二条城公式ガイドブック』[1]、『史跡旧二条離宮（二条城）保存活用計画』[2]などによって、当時の様子を少し知ることができました。
ここでは、私が特に興味を持った事柄を紹介します。

1　太政官代、京都府、陸軍省所管期の二条城

幕末以降の二条城には、新政府によって1868（慶応4）年1月27日に太政官代（現在の内閣にあたる）が置かれましたが、同年4月21日には太政官代は皇居に移されました。

このことについて、田中安興氏は、「…この頃、太政官代が設置されていた二条城に皇居造営が計画された。これは天皇が太政官におけるあらゆる政務を総攬することを念頭にしたものであり、この時期以降政務に天皇が直接関わったことを示すものである。新皇居が造営されるまでの間の措置として、4月21日太政官代を二条城より皇居に移された。慶応4年閏4月21日に政体書が発布され、太政官制が定められたことに対応したものである。」[3]と報告しています。また、『明治天皇紀』には、「萬機を親裁あらせらるゝに當り、皇居と太政官代所在の二條城との距離遠きに過ぐるの故を以て、勅して二條城を假皇居と爲し、新に皇宮を本丸に造營し、太政官を二の丸に建設せしめたまふ、…二十一日、假に太政官代を二條城より宮中に移す、…」[4]と記載されています。

さらに、芝 葛盛氏（1939）は、「明治元年正月鳥羽伏見の役起り官軍大捷、二條城は朝廷に歸したるを以て、

正月二十七日勅して太政官代とし、二月三日明治天皇は二條城内太政官代に臨幸、有栖川宮熾仁親王に東征大總督の令を下し給ふた。同閏四月十七日、萬機を親裁あらせらるゝに當り、皇居と太政官代所在の二條城との距離が遠きに過ぎて、御不便なるを以て、二條城を假皇居と爲し、新に皇居を本丸に造營し、太政官代を二之丸に建設せしめんとせられたが、この事は終に實行を見るに至らなかつた。」[5]と記しています。前記の報告から維新後、本丸に皇居を造営し、太政官代を二の丸に建設しようとしたが実現には至らなかったこと、また二条城に置かれた太政官代の所管期間は結局約3カ月程であったことがわかります。

１８７０（明治3）年3月22日に留守官の管轄、翌１８７１（明治4）年3月8日に京都府の所管となり、同年6月26日に京都府庁が二条城に移転されています。明治初年には所司代千本屋敷の西北（現在の千本丸太町の東側）にあった火見櫓が二条城の北東隅に移築[6~8]され、その写真を田中泰彦氏の『京の町並み』[9]（１９７２）や同氏の『京の町並み従小路鴨川西部編』[10]（１９９６）、『大日本全国名所一覧』[11]（２００４）[12]、他にみることができ、田中氏は「火見櫓は府庁が二条城にあった時、千本屋敷から二条城内東北隅に立て、これに鐘楼を建て大鐘をもって非常時を知らせた。（明治7年）」と解説しています。

また、明治初頭には、勧業殖産の趣旨に基づき、要樹要材並びに果樹の栽培を京都府自ら進め、二条城本丸跡、二条城周囲などに植樹を試みていました。[13]

さらに、倉知典弘氏は、「京都の伝統的な産業である西陣織には、良質な生糸の生産が不可欠である。そこで京都府は早い時期から、西陣織の改良とともにその原材料である生糸生産の改良を図っている。…さらに、養蚕の場所として旧藩邸や寺社の跡地にも桑を植え、養蚕の振興を図るなど、積極的に伝統

写真1｜二条城の火見櫓（明治7年）出典：田中泰彦『京の町並み従小路鴨川西部編』、京を語る会、1996年

産業を支える養蚕を振興した。それでも、養蚕の振興には不十分であると認識した京都府は1871（明治4）年に、二条城の北方に士族華族から平民に至るまでの幅広い人たちを対象として、養蚕を行い、その方法を伝習する施設として「養蚕場」を設けるに至った。」[14]と記しています。また、「養蚕場」は、明治前期に描かれた絵図の『京都詳覧圖』や『京都府区組分細図』、[15]『京都名勝一覧図会』[16]にも確認できます。

二条城は、京都府庁が1885（明治18）年6月5日に現在地（下立売通新町西入）に再移転するまでの14年間、京都府政の施設として活用されていました。その間、二条城は1873（明治6）年2月15日に一時的に陸軍省の管轄となっていますが、京都府は陸軍省と二条城の借り受け契約[17]を結び、府庁はそのまま置かれていました。

2 宮内省所管期の二条城

その後、二条城は、1881（明治14）年1月に第3代京都府知事に就任した北垣国通などの積極的な宮内省移管の働きかけもあり、1884（明治17）年7月28日、「二条離宮」と名称が改められ、宮内省の管轄下におかれました。宮内省移管直後から1886（明治19）年にかけて、城内の大規模な修理工事、解体撤去工事が行われ、その後も、二の丸庭園の大規模な植栽工事、[18・19]旧桂宮屋敷の本丸内への移築、大正御大典のための饗宴場等建造及び移築、昭和御大典を記念した二の丸庭園の滝の揚水ポンプ工事等[20・21]が行われ、京都に訪れた皇族の宿泊施設・立寄先、国内外からの賓客を迎える施設の一つとしての役割を担うものとなりました。

1923（大正12）年には皇室財産をめぐる議論が浮上し、『史跡旧二条離宮（二条城）保存活用計画』[22]によると、宮内庁書陵部には全国の離宮・御用邸の整理案をまとめた資料が所蔵されていました。1927（昭和2）

年頃には、二条離宮を廃止し国又は府へ移管する案、仙洞御所や桂離宮と並んで「存置スヘキモノ」とする案など、三つの案、第一は（「廃（国へ移管）」、第二は「存（史蹟　臨時御使用）」、第三は「廃（国又は府へ移管）」）があったようで、最終的に１９３９（昭和14）年10月25日に京都市に下賜された経緯がありました。

3　京都市所管期の二条城

第二次世界大戦中のできごと

宮内省から京都市に下賜された3日後、１９３９（昭和14）年10月28日に建造物が「二条城」の名称で国宝に指定されました。また、同年11月16日に京都市長が二条城郭内及び周辺の行政町名設定のための百八十四号議案を市会に提出し、翌日可決、同年11月24日の京都府告示で公告され、「中京区二条通堀川西入二条城町」が誕生しました。[23] さらに、同年11月30日には「旧二条離宮（二条城）」が国の史跡、「二条城二之丸庭園」が国の名勝に指定を受けました。

京都市は翌１９４０（昭和15）年2月11日から一般公開を開始し、二の丸御殿と庭園の拝観を許可しています。二条城は第二次世界大戦（１９３９〈昭和14〉年9月～１９４５〈昭和20〉年8月）中も毎年開城されたようで、その間、修理工事等も行われ、１９４４（昭和19）年、本丸御殿が国宝に指定されました。また戦局の悪化により１９４５（昭和20）年3月10日東京大空襲以降、国宝物類は一時的に分散疎開（城内の土蔵、嵯峨大覚寺、臨川寺、滋賀県高島郡三谷村椋川国民学校）し、同年11月頃には復元され、１９４６（昭和21）年2月11日には昇殿拝観を再開させています。[24・25]

戦後のできごと

戦後の二条城は、条例改正によって公衆の遊楽施設を兼ねる施設となり、1947（昭和22）年には、城内広場を野球、運動会等の慰楽会に開放、内濠は慰楽釣場として有料開放、外濠は養魚組合に有料貸与して利用されました。

1950（昭和25）年にはGHQの意向により、疎林式庭園[26・27]（現在の清流園一帯）をテニスコートに転用し、「第4回マッカーサー元帥杯スポーツ競技大会」[28]が実施され、その後一般開放されました。

1952（昭和27）年には、「日本桜草展」、「第2回京都菊花展」、1954（昭和29）年には「山草展」、「菖蒲展」、野球場使用箇所をテニスコート2面に改造、外濠の臨時魚釣の停止、1955（昭和30）年「第二回二条城煎茶会」、「切花展」、「さつき展」、1962年（昭和37）年「二条城の催し」等の行事[29]が継続して行われていたようです。

1965（昭和40）年4月にはテニスコート跡地に旧角倉家の屋敷遺構の一部[30]（商人の建物）を再利用し清流園が造営され、京都の国賓・公賓を迎える迎賓施設として、また市民の茶会等の集会施設として利用されるようになりました。現在でも清流園では、市民大茶会、観桜茶会、二条城ウェディング等の様々な催しが行われ、親しまれる庭園となっています。

なお、文化財保護法を一部改正する法律にともない、1952（昭和27）年に二の丸御殿6棟が国宝、本丸御殿や東大手門等22棟が重要文化財に指定され、1953（昭和28）年には二の丸庭園が特別名勝庭園に指定変更[31]されています。また、1994（平成6）年12月、国連教育科学文化機関（ユネスコ）の『古都京都の文化財』[32]を構成する17件の内の1件として世界文化遺産に登録され、世界に誇る日本の至宝となりました。

参考引用文献

1 京都市文化市民局元離宮二条城事務所（2019）『世界遺産二条城公式ガイドブック』pp.16-22

2 京都市他（2020）『史跡旧二条離宮（二条城）保存活用計画』京都市文化市民局元離宮二条城事務所、pp.34-46

3 田中安興（2010）「明治太政官制成立過程に関する研究Ⅰ」『高知論叢（社会科学）』第99号　2010年11月、p.13

4 宮内庁（1968）『明治天皇紀』第一、吉川弘文館、p.700

5 芝　葛盛（1939）『史蹟名勝天然記念物　第14集　皇室と二條城』史蹟名勝天然記念物保存協会、p.834

6 京都市（1974）『京都の歴史7 維新の激動』學藝書林、p.419

7 国際日本文化研究センター（1878）『京都詳覧圖　精撰増補』附區分町名表、内容年代1878
1878（明治11）年当時の様子が描かれた『京都詳覧圖』をみると、二条城北東隅には火の見櫓の絵が描かれていることが確認できます。

8 国際日本文化研究センター（1879）『京都府区組分細図』内容年代1879
1879（明治12）年当時の様子が描かれた『京都府区組分細図』をみると、二条城北東隅には火の見櫓の絵が描かれていることが確認できます。

9 中泰彦（1972）「79．二条城」『京の町並み』京を語る会

10 田中泰彦（1996）「131．火の見櫓の見える二条城の明治と昭和」『京の町並み従小路鴨川西部編』京を語る会

11 マリサ・ディ・ルッソ・石黒敬幸（2004）『大日本全国名所一覧　イタリア公使秘蔵の明治写真帖』平凡社、pp.59,176
p.59の火見櫓写真の右側には「二条櫓」と題した概要が記述され、「京都府庁は、明治4年（1871）から同18年の間、現在の二条城内に置かれた。江戸時代に千本丸太町の京都所司代屋敷にあった火見櫓は、府庁の設置とともに二条城北東隅に移築された。櫓の下には鐘楼が置かれ、火事の際には左右一対の撞木で大鐘が打ち鳴らされたという。この写真には、鐘楼と左右の撞木までがはっきりと写されている。…同18年に京都府庁が現在地に移された後は、二条城は離宮となり、同時の写真の火見櫓は撤去された。…」と記されています。また、p.176の火見櫓写真は、p.59と同じものが縮小して掲載され、説明文には、「二条櫓　二条城が府庁であった時代に、城の東北隅に造られた火の見櫓。今は櫓も白壁もなく、石垣だけが残る。」と記されています。

なお、文献11の火見櫓の写真（p.59,p.176）は、文献9、文献10とほぼ同一アングルですが、人物等は写っていません。

12 新聞社名不明（1942年頃と推定）、北東側から南西方面を望むアングルで火見櫓を撮影した写真と記事が掲載され、記事の右下隅に無標題と記述され、下賜三周年記念日に城苑が一般市民に開放されること、1886（明治19）年9月以前のものと思われる二条城外櫓の珍しい写真が現れたこと、日本通運梅小路支店の中島徳兵衛氏の鴻池の番頭をしていたという厳父の写真帖の中から発見されたものであることなどが記述されていました。記述内容から1942（昭和17）年10月24日前後と推察できます。

13 田中緑紅（1942）『明治文化と明石博高翁』石博高翁顯會、p.141

14 倉知典弘（2008）『京都における勧業政策の展開』京都大学生涯教育学・図書館情報学研究、p.98

15 二条城北側の元京都所司代上屋敷跡をみると、文献7の『京都詳覧圖』には「養蚕場」という文字が、また文献8の『京都府区組分細図』には、「ヨウサンバ」という文字が確認できます。また、文献13、pp.84-85には、二条城北側にあった養蚕場が掲載され、建物の画像も見ることができます。

16 橋本澄月（1880）『京都名勝一覧図会』風月庄左衛門、p.8
同書では、「二條城」の左側（北側）には「養蚕場」の文字が確認できます。ここで養蚕場について取り上げている理由は、「9章 昔話　3ヒヤリングの内容　その他 pp.194-195」で、二条城内で栽培されていた桑について触れている行政文書を見たことがあると聞いたためです。養蚕場と二条城との間の何らかの連携が推測されますが、関係性を裏付ける史料が今のと

ころないため、今後の検証に期待します。

17 文献2、二条城は一時的に陸軍省の管轄となっていますが、いつ頃まで陸軍省の管轄であったのかは明記されていません。同書 p.36-37 によれば、京都府は陸軍省から二条城を借り受け、引き続き府庁として使用していました。府は本丸建造物（「仮建家」：一部を「食堂」、「遙拝所」として使用）の老朽化が激しいため、一旦借り受けした同建造物を陸軍省に返戻し、まもなく陸軍省によって1881（明治14）年頃に処分されたようです。
なお、京都市（1991）『史料京都の歴史』第1巻　概説、平凡社、p.623 には「…明治六年（一八七三）、御所が五千円で、二条城が一万円で売りにでたのは、作り話ではなかったらしい。…」という記載がされています。二条城の維持管理に苦慮していたことが想像されます。「7章　補足説明　二条城編　二条城は売りに出されていた」（pp.96-97）参照。

18 吉永義信（1974）『元離宮二條城』小学館、p.310

19 内田仁（2006）『二條城庭園の歴史』東京農業大学出版会、p.68

20 文献18、p.310

21 文献19、p.95 の参考文献31参照

22 文献2、p.42

23 川嶋将生・鎌田道隆（1979）『京都町名ものがたり』京都新聞社、pp.192-193
本文では二条町の誕生という表現をしていますが、川嶋氏らは、以下のように記しています。「…宮内省から京都市へ移管された恩賜元離宮二条城について、京都市長が二条城郭内およびその周辺の行政町名設定を、市会へ提出した議案である。議案では「改称」となっているが、町名のなかったところに新しく町名を設けるものであるから、われわれの言葉でいえば新しい町の誕生ということになる。右中京区二条通堀川西入二条城町ト改称ス　昭和十四年十一月十六日提出　京都市長　市村慶三　百八十四号議案は、提出の翌日可決され、同年十一月二十四日の京都府告示で公告されている。…」

24 文献2、p.45

25 京都市歴史資料館（2024）『特別展　二条離宮　―元離宮二条城　本丸御殿公開記念―』京都市歴史資料館、pp.10,13

26 新聞社名不明（1963頃）年月日不明、小見出し「二条城内に公園　重文〝織殿〟の庭を移す」の記事は、「疎林式庭園とは木をまばらに植えた庭で、外敵が外堀を越えて侵入してもそこの立木をタテにとって鉄砲で防げるというねらいでつくられたもの。江戸時代の様式といわれている。」と記されています。

27 文献19、pp.72,92（竣工写真）、p.93（竣工写真）、p.96（参考文献 pp.57-58）

28 大久保英哲・山岸孝吏（2004）「マッカーサー元帥杯スポーツ競技会の成立と廃止」『金沢大学教育学部紀要』教育科学編（53）、pp.89-100

29 文献2、p.46

30 北山正雄（1965、2001）『庭園（清流園）造成の記録』（北山氏ノート No.1）、内田 仁蔵

31 元離宮二条城事務所公式ＨＰ、二条城の紹介、「二条城の歴史・見どころ～年表より」https://nijo-jocastle.city.kyoto.lg.jp/introduction/highlights/nenpyo/

32 京都市（2019）京都市情報館ＨＰ、世界遺産「古都京都の文化財（京都市・宇治市・大津市）」、https://www.city.kyoto.lg.jp/bunshi/page/0000005538.html

9章

昔話

この章では、私が先輩方にヒアリングした二条城に関連する昔話を紹介します。ヒアリング時期は1988（昭和63）年〜2000（平成12）年頃で、補足的に2019（令和元）年、2022（令和4）年〜2024（令和6）年にも実施しました。ヒアリング対象者は13名で、筆者が14番目に参加しています。13名の昔話は、1934（昭和9）年頃から2000（平成12）年頃までのもので、筆者はそれ以降から2012（平成24）年3月までの続きを追記しています。

1　ヒアリング対象者の簡単な経歴

まずはじめに、ヒアリング対象者14名のわかる範囲での簡単な経歴を紹介いたします。なお、ヒアリングを行った先輩方の氏名は個人情報保護の観点からイニシャルとします。

BT氏

1988〈昭和63〉年8月8日 聞き取り

BT氏は、宮内省で1932（昭和7）年頃から1938（昭和13）年頃まで京都に勤務し、1939（昭和14）年から東京に移り、1948（昭和23）年に香川県高松市に戻った方とご本人から聞いています。

GK氏

1988〈昭和63〉年8月7日、8月8日、1989〈平成元〉年11月26日 聞き取り

ＧＫ氏は、[1] １９０６（明治39）年２月１日島根県の杵築町（今の大社町）のお生まれ。１９２８（昭和３）年から１９６２（昭和37）年まで京都市に勤務され、都市計画課の配属から、その後、京都市初代の公園課長、観光局計画課長、建設局技術長などを歴任、その間、京都府風致委員、国際造園会議（ＩＦＬＡ）に日本代表として参加、歴史的風土審議会専門委員（総理府）、日本造園修景協会設立発起人（顧問）など様々な所で御活躍された、大学の大先輩でもあります。大先輩からは二条城以外に京都市の街路樹の変遷等についても伺いました。

AN氏

1988〈昭和63〉年月日不明、1990〈平成2〉年月日不明、1992〈平成4〉年6月20日 聞き取り

ＡＮ氏（ＧＫ氏の同期）は、１９２８（昭和３）年京都市に入庁し、１９４１（昭和16）年頃に退職された大学の大先輩です。兄の紹介でお目にかかってから、私の行く末を心配してくださったありがたい大先輩でした。ＡＮ氏からは二条城の話の他に、市電通りの真ん中にあった大きなイチョウを護王神社に移植した話や、御父上が疏水事業などにかかわった話等も伺いました。

ＭＫ氏

1988〈昭和63〉年8月30日、他年月日不明 聞き取り

ＭＫ氏は、ＳＩ所長（清流園造営当時の二条城事務所所長）時代からカウントして３代目の管理係長（清流園造営当時の係長）で、１９５５（昭和30）年前後に二条城に配属され、１９６３（昭和38）年５月16日から１９７８（昭和53）年３月まで係長としてお勤めになった大先輩です（ＴＡ氏の話とＳＴ氏の調べより）。ＭＫ氏からは、清流園造営当時の思い出やアメリカのラスク国務長官来城時のお話等を伺いました。

ＴＡ氏

1988〈昭和63〉年11月13日 聞き取り

ＴＡ氏は、ＳＩ所長時代からカウントして４代目の管理係長（１９７８〈昭和53〉年４月〜１９８８〈昭和63〉年３月）で、二条城には１９６４（昭和39）年９月に配属された大学の大先輩です。１９８７（昭和62）年度の１年間直属の上司としてお世話になりました。ヒアリングでは、清流園作庭時の話、維持管理の話他を聞くことができました。

ＫＯ氏

1988〈昭和63〉年月日不明、1989〈平成元〉年2月19日、1991〈平成3〉年8月15日 聞き取り

ＫＯ氏は、昭和30年代頃に二条城に配属された、ＳＩ所長時代からカウントして５代目の管理係長（１９８８〈昭和63〉年４月〜１９９４〈平成６〉年３月）で、清流園の維持管理でお世話になった直属の上司でもありました。

KK氏

1992〈平成4〉年12月8日、1993〈平成5〉年2月23日、3月24日 聞き取り

KK氏は、1960（昭和35）年に二条城の警備として採用され、1974（昭和49）年に内部異動で管理係に配属、2001（平成13）年3月に定年退職された方です。SI所長時代からカウントして6代目の管理係長（1994〈平成6〉年4月～2001〈平成13〉年3月）で、二の丸庭園の維持管理でお世話になった直属の上司でもありました。

KU氏／管理係

1990〈平成2〉年2月19日、2月20日、12月26日、1992〈平成4〉年11月24日、12月16日、1993〈平成5〉年5月2日 聞き取り

KU氏（管理係）は、1964（昭和39）年に二条城に採用され、2002（平成14）年3月に退職された、SI所長時代からカウントして7代目の管理係長（2001〈平成13〉年4月～2002〈平成14〉年3月）で、本丸庭園の維持管理でお世話になった直属の上司でもありました。

KH氏

2000〈平成12〉年11月8日頃 聞き取り

KH氏は、SI所長時代からカウントして2代目の事業係長です。

ＫＵ氏／事業係（現、保存整備係）

１９８９〈平成元〉年2月28日、１９９３〈平成5〉年1月28日、1月30日、２０１９〈令和元〉年11月1日、２０２２〈令和4〉年5月8日、２０２３〈令和5〉年3月18日、２０２４〈令和6〉年1月12日 聞き取り

ＫＵ氏（事業係）は、ＳＩ所長時代からカウントして3代目の事業係長です。１９５２（昭和27）年４月に臨時職員として雇用され、１９５６（昭和31）年９月技術員、１９６０（昭和35）年12月技術吏員、１９８３（昭和58）年３月事業係長に昇任し、１９９０（平成２）年４月二条城事務所所長補佐に昇任し事業係長事務取扱となり、１９９４（平成６）年３月に退職されたと聞いています。ＫＵ氏（事業係）は私が二条城事務所に配属された時には既に事業係長で、業務ではほとんど関わりがないにもかかわらず、私の質問等に回答をくださり、部屋の出入りにも寛大な二条城事務所の上司でもありました。

ＳＴ氏

１９９２〈平成4〉年9月4日、１９９３〈平成5〉年1月28日、２０１９〈令和元〉年11月1日、２０２２〈平成4〉年5月8日、5月28日、5月29日、6月1日、２０２３〈令和5〉年8月5日、9月5日、9月28日、10月17日、11月3日、２０２４〈令和6〉年1月16日、5月7日、6月24日、9月25日、10月13日、12月6日 聞き取り

ＳＴ氏は、１９６１（昭和36）年5月頃から１９９９（平成11）年３月まで在職された、ＳＩ所長時代からカウントして4代目の事業係長です。ＳＴ氏は個人的に二条城に関する資料を詳細に調べ、色々な情報提供をしてくださり、私に京都市中央図書館でマイクロリーダーで古い新聞記事（京都日出新聞）が見られることを教えてくださった二条城事務所の上司でした。

KS氏

1993〈平成5〉年3月24日、2022〈令和4〉年5月8日、6月14日、2023〈令和5〉年5月16日、5月19日、6月24日 聞き取り

KS氏は、1970（昭和45）年4月から2011（平成23）年3月まで在職し、1999（平成11）年4月にSI所長時代からカウントして5代目の事業係長となり、のち機構改革によって担当係長、2006（平成18）年から現在の保存整備係長と改称されたと聞いています。KS氏は、二条城で興味をもって様々なことを調べれば、多くの知識が得られると教えてくださった二条城事務所の上司でもありました。

TN氏

1989〈平成元〉年11月26日、1990〈平成2〉年3月日不明、1993〈平成5〉年2月11日 聞き取り

TN氏は、元宮内庁京都事務所林園課に勤務され、二条城庭園の歴史をひもとく上で資料提供や色々なご教示をいただいた大学の大先輩で、維持管理などについてアドバイスを頂きました。

SUの追記

最後に、ヒアリングを行った先輩方の昔話を平成後期までつなげるため、筆者内田 仁のメモを追記しておきます。私（SU）は、1987（昭和62）年から2012（平成24）年3月まで在職し、2002（平成14）年6月から2007（平成19）年3月までは班長として、また2007（平成19）年4月から2012（平成24）年3月

までは（ＳＩ所長時代からカウントして）８代目の管理係長として、管理係の実務的な責任者の立場で10年間携わっていました。ＳＩ所長時代から続いた、二条城事務所独自で採用した職員が管理係長となる時代は私で途絶えることとなりました。

2 ヒアリングのまとめ方

ヒアリング内容のまとめ方は、時系列で昭和初期、昭和20年代～30年代、昭和40年代～50年代、昭和60年代～平成24年3月までに区分し、さらに内容を二条城全体の話、二の丸庭園の話、本丸庭園の話、清流園の話に分けてまとめています。また、二条城以外のことなどでコメントいただいた内容については維持管理について、その他にまとめています。

なお、清流園作庭は、１９６５（昭和40）年４月までとなっていますが、昭和20年代～30年代の中でまとめて記しています。

3 ヒアリングの内容

昭和初期

二条城全体の話

- 昭和初期（1930〈昭和5〉、1931〈昭和6〉年頃）、ある市会議員が天皇に謁見し二条城を京都市に下賜するよう努めたと聞いたことがあるが、実際のところ色々な人が関わってきていると思う（KU氏／事業係）。
- 私は二条城（二条離宮）に勤めていたのではなく宮内省関係の庭園を見ていた（BT氏）。
- 本当ならば、1934（昭和9）年頃に実家の方に帰る予定であったが、同年に丁度、室戸台風がそれを阻んだ。室戸台風による被害は、凄まじい物であった（BT氏）。
- 桂離宮、御所（仙洞御所、京都御所）、修学院離宮、二条城に被害があった。東山六峰は、真っ白に見えた。マッチの軸を折ったような具合に折れた。室戸台風の被害で特に影響を受けたのが、桂離宮であった。修復には3年間かかった。土橋なども設計した（BT氏）。
- 室戸台風による二条城の被害は、*大したことはなかった。樹木が折れた奴、伐採したものは、少々あった（BT氏）。

＊『造園雑誌』第2巻第1號、p.80によれば、京都皇宮其他庭苑被害樹木調査表をみると、二條離宮の被害木総数1962本（内訳：建起復舊樹数108本、枝折手入樹数786本、折損倒伏除去樹数322本、西大手門内風損木拂下ノ内杉樹504本、松樹58本、雑木18本、他ニ杉166本直營間伐）とあり、「…二條離宮は御庭西北部の庭木に多少の被害ありたるも、大なる損害はない。」と記されている。

- 御苑の回りの林は小さな木の上に大きな木が倒れたりしていたので、道が通れなくなるような被害*であった（BT氏）。

＊『造園雑誌』第2巻第1號、p.80によれば、室戸台風による京都御苑などの被害については、「…御所離宮の被害は京都御所は御殿には被害を蒙りたるもの殆ど無く御苑内の樹木の被害は相當廣範圍であって其數５０００本に上る。…」と記され、京都皇宮其他庭苑被害樹木調査表によれば、被害木総数は京都御所が１６１本（内訳：建起復舊樹数40本、枝折手入樹数46本、折損倒伏除去樹数75本）、仙洞大宮御所２７９本（内訳：建起復舊樹数73本、枝折手入樹数91本、折損倒伏除去樹数１１５本）、京都御苑４８９５本（内訳：建起復舊樹数５４５本、枝折手入樹数３０００本、折損倒伏除去樹数１３５０本）と報告されている。

- １９３４（昭和９）年、室戸台風があった。京都でもあちらこちら被害を受けたので、臨時的に東京から復旧にかかわった人が沢山いた（ＧＫ氏）。
- 私は京都市勤務当時、京都市土木局土木課公園係に配属され、１９３９（昭和14）年以降に二条城兼務となった（ＡＮ氏）。
- 二条城での業務内容は、予算や維持管理等についての色々な助言をしたり、公園係の係員に現場監督をさせたりした（ＡＮ氏）。
- 二条城が京都市に下賜された時、宮内省から京都市にそのまま引き続き移った人もいた。初代所長＊もしかり、現業職として働いていた庭園管理の人もいた（ＡＮ氏）。

＊二条離宮（二条城）は、１９３９（昭和14）年10月25日に宮内省から京都市に御下賜され、同年11月10日に恩賜元離宮二条城事務所が設置され、初代所長に勝田圭通氏が任命された。勝田氏は、１９１８（大正７）年、京都帝国大学史学科卒業後、宮内省に勤務し、その後、１９３９（昭和14）年10月19日に宮内省を依願退職され、京都市役所教育部社会教育課に配属された。勝田氏は二条城事務所初代所長として、４年と５カ月（１９３９〈昭和14〉年11月10日〜１９４４〈昭和19〉年４月２日）勤務された（ＳＴ氏調べ）。また、１９４０（昭和15）年に『恩賜元離宮二條城』を出版している。

- 宮内省が重点的に手入れしていたのは、京都御苑、御所、桂離宮、修学院離宮で、二条城は、最小限の手入れだった。言ったら悪いが草茫々であった。二条城が京都市に下賜になった頃は、多少手入れしていると思うが、１９３９（昭和14）年でもう戦争となっている。戦争中は、どこも庭園、公園はほったらかしだった（ＧＫ氏）。

・二条城が宮内省から京都市に下賜された際に、宮内省に在籍していた人でそのまま京都市の職員になった人もいる。警備などは、当時サーベル（明治時代の軍刀に採用されていた剣）をさげて警備していたと聞いた。庭園係にも宮内省出身者はいたが亡くなっている（TA氏）。

二の丸庭園の話

・なし

本丸庭園の話

・京都市役所教育部社会教育課（1939）「本丸御殿（舊桂宮）車寄」『恩賜元離宮二條城』京都市役所教育部社会教育課、p.3に掲載されている昭和初期の本丸御殿玄関の写真（本丸御殿玄関を西北側から東南方向のアングルで撮影）を見ると、御殿西南側には落葉樹高木の幹が高い位置で切られている様子が窺える（ST氏）。

昭和20年代〜30年代

二条城全体の話

・戦争中か後だったか記憶は定かでないが、清流園付近だったと思うが畑をつくっていた。堀川丸太町に公衆便所があったが、肥汲みに行ったことがある。当時は貴重な肥料であったので、取り合いになった。二条城の便所の人糞も貴重なものだった（KU氏／事業係）。

・1949（昭和24）年頃に二条城へ行った時は、草茫々で、僕の背より高い奴が生えていた（GK氏）。

・１９５０（昭和25）年頃二条城修理５カ年計画が始まった。この年は北門西側から北中仕切門の間（現在の清流園の位置）にテニスコートを作った。また、現在（１９９３〈平成５〉年）の緑の園の場所には野球場がありバックネットもあった（ＫＵ氏／事業係）。

・１９５２（昭和27）年頃、二条城に配属された頃、私ともう一人が西南隅櫓の復旧工事を行うため、西南隅櫓を確認したことがあった。周囲は人の背丈以上の草が生え、草茫々であった（ＫＵ氏／事業係）。

・観光客が西方面で蔓を利用し「ターザンごっこ」をしていた覚えがある。新聞にも掲載された。城内にキツネやイタチがいた（ＫＵ氏／事業係）。

・１９５２（昭和27）年頃の職員は、庭園係（現在の管理係）が10名程いた。二条城の職員として採用された人、宮内省から市の職員になった人、公園課から出向していた係員もいた。また、テニスコートの管理人も直営の二条城の職員として採用された2名がいた。建造物係（営繕）は10名程いた。二条城の職員として採用された人、住宅局から出向している係員もいた。二条城での御殿以外の建物の修理などは住宅局に頼まなければならなかった（ＫＵ氏／事業係）。

・庭園管理は元々公園課が担当し、現在（１９８８〈昭和63〉年）の無料休憩所が建っている付近に詰め所があった（ＧＫ氏）。

・ＳＩ所長が配属されるまで公園課の人が2人程出向し、庭園管理は公園課がやっていた（ＴＡ氏）。

・ＳＩ所長が二条城に配属されるまでは、二条城のメインは北中仕切門～南中仕切門より東側で、北中仕切門～南中仕切門西側は草茫々で、今（１９８８〈昭和63〉年）のように園路は広くなかった（ＭＫ氏）。

・１９５３（昭和28）年頃まで、緑の園付近は、御殿修復の材木置場や西の整備などのガラなどを盛った箇所となっていた（ＭＫ氏）。

・ＳＩ所長が配属されるまで北門は荒れ放題であった（ＴＡ氏）。

•ＳＩ所長は４２才~５５才まで二条城に勤務していた（ＴＡ氏）。

•ＳＩ所長は１９５４（昭和29）年4月から9代目の二条城事務所所長になっている。在任期間は１９５４（昭和29）年4月1日~１９６７（昭和42）年7月3日であった（ST氏調べ）。

•１９５５（昭和30）年前後にＳＩ氏（ＳＩ所長）によって、二条城事務所に技術職員が配属され、二条城事務所独自で庭園管理が行われるようになった（ＧＫ氏）。

•ＳＩ所長が配属された当時、複雑な職員構成であったので命令系統を1本化した。例えば庭園係にいた公園課からの出向者をなくし、二条城事務所自体で技術職員を確保し庭園の維持管理に取り組んだ（ＫＵ氏／事業係）。

•手入れを本格的に始めたのは、１９５５（昭和３０）年前後のＳＩ氏（ＳＩ所長は、東京農業大学１９３３〈同８〉年頃卒業）が配属されてからで、二条城の二の丸、本丸庭園以外のもので、見られるようになったのはＳＩ氏の功績だろう。ＳＩ氏の時代だ（ＧＫ氏）。

•ＳＩ所長が城内整備に精力的に取り組まれたことが今日の礎になっている（ＴＡ氏）。

•ＳＩ所長時代にすり鉢状の貯水槽（消防進入路付近）を埋めて孔雀小屋を建てた（ＫＵ氏／事業係）。

•二条城の鯉が多くなったのは、ＳＩ所長の時に新潟から〝稚魚〟を買ってきて放流したため（ＴＡ氏）。

•二条城で行われる茶会は、清流園ができる以前から行っていた。茶会場所として本丸裏庭、台所、西南隅櫓などを利用していた（ＴＡ氏）。

•１９５３（昭和28）年~１９５８（昭和33）年頃、芝の管理が行き届いていない時には、サクラ林、緑の園にレンゲ草を撒いていた（ＫＯ氏）。

•昔、城内にシロツメクサの種を播いていた時期があった（ＫＵ氏／管理係）。

•いつだか忘れたが、東大手門~北大手門の外堀の泥上げをしたことがある。10人~15人で3カ月かかった。へドロが1mくらいたまっていた。スコップ、モッコ、三輪車で城内西側の堆肥置場まで運んだことがあった（ＫＯ氏）。

- １９５９（昭和34）年度、１９６０（昭和35）年度に国庫補助事業として外濠浚渫工事が行われた（ＳＴ氏）。
- １９５５（昭和30）年前後当時の外堀東面などにはマツは植えられていなかった。ピラカンサはあった。ただ通路とするため部分的に抜いたものもあった（ＫＯ氏）。
- 昭和30年代の本（①恩賜元離宮二條城〈１９５５〉『二條城』黒山寫眞工芸印刷所、②恩賜元離宮二條城〈１９５８〉『二條城』山本九一郎）に掲載されている写真を見ると、東大手門東側面（石柱付近～東南）にはマツが１本も植栽されていない（ＳＴ氏）。
- 元離宮二条城事務所（１９５５）『重要文化財二条城修理工事報告書　第一集』元離宮二条城事務所に、台所東側に苗圃的な使われ方をした写真が掲載されている（ＳＴ氏）。

＊同報告書、「三　二之丸土蔵（米蔵）南背面全景（竣工）」の写真を確認すると、土蔵の南側の竹・杭で仕切られた中に育成中と考えられる植木鉢などを窺うことができる。

- 昔（清流園造営以前）は、キク、バラ、ダリヤ６００株、シャクヤク、ボタンなどを植えていた。現在（１９９１〈平成3〉年）の台所東側の収蔵庫（模写室）が建てられる前には花壇があった。菊花展などもやっていた（ＫＯ氏）。
- 東大手門の脇には小さな庭なども作っていた（ＫＯ氏）。

＊元離宮二条城事務所（１９５８）「四　遠侍及び式台素屋根南側全景」『重要文化財二条城修理工事報告書　第三集』の写真を確認すると、番所南西側築地塀沿いに小さな庭を窺うことができる。

- 白書院便所脇に袖垣があった。ほこりを被っていた。シロアリの巣のようになっていた。１９６０（昭和35）年には確実にあった。１９７４（昭和49）年管理係へ配置転換時にはあった記憶がある（ＫＫ氏）。
- １９６４（昭和39）年頃テニスコートの真ん中にあった藤棚を西側トイレを現在（１９９２〈平成4〉年）の西橋西側正面の休憩所のトイレ前へ移した。当初は二条城にあった丸太で藤棚を作った（ＫＵ氏／管理係）。

・テニスコートにあった藤棚を城内の西側に移設した。のちに擬木に変更した（ＳＴ氏）。

二の丸庭園の話

・私の手元に二の丸庭園南庭でハワイアンの恰好をした少女が踊っている写真があった。二条城事務所にも保管されている写真だと記憶している。１９６１（昭和36）年８月に京都国際ホテルができたので、お披露目を兼ねて行われたのではないかと思う。二条城休憩所内でホテルの営業で喫茶・軽食が出された。休憩所の東裏側に厨房も併設された（後に売店となった所）。ホテルの屋上からの二条城の景観は素晴らしいものだった（ＳＴ氏）。

＊京都国際ホテルは２０１４（平成26）年末に営業を終えている。

・ＳＩ所長時代には、二の丸庭園の池掃除を職員が17時以降に行ったこともある（ＳＴ氏）。

本丸庭園の話

・１９５３（昭和28）年11月26日付『京都新聞』夕刊に「１９５３〈昭和28〉年11月25日より27日、二条城本丸御殿内で文化財保護全国大会が開催された。大会総裁の高松宮殿下は25日開会式に御臨席の後、本丸御殿の南側の庭に記念の山桜を御手植えになられた。」と掲載されていた（ＳＴ氏調べ）。

・１９５９（昭和34）年５月22日付『京都新聞』に、「本丸御殿西側の庭園に一昨年植えた五本のリンゴの木に今年はじめて実が成り、この日袋かけが行われた。種類は暖地でも栽培できる阿波２号、３号の苗木を職員のせわによる。」という記事が載っていた（ＳＴ氏調べ）。

・19才の時（１９６０〈昭和35〉年頃）、二条城に配属されたが、本丸御殿西側玄関脇には、大木の落葉広葉樹１本（ムクノキ ｏｒ エノキ）と高さ１ｍもないクスノキがあった。そのクスノキが現在（１９９３〈平成５〉年）では大木になっている。（ＫＫ氏）。

・1964（昭和39）年二条城に配属された頃、本丸御殿西側玄関脇のクスノキは親指程の太さ（目通り8㎝位）、高さ2mくらいであった（KU氏／管理係）。

清流園の話

◇清流園を作るにあたって

・1963（昭和38）年頃、清流園作庭のために、二条城職員で、南禅寺界隈の有名な庭園（無鄰庵、對龍山荘等）を見学に行った。作庭には参考になったと思う（ST氏）。

・清流園は色々な人の合作である。私は清流園をつくるのは、もともと反対であった。なぜなら二の丸庭園や本丸庭園などの歴史的に形が残っているものに新しい庭を作るのは、考えものだという意見だ。ただ京都市に迎賓館のような施設がなかったので南禅寺などに頼み込み国賓などを遇していた。そういう点で目の付け所は良かっただろう（GK氏）。

・京都に国賓・公賓が来た折には、野村別邸等を借りて国賓・公賓をもてなしていたこともあった。京都市は国賓・公賓が増えたので、客をもてなす場が欲しかったが、その候補地（二条城）には難問があった。しかし高山義三氏が京都市長になり、SI氏が二条城事務所所長になってからそれが可能になった。当時の京都市長高山義三氏は、庭について関心があった。SI氏は、発言力を持っていたので、意向が固まり着工した（MK氏）。

・テニスコートについて、日が経つにつれ、文化財を残していく上で、現在のままでは問題があると言う声や相応しくないと言う批判もあがった。しかし、テニス愛好家が多かったため、撤去するのは、とても難しかった（MK氏）。

・清流園はSI所長がいなければできなかったろう（MK氏）。

・ＳＩ所長や高山市長でなかったら清流園造営は成しえなかっただろう（ＭＫ氏）。

◇造営予算について

・清流園を作るにあたり、追加予算や二条城の管理費の計上予算を注ぎ込んだ。予算の上では、１年間管理費用がストップしてしまった。しかし、管理業務は、若干行っていた。昔の二条城の管理業務は、全部直営でやっていた。清流園造営当時は、資材購入を優先させた（ＭＫ氏）。

・清流園作庭時には、清流園作庭で労力に集中していたため、二の丸庭園、本丸庭園は平常より労力を省力化して維持管理していた（ＴＡ氏）。

◇造営計画について

・本来ならば、設計すべきであった。中根金作氏が、おおざっぱなゾーニングをしてくれたが、本当の設計図面は、ＳＩ所長の頭の中であった（ＭＫ氏）。

・清流園の全体の設計図はＳＩ所長と中根金作氏の頭の中であった。大まかな構想は中根先生に聞いたかも知れないが、ＳＩ所長が中心となって行っていた。総指揮官はＳＩ所長であった（ＴＡ氏）。

・中根金作氏の図面は文化庁への現状変更申請の資料として提出したため、粗図面といってもよい。本来なら実施設計など行なうべきであろうが、そのような図面は描かれていない。庭は図面どおりにいかないため現場で変更を重ねた。テニスコート跡計画平面図は概略図といってよいだろう（ＫＨ氏）。

・本来はもう少し拡張する予定であったが、色々な意見がでて現在の姿になった。色々な意見がなかったならば多少変わっていただろう（ＭＫ氏）。

・寄付の遅れ、３月初旬からという時期、石をもらったこと、人を雇うこと、賃金支払い、短期間の工事、予算執行など苦労した（ＭＫ氏）。

◇庭石の話

・清流園はとても広いので、角倉了以の屋敷跡の庭石では足りなかった。また大きな石が少なかったので、購入したり、河川から引き上げてきたり、寄付された石で補ったりした（ＭＫ氏）。

・寄付して頂いた方の中には鞍馬の郵便局長をされていた方、亀岡の市長らもいた（ＭＫ氏）。

・亀岡からの山石は市長が寄付した（ＴＡ氏）。

・当時、近畿農政局長から、滋賀県愛知川上流にダムを造るので、石が水没してしまうから引き上げてきたらどうかと言われた。滋賀土木事務所に目的を話して、地元に許可をもらってから地元の業者に頼み、運び出した（ＭＫ氏）。

・庭石は、鞍馬石、貴船石、高雄川の石、亀岡市の石、岐阜県の石、滋賀県の愛知川の石、滋賀県大津市南郷のあらい石、業者から購入した四国の青石などを用いた（ＭＫ氏）。

・清流園の庭石は、旧角倉屋敷から８００個が移されたものと、他の地域から後に追加されたもの（大きな石のほとんど）とがある（ＴＡ氏）。

・当時、滋賀県永源寺ダムなど多くのダムが建設された。湖底に沈むと言うので、沈む前に滋賀県庁河川管理に許可をいただいて運び出した石もある。その他、姉川、鴨川上流、岐阜県の石もある（ＴＡ氏）。

◇香雲亭の話

・織殿庭園は、全体の敷地のおおよそ半分くらいであったろう。蔵もあった（ＫＨ氏）。

・二条城で香雲亭と呼ばれている建物は、主要部分（御座の間）だけを清流園に移築した。御座の間は、明治天皇が行幸された所である（ＭＫ氏）。

• 二条城へ移築する前に現地の簡易な平面図を作成した。御座の間は池庭に面し、ガラス張りであった（ＳＴ氏）。

◇和楽庵の話

• 旧角倉屋敷にも茶室があったが、移築できるような状態でなかった。建物は朽ち果てていた。持ってきたら壊れてしまうくらい老朽化していたため、新しいものを造り、高山市長が名付け親となり和楽庵とされた。和楽庵は表千家の久田先生の指導の下、残月亭を模したものである（ＭＫ氏）。

• 和楽庵を新築するにあたり、表千家久田先生が指導していた。毎年行われる茶会にもよく来られていた（ＳＴ氏）。

＊和楽庵は、日本銀行から譲り受けた建物の一部に表千家の茶室「残月亭」の写しを新築し、合築したもので、和楽庵を作るにあたって指導を受けた久田先生とは、茶道表千家流久田宗也（12代）氏のこと。久田氏は「大正14年1月21日生まれ、表千家流久田家12代。表千家13代千宗左にまなぶ。表千家流茶道教授として活躍。博識で知られ、「茶の道具」、「茶の湯用語集」などの著作がある。不審庵理事をつとめた。平成22年10月22日死去。85歳。京都出身。京大卒。」（参照元・デジタル版 日本人名大辞典 ＋Ｐｌｕｓ）

• 久田家は表千家から家督を継ぐ人がいなかったら久田家から継ぐ人を出すと聞いたことがある。久田家は千家の縁戚となっている（ＳＴ氏）。

＊久田家は千利休の時代に活躍した久田宗栄（１５５７～１６２４）を初代とし現在十三代続く茶家。宗栄は、父が千利休門下の久田刑部、母が利休の妹という。（久田家半床庵 ＨＰ、コトバンク ＨＰより）

• 和楽庵は表千家寄贈だと記憶している（ＳＴ氏）。

• 和楽庵は新しい部分が表千家の寄贈で、南側の建物は角倉家遺構と聞いている。寄贈目録をみた記憶がある（ＫＳ氏）。

◇その他の材料の話

- 緑の園の所に四条大橋の欄干があり、現在（１９８８〈昭和63〉年）の四条大橋の前の欄干である（ＭＫ氏）。
- 緑の園南側には四条大橋の欄干（１９８８〈昭和63〉年現在の前の欄干）が使われている（ＴＡ氏）。
- 今（１９９３〈平成５〉年）の清流園の堀端には茶の木があるが、昔は金閣寺垣もあった。金閣寺垣と金閣寺垣の間にはドウダンツツジが植えられていた。今の消防進入路の手前北側にあるドウダンツツジがそれである（ＫＫ氏）。
- 清流園南側のシダレエンジュは、城内西側のシダレザクラ付近に植えられていた良い苗（直径15㎝位）を移植した（ＫＵ氏／管理係）。
- 二の丸庭園入り口南（右側、現在キンモクセイなどが植えられている所）から西側塀沿いにヤツデが植えられていた。それを清流園土手に移植した（ＫＵ氏／管理係）。

◇作庭時の話

- 清流園造営中にも一部テニスコートが残されていたため、工事中にテニスをやっていた人もいた（ＭＫ氏）。
- １９６４（昭和39）年の清流園作庭は中根金作氏もかかわっていた。他に佐野藤右衛門氏らもいた（ＧＫ氏）。
- 清流園造営にかかわった方は中根金作氏のほかに、小宮山造園の小宮山氏、植芳造園の井上氏、垣口造園の垣口氏、植藤造園の佐野藤右衛門氏がいた（ＭＫ氏）。
- 京都府の中根金作氏、長谷川菊洲先生も時々来ていたのを覚えている（ＫＵ氏／事業係）。
- 清流園造営はほとんど手作業だった（ＭＫ氏）。
- 清流園は、直営が基本で、業者から安い人夫賃の職人（日給・月給）を貸してもらった。石組や植栽は、中根氏、小宮山氏、職人、二条城の職員で行った。ＧＫ氏は１～２回見学に来た（ＭＫ氏）。

・私が二条城に配属された時には半分位出来ていた（ＴＡ氏）。
・石組護岸は中根先生が全体の指導をしていたが、主に滝口から流れまでが中根先生とＳＩ所長、池の周囲全体の石組が小宮山造園の小宮山氏、植芳造園の井上氏、燈籠を据える作業や植栽は垣口造園の垣口氏が行っていた。植栽はＳＩ所長が中心に指導していた（ＴＡ氏）。
・業者と職員は同じような仕事をしていた（ＴＡ氏）。
・植栽、景石、燈籠の設置作業等は職員もだいぶ関与している（ＴＡ氏）。
・芝張りは警備係の職員も手伝っていた（ＴＡ氏）。
・テニスコート管理のための鉄ローラーを利用して、清流園造成時の転圧や芝生の転圧を行った。職員が代わる代わる交代して転圧した。作業は素うどん1杯で、時間外に行った（ＳＴ氏）。
・清流園作庭時、私は警備係に配属されていたが、芝張りを手伝った（ＫＫ氏）。
・庭園に使う石は、職員や垣口氏と共に、三又で吊り上げ、車両に積んで運んだ（ＴＡ氏）。
・清流園作庭時、私は池を作った時も手伝った（ＫＵ氏／事業係）。
・私は清流園作庭時、植栽等に関わった。当時、樹木の根鉢は2m以上のものが多く、三又（電柱位の太さのもの）を利用していたが、三又が膨らみながら作業をしていたので今思うととても怖いことをやっていた（ＫＵ氏／管理係）。
・植栽も三点吊り、四点吊りなどで担ぎ大変であった（ＫＵ氏／管理係）。
・清流園作庭では、クレーンなし、ダンプ（土を運搬し、盛土にした〈何十台分と運んだ〉）、池のなかへブルドーザーが入っていたくらいで、ほとんど人力で行なった。排水の穴掘りも人力で行なった。庭石の移動にはチルホールが主体、チェーンブロック（1ｔ、2ｔ）、三又（電信柱位）、土の運搬には一輪車、ベルトコンベヤー（築山の盛土）、スコップ、バチなどくらいで、他は人力であった（ＴＡ氏）。

・池は粘土打ちが主体である（MK氏）。

＊現在はコンクリート打ち。

・滝組は一旦完成して水を流したが、迫力が欠けるということで、大きな石を滝口の方に据えていた（ST氏）。

◇加茂七石と菊洲垣の話

・加茂七石の所にある竹垣（菊洲垣）は、清流園造営と同時期につくったもので、大覚寺系統の花の師匠・長谷川菊洲先生が生け花を生ける精神で配石された石組である（TA氏）。

・加茂七石の配石を指導された華道家の長谷川菊州先生は、清流園作庭以前から二条城に出入りしていた。催し物があるときに生花を生けてくれていた。SI所長と以前からつながりがあったから加茂七石の配石も依頼されたのではないかと考えている（ST氏）。

・長谷川菊洲先生が加茂七石の指導をされていた時、MK氏（管理係長）も立ち会っておられ、小生も二、三度一緒にいたことがある。一度新聞にも掲載された。掲載記事を探したが見当たらない（KU氏／事業係）。

・国賓・公賓の接遇として、生け花（大覚寺）・琴演奏（浅野家）・点茶（表千家・裏千家）の時に、長谷川先生にもよく「生け花」を生けて頂いた。菊洲垣についても長谷川菊洲先生の指示だと思っていた。MK氏（管理係長）も菊洲垣と言っていた（KU氏／事業係）。

・加茂七石の菊洲垣は、萩を材料とした垣根で、私が配属された1970（昭和45）年頃にはきれいだった。菊洲垣は昭和50年代から60年代まで維持できていたと思うが、経年とともにシロアリに食われ潰れかかっていたため、事業係（現、保存整備係）に設計図面作成の依頼があったことを記憶している。業者に依頼すると経費もかかりすぎるということで、結局KO氏が塩ビ管を土台にして萩を巻きつけて、二代目の菊洲垣となった（KS氏）。

・華道家・長谷川菊洲先生が作庭した加茂七石石庭の兄弟庭園があり、市内の無風洞の「是空苑」（個人庭）であると聞いたことがある。どちらが兄にあたるかわからない（KS氏）。

昭和40年代～50年代

二条城全体の話

・緑の園は1966（昭和41）年にできた。この場所は1950（昭和25）年のテニスコート設営と共に軟式野球場が設置されたが、1953（昭和28）年に北大手門や二の丸土蔵の修理工事で使用が中止され、工事に使用されたり、清流園の造成作業場にも使用された。この広場の約3600㎡を使い、小庭園31点が展示（「住まいの庭園展」）されたことがある。終了後に整備され緑の園となった（ST氏）。
・東大手門前（東側）と北大手門前（北側）は現在（2024〈令和6〉年）、石畳風になっているが、それ以前は砂利敷であった。メモを見ると東大手門は、1981（昭和56）年3月4日から4月6日にかけて工事を行っている。北大手門はその2～3年前に石畳風にしたと記憶している。KO氏が工事に携わっていた（ST氏）。
・昔、東京大学卒の病害虫の専門家がいた。いもち病研究の大家で、その人と入れ代わりに私が二条城に配属された（TA氏）。
・北大手門前（南側）の通路は今（1993〈平成5〉年）のようにはっきりした境がなかった。差し石は1965（昭和40）年頃に設置した（KU氏／管理係）。
・1970（昭和45）年頃には梅林通路にはベニカナメモチが植栽されていた。のちにテッポウムシにやられ枯れてしまった（KU氏／管理係）。
・私が配属された1970（昭和45）年頃には60～70代の人が定年になってもそのままいた。宮内省出身者だったと記憶している（ＫＳ氏）。

- 庭園内に琵琶湖疏水砂を利用していた。動物園の横の川に琵琶湖の疏水砂が堆積するため、それをもらっていたが、最近（昭和60年代）はもらっていない（ＴＡ氏）。
- ＳＩ所長の改革で二条城事務所が独自に技術職員を抱えるようになってからの歴代の管理係長は、初代がＨＴ氏、２代目がＲＫ氏で二条城での在職期間は５～６年。その後公園課長になった。３代目がＭＫ氏で約15年、４代目が私（ＴＡ氏）で１９７８（昭和53）年４月から１９８８（昭和63）年３月末までの10年間務めた（ＴＡ氏、ＳＴ氏調べ）。
- １９７０（昭和45）年には台所前に円形花壇があったが、のちに模写室建設で廃止となった。円形花壇には、春は三色すみれ、その後はサルビア、そして正月前にハボタンを植えていた（ＫＳ氏）。
- 昭和50年代には菊花展や円形花壇があった（ＫＯ氏）。
- 台所と現在（１９９３〈平成５〉年）の模写室の間には、大きな円形花壇があった（ＫＵ氏／管理係）。

＊円形花壇は、京都文華典有識文化協会猪熊兼繁（１９５６）『京都文化典』京都文華典事務局、p.11や、西 和夫（１９８１）『姫路城と二條城　名宝日本の美術　第15巻』小学館、p.37、p.40 の航空写真からも台所東側に大きな円形花壇があることが確認できる。

- 現在（１９９３〈平成５〉年）模写室として利用されている収蔵庫建設前、その場所にマツが列植されていた。１９８０（昭和55）年頃に一番北側にあったクロマツは長屋門北側の三角地帯に移植した。枝の垂れた大きなマツがそれである。また、一番南側にあったクロマツは、番所の北側門扉の東側へ移植した（ＫＵ氏／管理係）。

＊番所北側のクロマツは２０２３（令和５）年現在なし。

- 収蔵庫建造前のマツは、両端のマツは長屋門北側の三角地帯と番所北側扉の東側に移植し、それ以外のマツは外堀に移植したと記憶している（ＫＳ氏）。
- 昭和50年代（ＭＫ管理係長の時）に西側トイレ（現在の西橋西側正面の休憩所のトイレ前）の藤棚は丸太で作られたも

のだったので腐ってしまい、今（1993〈平成5〉年）の擬木（コンクリート）の藤棚に変わった（KU氏／管理係）。

・MK管理係長の時に休憩所前の藤棚は、高さ（棚の高さ）2mくらい、幹直径10～20㎝くらいの太さのフジに、1～2年もののフジを高接ぎ木した（植木屋で1本1～2万円と言われたような記憶がある）。古木は花数が少ないから切って接ぎ木用に使う場合が多い。一般的にフジは紫色の品種は3～4種類、白は2～3種類である（KU氏／管理係）。

・MK管理係長の時に外堀に多くのマツを植栽し、植えられなくなったマツは城内の苗圃に植栽したと聞いた記憶がある（KS氏）。

二の丸庭園の話

・二の丸庭園のスイレンは、1965（昭和40）年～1970（昭和45）年頃に修学院離宮の池掃除で出たものをもらった（TA氏）。

・私が配属されたころの1970（昭和45）年には、二の丸御殿白書院便所脇に袖垣があった。内法長押の高さ幅は1mくらいではなかったかと記憶している（KS氏）。

・『重要文化財二条城修理工事報告書　第三集』には、白書院便所脇に袖垣が撮影された写真が掲載されていたが、現在（1993〈平成5〉年）は存在していない（SU）。

＊元離宮二条城事務所（1956）『重要文化財二条城修理工事報告書　第三集』「十七　二之丸御殿　白書院北背面と東側面全景（竣工）」の写真を確認すると、屋根付きの大きな袖垣を窺うことができる。

・二の丸庭園裏の建仁寺垣（総延長174・3m）は、1981（昭和56）年、1982（昭和57）年の2カ年計画で改修した（TA氏）。

本丸庭園の話

- クスノキの直ぐ隣にある落葉広葉樹（ムクノキ　ｏｒ　エノキ）は大きく繁っていた。この木は神木として近くの人が良く御参りにきていた。（神木として）幹に縄が巻かれていた。幹の中に宮内省所管当時に詰めたと思われるセメントや石などがある。非常に衰退していたので腐朽部分を取り除いたこともあった。今（１９９３〈平成５〉年）でも幹の中や根元に転がっている石等はそれであると思う（ＫＵ氏／管理係）。

＊２０２３（令和５）年６月確認時には落葉広葉樹は伐採済で、クスノキは立木のまま枯損したようにも見えた。２０２４（令和６）年９月８日確認時には、円形の植栽帯が確認でき、周囲に白砂が敷かれ、中央に切株の根元からの実生木と思われるムクノキが数本育成され、その周りには常緑低木などが確認できた。

- 昭和40年代中頃に本丸庭園の築山に上がる階段を復元し、踏面には白川砂を敷いた。その後は、一時的に踏面に洗砂利（城内にも敷き詰めてある安曇川産砂利）を敷くようになった。今（１９９３〈平成５〉年）は築山に上がる階段の面影もない（ＫＵ氏／管理係）。
- １９７１（昭和46）年頃、築山中腹に植栽されていたアカマツが枯損し、枝ぶりの似たクロマツが植えられた（ＫＯ氏）。
- １９８０（昭和55）年頃、天守閣跡の周辺にはベニカナメモチが植栽されていた。のちにテッポウムシの被害を受け枯れてしまった（ＫＵ氏／管理係）。
- 築山の頂上の天端は、今（１９９３〈平成５〉年）は平坦となっているが、以前はもっと丸く、山のような形状だった記憶がある。天端の石の所々に凸箇所があるので、最低でも石の凸箇所まで土はあっただろう。また築山の裏側（東南部）には景石が配石されているので、散策した時に園路からも観賞できるよう組まれたものだと思う（ＫＵ氏／管理係）。
- 本丸庭園の園路が芝張り替えで数箇所なくなってしまった（ＫＵ氏／管理係）。

清流園の話

• 清流園が完成してオープン後に、清流園の滝に迫力がないという理由から滝の一部を改修した（ＳＴ氏）。

＊元離宮二条城と題した7枚組の大判絵葉書（撮影年代不明）をみると、現在は存在する滝口に水を溜める箱形の水溜まりが確認できない。

• 昔、アメリカのラスク国務長官が二条城に来城時、夜間ガーデンパーティーを行うため、照明施設を清流園に設けた。清流園洋風庭園北側にある袖型風燈籠の火袋に電飾を入れて利用した（ＭＫ氏）。

＊１９６６（昭和41）年7月6日付け『京都新聞』記事に、「第五回日米貿易経済合同委員会一行を歓迎する京都市主催のレセプションは、五日午後六時すぎから二条城内清流園で開かれた。井上市長の案内で、ラスク国務長官、椎名外相ら日米京都会議の〝主役〟が、庭園内にしつらえられた模擬店前のしょうぎにどっかと腰をおろし、天ぷらを食べながらなごやかに歓談。京都国際会館のあれこれに話がはずみ、会議のスムーズな進行を期待される場面が、あちらこちらにみられた。」と当時の様子が記載されている。

• 当日は、その後、総理大臣となった田中氏、大平氏、福田氏などのそうそうたるメンバーも来城され、清流園南側の堀端で篝火を焚いた。この篝火は、あらかじめ番号を決め、各々一人ずつ担当させていた。ＳＩ所長が、遠くから「〇番もっと火を明るくしろ！」と命じて焚いていた（ＭＫ氏）。

• １９６６（昭和41）年7月6日二条城清流園にて日米貿易経済合同委員会にラスク国務長官が参加されていた。当時は井上市長であった（ＳＴ氏）。

• 袖型風燈籠の中に照明設備を入れて点灯させていたことは覚えている（ＳＴ氏）。

• 昭和40年代〜50年代、清流園洋風庭園芝生内の北側にはツツジ類が列植されていた（ＫＵ氏／管理係）。

• 昭和40年代〜50年代、清流園和風庭園滝口南西側にはハゼノキがあった（ＫＵ氏／管理係）。

• 昭和40年代〜60年代、清流園和風庭園滝口付近〜香雲亭土手沿いには大きなケヤキ、エノキ、ムクノキなどが何本かあった（ＫＵ氏／管理係）。

昭和60年代～平成24年3月

二条城全体の話

- 私が二条城に配属された1987（昭和62）年頃の管理係は15名の職員で構成され、直営7割、業務委託3割程の割合で城内の緑地及び庭園を管理していたが、2011（平成23）年度の職員数は8名程となり、2022（令和4）年現在ではさらに職員数が減っていると聞いた（SU）。
- 配属された1987（昭和62）年頃の管理係ではクジャク、ハクチョウの飼育まで行っていた（SU）。

＊ST氏は京都市歴史資料館で、江戸時代には水鳥が飼育されていた記述（出典未控え）を確認したとのこと。メモによると、「二條御城水鳥　餌籾割符□□一、壱石六斗　中堂寺村　一、壱石六斗　西九条村　一、壱六八斗　壬生村　一、六斗　大将軍村　一、四斗　東塩小路村　合　六石　右之分前田年貢等　小林徳兵衛　内藤長五郎　手形を取相渡者也　三月二十四日　周防（花押）…」と記述され、江戸時代には水鳥用の餌が年貢として納められていたと推測される。

- 私が配属された1987（昭和62）年、TA管理係長から「君が在職している間には、築城400年を迎える」と言われ、想像できずにいたが、2003（平成15）年度の築城400年祭の開催が経験できた。期間中に『ラストサムライ』プレミアム試写会が実施され、トム・クルーズさん、ペネロペ・クルスさん、渡辺　謙さん、真田広之さん、小雪さんらが来城され、華やかな築城400年祭となった（SU）。
- 桜の品種同定調査にあたり、牧野富太郎博士を師とするサクラ研究家の川崎哲也先生がボランティアでご協力くださり、二条城の桜の品種が明確になった（SU）。
- イベント事では、2001（平成13）年度から二条城ライトアップが開始されたこと、2006（平成18）年度頃から「二条城お城まつり」が開始されたこと、2009（平成21）年から清流園を活用して「二条城ウェディング」が開始されたことがある。それらのイベントに合わせて庭園管理のスケジュールも前倒しや臨時的な庭園整備などが行われた。特に「二条城お城まつり」では、職員の提案で直営職員が庭園案内、清流園特別公開対応、挿し木から育成したツバキ配布、堆肥無料配布などを行った（SU）。
- 築城400年記念事業として、2005（平成17）年5月、無料休憩所北側に二条城障壁画展示収蔵館が開館、緑の園に防火施設が建造され、二条城が大きく変化した（SU）。
- 外堀の藻の繁殖、東橋両脇には藻や落ち葉が集積するため、除去作業などにも手間取った（SU）。

二の丸庭園の話

- 1988（昭和63）年頃まで二の丸庭園には清正橋西側に枯損した大木のカヤノキが存在していた。私が先輩から聞いた話では、この木が二条城で最も古い木で、推定樹齢320年程と言われていた。伐採後、調べてもらったら二百数十年程であったような記憶があるが定かではない。昭和40年代に枯れてしまったそうだが、当時の面影を残すため、1988（昭和63）年まで「枯れ木も山の賑わい」として残されていた。しかし、倒木の可能性があり、倒木した場合に庭石への影響が考えられるため伐採された（SU）。
- 資料を整理していたら、過去私が年賀状（羊年／1991〈平成3〉年と推定）の挿絵として二の丸庭園のカヤノキなどを描いたものがあった。それは、大広間南側から西側を望むアングルで、二の丸庭園の池、舟石（二の丸庭園東南東の舟の形に似た石）、スイレン（羊草）、清正橋（二の丸庭園西南側の一番大きな石橋）、カヤノキが描かれたもので、そこにカヤノキについて、「解説　樹齢約330年のカヤ　昭和63年立枯伐採される」と記述している。当時の管理係長のKO氏に樹齢を聞き、二の丸庭園の立枯れとして残されていたカヤノキが伐採され景観が大きく変わってしまうので年賀状にして記録を残したと記憶している（ST氏）。

＊なお、荒賀利道（1970代頃）『二条城の緑と花』京都市元離宮二条城事務所、p.6には、「樹齢で最も古木は〝かやの木〟で三二〇年である。」と記され、また、三浦隆夫（1991）『都の花がたみ』京都新聞社、p.67には、カヤノキの樹齢が250年であること、「昭和六十三年五月、強風で根元がゆるみ、文化財の建物に被害[*]が出るのを恐れて伐採された。」と記述されている。

＊当時は倒木した場合、桃山門や二の丸庭園石組などに毀損の可能性が考えられた。

- 建仁寺垣は、平成に入ってから小修繕を繰り返し、倒壊防止のため、建仁寺垣裏側に控え丸太等の設置などを行っていた。やっと２００８（平成20）年度、２００９（平成21）年度の2カ年計画で改修工事を行うことができた（ＳＵ）。
- 前回の全面改修（１９８１〈昭和56〉年、１９８２〈昭和57〉年）から約25年振りとなる（ＳＵ）。
- １９８２（昭和57）年以前全面改修は、１９６１（昭和36）年頃と聞いた記憶がある（ＳＵ）。
- 長年予算を要求し続けてやっと２０１０（平成22）年度に二の丸庭園の実測図を作成することができた（ＳＵ）。

本丸庭園の話

- 私が採用された１９８７（昭和62）年頃、本丸御殿は修復中で工事用の素屋根で覆われていた（ＳＵ）。
- ２００９（平成21）年度に本丸庭園実測図を作成することができた。長年予算要求をし続けてやっとのことで実現できた。将来的には本丸庭園を国指定の名勝庭園にしたいと思っていた（ＳＵ）。

清流園の話

- １９８６（昭和61）年、ダイアナ妃が二条城を訪問した時には、私は清流園の方で受付をしていた。香雲亭前で野点をしたと記憶している。車で東大手門に入り、清流園の方に来たと記憶している。清流園洋風庭園の北側に軽食する場所を設け、南側には舞台を設け、６～７人ほどが琴の演奏をしたと記憶している。着物の贈呈式は洋風庭園の西側で行った。当時の写真は残っているはず（ＫＵ氏／事業係）。
- ダイアナ妃が二条城を訪問した時には、清流園洋風庭園で軽食を摂った。また洋風庭園で着物の贈呈式を行った。園内ではお茶の野点を裏千家が行っていた。洋風庭園では小さな舞台を作って浅野社中がお琴の演奏をしていた。二条城北東側にあるひまわり幼稚園の園児が清流園の前でお迎えした記憶がある。ダイアナ妃は御殿に向かっていなかったのではないかと記憶している（ＳＴ氏）。

＊時事通信社ＨＰによると、「昭和61年、二条城のガーデンパーティーで、プレゼントされた友禅染振り袖を羽織る英国のダイアナ妃（京都市）（１９８６年05月09日）【時事通信社】」と写真掲載とともに報じられている（https://www.jiji.com/jc/d4?p=syo207-photo2007&d=d4_oldnews）。また、下間正隆（２０２３）『イラスト二条城』京都新聞出版センター、p.236には、イギリスのチャールズ皇太子とダイアナ妃が来日し、洋風庭園でダイアナ妃に着物がプレゼントされたことが記されている。

- １９８８（昭和63）年頃の加茂七石の菊洲垣は萩を材料とした垣根で、私の認識では変形光悦寺垣的な竹垣と捉えていた。萩は北大手門脇に生えていたものを刈取り、補修用に利用していた記憶がある。記憶は薄れているが、三代目か四代目の菊洲垣の改修時に萩材の調達ができないことからクロモジを材料として改修せざるを得なくなった（ＳＵ）。
- 清流園南側のカシ林を直営職員で伐採し、団体や篤志家などの御寄付によって、２００６（平成18）年度サトザクラを中心に植栽することができた（ＳＵ）。

維持管理について

現場と予算を知る

- 現場の人と一緒に仕事をして信用を得てきた。君もやりなさい。東大、日大、農大出身者は、現在（１９８８〈昭和63〉年）現場をやらないから（詳細が）わからない。こんなのではいけない（ＢＴ氏）。
- 今（１９９３〈平成５〉年）の人は現場の経験をしていないので、前任者の金額の写ししかしない（ＴＮ氏）。
- 二の丸庭園の樹木手入れに何人工かかっているのかを知りなさい（ＴＮ氏）。

・予算について知ることは大事。全体の予算の中でマツの維持管理費が幾ら程占めているかを知りなさい。外堀に幾ら予算を使うかを知りなさい。除草剤でも平米当たりの散布単価を知っておくこと（TN氏）。
・ただ手入れだけするのではなく、この木は何人工かかっているか、予算が幾ら程かかるのか割り出すことは大事である（TN氏）。

せんきゅう（川芎）等について

・「せんきゅう（川芎）」は葉面散布や根元のまわりに施す。木のかす、鰹節のようなものを煎じる。その上澄み液を葉面散布し、その残りかすを根元のまわりに施す。一種の活力剤である。今（1989〈平成元〉年頃）でもやっていると聞いたが事ある。二条城でも1975（昭和50）年頃までやっていたと記憶している。にがいような匂いがして、主にマツに施した（KO氏）。
・昔活力剤として「せんきゅう」を使っていた。漢方薬の成分に入っている。かなり効果がある。葉面散布や根元に施した（KU氏／管理係）。
・「せんきゅう」について、北海道産で婦人病などに効く「ちゅうじょう」（おなかを冷やさない漢方薬）を烏丸二条の「千坂」の漢方薬屋（わやくや千坂漢方薬局）に行って買ってくると良い。「せんきゅう」を炊いて冷やす。水で薄めて葉面散布を行う。残りかすは、鉈できざんで根元に施す。掘って油かすと混ぜて施すと良い。京都大学の先生に調べてもらった。鉄分がある。効果抜群である（TN氏）。
・それか石灰硫黄合剤を冬に施す。昔ながらの手法で石灰硫黄合剤にマツヤニをまぜて散布すると良い（TN氏）。
・新芽が伸びる頃にマツノマダラカミキリが新芽を食べに来て、マツノマダラカミキリの腹の中に入っていたセンチュウが卵を生み付ける際に、マツに入り込んでしまってやられてしまう。接触剤を施すと良い。3月～9月に定期的に薬剤散布を行うと良い（TN氏）。

＊2024（令和6）年現在、マツノザイセンチュウの対処方法は、樹幹注入剤が主流になっている。

・薬剤でも本当に効果があるのか、試行錯誤しながらやって行くべき（KU氏／管理係）。

剪定について

・実生生えのものは早めに切ってしまう必要がある。資料を集めて基本方針を立てるべきだ（TN氏）。

・マツは樹齢70年～100年前後のものであれば、中芽を打っても芽は出てくるが、それ以上の樹齢となると芽は出にくい。大枝を切るのでも数年かけて縮めていくべきだ。下枝を切ったら絶対芽は出てこない（KU氏／管理係）。

＊中芽を打つとは、枝元で切除するのではなく、枝葉の途中で切ることを言う。

・落葉樹、常緑樹だと修正はきくが、マツの場合は慎重に切るべきである（KU氏／管理係）。

・マツは去年の芽を単芽にすると、間伸びした枝が出来てしまうことが多い（KU氏／管理係）。

・安全管理上の事も考える必要がある。業者に予め仕様書で脚立の立て方、ヘルメットの使用を伝え、万一怪我をしたら直ぐに連絡し、緊急車両がスムーズに誘導可能なように横の繋がりもしっかりさせておく（TN氏）。

しゅろ縄の変遷等

・昔、波柵（ななこ垣）を結束する際はしゅろ縄を使っていたが、徐々に変わっていった。しゅろ縄は耐久性が低いので、耐久性の高い染め縄に変わってきた（KU氏／管理係）。

・人止め柵のロープは、昔3分のしゅろ縄であったが、所により4分、5分を使うようになった。耐久性を考えた。ポリエチレンロープは10㎜を使っているが、先端がほつれないようにライターで焼いておくようにすればよい（KU氏／管理係）。

•井筒のふたの結束の仕方でも、昔のやり方を一つ覚えのようにやるのではなく、色々なやり方を覚えないと進歩がない（ＫＵ氏／管理係）。

その他

•江戸時代初期、二条城にあったと言われている聴秋閣について調べてほしい（ＳＴ氏）。

＊聴秋閣は１６２３（元和９）年３代将軍家光が上洛する折に佐久間将監真勝に命じて二条城内に茶室を造営させた遺構と伝えられ、澤島英太郎氏（１９４２）は、「…二之丸苑池の南に建つてゐて、行幸御殿の造営に際し、邪魔になるまゝに他に移されることゝなつたものゝやうに推察されるのである。」と見解を示している。その後、春日局に下賜され、稲葉家の江戸屋敷（現、東京都渋谷区青山）に移築され、稲葉家では「三笠閣」と呼ばれていたことが知られている。時代が下り１８８１（明治14）年に二条公爵邸（現、東京都新宿区若松町）に移築され、さらに１９２２（大正11）年に原 三溪（富太郎：明治・大正・昭和前半期にかけて、生糸貿易で財を成した実業家）によって三溪園（神奈川県横浜市）に移築される際に「聴秋閣」と改め、現在に至っている模様。ただし、平井 聖氏（１９９３）によれば、聴秋閣が最初に建てられた場所として、二条城あるいは江戸城の二カ所が考えられるという。（参考引用文献：①澤島英太郎・吉永義信〈１９４２〉『二條城』相模書房、p.34、②平井 聖〈１９９３〉「三渓園」『日本建築写真選集 第13巻』新潮社、p.103、③三渓園 ＨＰ〈聴秋閣参照〉、④近代建築探訪 ＨＰ〈聴秋閣、たてもの見て歩き、建築史、建築家岡田信一郎参照〉、⑤下間正隆〈２０２３〉『イラスト二条城』京都新聞出版センター、p.27）

•内田 仁（２００６）『二條城庭園の歴史』東京農業大学出版会、p.107の「図48 昭和40年（１９６５）清流園地区 清流園実測図面」は、清流園がほぼ完成した頃に、ＫＨ氏（2代目の事業係長）から言われて私が作成したものである。一人で50ｍのメジャーを利用して作成したので苦労した（ＳＴ氏）。

•京都府所管時代、二条城北側（旧京都所司代上屋敷）に養蚕場があった。二条城内にも養蚕場はなかったか？ また、以前１８８２（明治15）年と１８８５（同18）年の京都府行政文書に、二条城内では桑が栽培されていたこと、城内に桑葉を摘み採るため人夫が出入りできるような入場鑑札に関わる書類をみたことがある。調べてほしい（ST氏）。

＊『京都詳覽圖』[*1]、『京都府区組分細図』[*2]から、1878（明治11）年頃の京都所司代上屋敷跡地（二条城北大手門北側）は、図面上では養蚕場となっていることが確認できる。また、田中緑紅（1942）『明治文化と明石博高翁』明石博高翁顕會、p.84-85には、養蚕場の建物写真が掲載され、本文では「…府では明治二年桑畑二十五萬本を購入し市郡の人々に貸與し、又は官有荒無地を開拓して之を栽培し蠶業の興隆を圖り三年四月には物産引立會社内に養蠶を試飼させたりした、博高翁府に出仕するに至りこれだけでは足れりとせず窮民授産所の中に養蠶教授假場を開き大いに奨勵した、…七年四月に更に二條城の北、猪熊西入元所司代邸の址を修築して養蠶室を作り「養蠶場」と稱し、華族の子弟も士族の家族にも又一般婦女子にも養蠶の方法と植桑術を伝習せしめた…」と記されていた。ただし、二条城内に養蚕場があったかは不明のまま。

また、京都府行政文書『明治十五年自三月　至五月　人民指令　往復部』[*1]の勧第七十八号（明治十五年三月三一日）には二条城内の桑栽培に触れる記述が確認でき、京都府行政文書『二条離宮引渡一件』[*2]には、「二条城内桑葉摘採ノ為メ人夫差入…入場鑑札四十枚本課へ御下渡…明治十八年　六月十二日　勧業課　土木課御中…」などの記述が確認でき、城内で桑が栽培されていたことがわかった。ただし、養蚕場と二条城との関係性が確認できる史料は見つからなかった。

＊1 国際日本文化研究センター（1878）『京都詳覽圖、精撰増補』附區分町名表、内容年代1878

＊2 国際日本文化研究センター（1879）『京都府区組分細図』内容年代 1879

• 昔調べた明治時代の二条城に関する書籍等がある。確認してもらいたい（ST氏）。

＊二条城のことが掲載されている明治時代の書籍等は11冊ある。①橋本澄月（1880）『京都名勝一覧図会』風月庄左衛門、p.8、②樺井之輔（1887）『京都名所案内記　明治新版』風月堂、中村淺吉、p.34、③淺井廣信（1893）『二條離宮』京都名所圖會、鳥居又七、④辻本治三郎（1894）『京都案内都百種』尚徳館、p.5、⑤辻本治三郎（1895）『都百種』辻本尚徳館、p.5、⑥志水鳩峯（1895）『京都名勝圖會　明治改正』風月庄左衛門・中村淺吉、p.43、⑦金森陸一（1895）『京都名所案内記』飯田信文堂、p.27、⑧大島旗山（1908）『京都名勝案内』小林書店・中澤書店、p.119、⑨大島旗山（1910）『京都名勝案内』小林書店・中澤書店、p.119、⑩小林　壽（1910）『京都名所双六案内』小林　壽、⑪寺田清次郎（1911）『京都名所案内圖』寺田清次郎、以上。

•今回依頼された本は、全て京都府立京都学・歴彩館に所蔵されていた。調べた書籍の中で一番古いものは、橋本澄月氏の『京都名勝一覧図会』で、１８８０（明治13）年に出版されたものであった。また、11冊のうち、8冊に二条城について解説された記述があり、7冊は織田信長による築城、1冊は「織田信長修理」と記されていた。なお、新撰京都叢書刊行会（１８８７）『京華要誌、新撰京都叢書　第三巻』臨川書店、p.36には、「…世に織田氏の創建せし如く伝ふるものは、武衛陣・二条新御所及ひ二条第等の、その傍近にあると、年代も相遠からさるにより、混淆して誤りたるものか。…」と記されている（SU）。

•北里柴三郎氏の肖像が描かれた新千円札が、２０２４（令和6）年7月3日に発行された。北里氏は二条城に2回来城している。１８９２（明治25）年6月26日付『日の出新聞』に「北里柴三郎医学博士が、昨日二条離宮を拝観する」と記され、また１９０８（明治41）年8月8日付『日の出新聞』に「昨日、コッホ博士夫妻は北里・宮島・志賀の三博士を伴い二条離宮を拝観し、その大広間の荘重にして、宏麗なる結構に驚かる」と記載されていた（ST氏）。

•在職中に１９４１（昭和16）年の二条城映画フィルムをみた。ビデオ変換して保管してあった。文部省が撮影し、澤島英太郎・吉永義信（１９４２）『二條城』相模書房の著者、澤島英太郎氏が指揮をとっている（ST氏）。

•植田憲司・衣川太一・佐藤洋一（２０２３）『増補新版　戦後京都の「色」はアメリカにあった!』小さ子社、p.71の「62　二条城」の写真は、四隅にディズニーのキャラクター、「NIJO CASTLE Welcome!」と書かれ、真中に二条城概略図が描かれた案内板が撮影されている。ST氏によると、「外国からの訪問客用に二条城事務所が製作したもので、築地塀に掲示していたものだった。過去記録したメモをみると、案内板の裏側には、「September 194 6 by Kazuo Miyamoto」と署名が書かれていた。二条城の模写画に携わっていた川面稜一先生によれば、京都市絵画専門学校（現、京都市立芸術大学）出身の川面先生の3年下の後輩で、当時は疎開した絵画を御殿に戻すために絵画の先生や生徒が二条城に出入りしていたと聞いた。その時に二条城事務所がお願いしたのではないか。」とのことであった（ST氏）。

•『教業の語り部』という本で二条城の昔話を読んだことがある。調べてほしい（ST氏）。

＊竹島初太郎（１９９４）『教業の語り部』奥井正博、p.33には、「終戦後一時、米軍飛行場（二条城前）」と題された挿絵があった。ただし、飛行場についての記載はなかった。挿絵は東南側から描いたアングルで、東南隅櫓、東大手門が確認でき、東南隅櫓東側には停止している米軍マークがついた飛行機1機、北側から南側に向かって着陸しようとしている飛行機1機、誘導旗を持った兵士が描かれている。この他、p.7には東堀川沿いにチンチン電車が走っていたことが記され、p.29には「二条城の南門に架けられた白木の橋（御大典の時）」と記された挿絵があり、pp.30-31,38には大正天皇御大礼時のこと、南門のこと、p.31には濠と押小路通までの間は、現在の垣のうちの三倍ぐらいの広さがあったことなどが記載されていた。p.54には濠の水の落ち口が今の押小路通の車道の中央位まであったそうで、角材を重ねて水の調整を図るため堰ができ、その濠水の音が、どんどんとするので、「どんどの川」と言われていたことなどが記されていた。p.55には二条城の排水路、郡部との境界の挿絵、pp. 69-70には二条城が売りに出された噂話があった事などが記されていた。

•二条城の東大手門東側広場が飛行機の滑走路になっていたが、調べてほしい（ST氏）。

＊①レファレンス協同データベース（２００９）質問「戦後ＧＨＱにより、二条城の前が飛行場となっていたという記述を見たが、その典拠が知りたい。また写真を見たい」京都府立京都学・歴彩館提供、https://crd.ndl.go.jp/reference/entry/reference/show?page=ref_view&kwup=%E6%88%A6%E5%BE%8CGHQ%E3%81%AB%E3%82%88%E3%80%81%E4%BA%8C%E6%9D%A1%E5%9F%8E%E3%81%AE%E5%89%8D%E3%81%8C%E9%A3%9B%E8%A1%8C%E5%A0%B4&mcmd=25&st=score&asc=desc&oldmc=25&oldst=score&oldasc=desc&lsmp=1&id=1000057480、ネット記事で「戦後ＧＨＱにより、二条城の前が飛行場となっていたという記述を見たが、その典拠が知りたい。また写真を見たい。」という質問に対し回答をしている。②吉村晋弥（２０１１）【京都の戦争遺跡】道路の中にある、人のすまない町、京都旅屋、https://www.kyoto-tabiya.com/2011/08/06/5772/、ネット記事には、「…そして二条城前の堀川通は、小型飛行機の滑走路として使われました。堀川通から飛行機が飛び立とうとは…この道路の中の町も、現代に残る戦争遺跡。…」と記されている。③大内照雄（２０１７）『米軍基地下の京都１９４５年～１９５８年』文理閣、p.43には、京都に置かれた米軍施設の進駐状況一覧【表１―１】各施設への進駐状況）に、二条城前の進駐状況が記され、「進駐部隊　使用目的」の項目に「進駐軍小型飛行機４機常置　従事員宿舎に民家一軒を接収」と記されている。また、p.53には、「…それでも、京都市街地の中心地に位置し、広大な敷地を誇っ

た京都御苑は、たびたび接収の候補地となる。進駐直後には、飛行場としての接収が持ち上がり、一九四五年一〇月に、実際に着陸テストも行われた。しかし、樹木が多くて飛行場には向かなかったらしく、代わりに二条城の東側の堀川通り沿いが接収される。現在の観光バスなどの駐車場になっている場所である。…」と記載されている。④世界に目を向けグローバル GPS 京都を中心にグローカル 366 APS（2018）『京都　二条城前の飛行場』「戦闘機か軽飛行機か占領下の状況真相は」https://kyoto00glo.blog.jp/archives/31124678.html、ネット記事には、「…京都新聞に電話を寄せた南丹市の男性（91）を訪ねた。男性は「幼少期から30歳ごろまで堀川御池の近くに住んでいたが、占領期でも周辺で戦闘機を見たことはない」と断言。「現在バスなどの駐車場になっている二条城東側の竹屋町通―押小路通の場所を飛行機の発着場にしていたが、長さは350メートルほど。南北には民家が並び、グラマン機が離着陸するにはとても距離が足りない」という。男性によると、軽飛行機はほぼ毎週飛来し、四条烏丸のビルにあった進駐軍の京都司令部への連絡に使われていた。男性自身も昭和22年ごろに1年間、進駐軍のジープを運転する仕事に就き、軽飛行機から降りてきた軍関係者を乗せたという。写真はその職に就く前の21年に撮影したものだ。…戦闘機に詳しい航空機研究家の…さん（69）も「朝鮮戦争で活躍したグラマンF9Fパンサーなどジェット戦闘機は1500～2千メートルほどの滑走路が必要。航空母艦ではカタパルト（射出機）などがあり、短い距離での離着陸が可能だが、市街地ではあり得ない」とする。男性が撮影した写真を見てもらったところ、「米陸軍のマークもあり、連絡や偵察、負傷兵の護送などに使われたスチンソンL—5センチネルという軽飛行機でしょう」と確認できた。」と記されている。⑤桜貝のぶらり京都たび（2023）「二条城前に飛行場が…!!」『戦後の京都の写真から』、https://sakuragai86.com/openmatomeview/?q=16792119918749、ネット記事では、京都文化博物館で行われている『続・戦後京都の「色」はアメリカにあった』と題された占領期の京都を写した写真展について紹介し、一部の写真が掲載されている。「二条城前の飛行場」と記された東南側から撮影したアングルの写真には、東南隅櫓、東大手門が確認でき、東南隅櫓東側には米軍マークがついた飛行機2機が確認できる。なお、植田憲司・衣川太一・佐藤洋一（2023）「1　1945年9月25日京都進駐」『増補新版　戦後京都の「色」はアメリカにあった！』小さ子社、p.36にも同様な写真が掲載され、「10　二条城前の飛行場」として紹介されている。⑥レファレンス協同データベース（2023）質問「第二次世界大戦後、二条城は進駐軍の飛行場やテニスコートとして利用されていた。そのことがわかる写真や資料等はあるか」提供館京都府立京都学・歴彩館、https://crd.ndl.go.jp/reference/entry/index.php?id=1000332477&page=ref_view、ネット記事には「第二次世界大戦後、二条城は進駐軍の飛行場やテニスコートとして利用されていた。そのことがわかる写真や資料等はあるか。」の質問に対する回答が掲載されている。

・情報提供する本等の出典と内容を確認してもらいたい（ＳＴ氏）。

＊①帝室博物館（１９４０）「二條離宮と障壁畫（秋山光夫）」『二条離宮障壁畫大観』便利堂、p.3には、昭和初期の二の丸庭園の写真が掲載されている。「第五圖　二の丸全景　大廣間黒書院（右）白書院（左）」の写真では、現在、白書院西側に確認できる南北に延びる建仁寺垣は確認できない。「第六圖　庭園全景」では、蘇鉄の間付近から西南方面を望む二の丸庭園写真が確認できる。「第七圖　黒書院前池畔眺望」では、庭園南側から北西滝口方面を望む二の丸庭園写真を見ることができる。②有識文化協会猪熊兼繁（１９５６）『京都文華典』京都文華典事務局、p.11の二条城航空写真から１９５５（昭和30）年頃の二条城の様子をみることができる。本丸全景をみると、現在確認できない築山に登るための東北側園路、芝生中央に現存しない樹木が確認でき、二の丸全景からは台所東側に大きな円形花壇、現在桜の園となっている所は広場で、円形の花壇らしきものが確認できる。またＳＴ氏の話によれば、「航空写真から窺える管理事務所北側に位置する売店の東側にお地蔵さん等があった。管理事務所を新しくするために東北隅へ移された」とのこと。お地蔵さんのことが記事（１９５６〈昭和31〉年5月7日付『京都新聞』）になっている。③京都市観光課（１９４０）「恩賜元離宮二條城」『京都の庭園』京都市観光課、p.10-11には、二の丸庭園の概要、庭園の写真2枚、図面が掲載されている。④京都名園の会（１９５７）「二条城二之丸庭園」『京の庭』素人社、p.32-33には、二の丸庭園の概要、庭園の写真2枚が掲載されている。⑤関口鍈太郎（１９６１）「二條城に之丸庭園」『京都の庭園』京都記念会、p.7には、二の丸庭園の概要が掲載されている。⑥宮内省所管時代の二の丸庭園写真（撮影年代：大正後期～昭和初期頃、二の丸南庭付近から大広間方面を望む写真）、以下の文献には同一アングルの写真が確認された。㋐龍居松之助（１９２４）「二條離宮御庭」『日本名園記』嵩山房、図版ページ、㋑京都市教育会（１９２８）『京都維新史蹟』京都市教育会、カワイ書店、p.50、㋒東洋文化協会（１９２９）『幕末明治文化変遷史』東洋文化協会、p.22、㋓東洋文化協会（１９３４）『幕末・明治・大正回顧八十年史』東洋文化協会、p.65、⑦矢守一彦・大塚　隆（１９７７）『日本の古地図、⑩京都幕末維新』講談社、p.12,p.18,p.19では、写真の掲載はないが、p.12に「明治維新になってからの二条城付近の変化」について、「二条城が京都府となり、千本御屋敷は懲役場となった。またこの所司代千本屋敷内にあった巨大な火見櫓（左図参照）が明治初年に二条城内に移されている。…」と記され、またp.18-19の「京都区分一覧之図（明治九年刊）」の二条城をみると、「京都府」と記入され、東北隅には火見櫓が描かれている。

4 おわりに

2025（令和7）年1月3日現在、ヒアリングを行ったうち6名の先輩方は既に他界され、生存確認できない先輩が3名、生存されている先輩が4名です。

先輩方がヒアリングにご協力くださったことによって、ここに昭和初期から平成後期までの二条城の出来事を昔話として記録することができました。ご協力頂いた皆様に感謝するとともに、お亡くなりになった先輩方には心よりご冥福をお祈りいたします。

参考引用文献

1 ①中村 一・平井昌信（1984）「加藤五郎氏に聞く（第1回上原敬二賞受賞者）」、『造園雑誌』47巻3号、p.189-192、②東京農業大学緑窓会（1993）公園及び都市緑化行政史（緑窓会事業報告資料）、東京農業大学緑窓会、p.1-6 ③片山博昭（2024）加藤五郎『東京農業大学造園科学科100周年記念 時代をつくる造園家のしごと』建築資料研究社、pp.184-185 他多数

10章

蘇鉄

この章では二条城二の丸庭園に植栽されている蘇鉄について紹介します。

一つ目は蘇鉄の特性、二つ目は庭園樹木として利用され始めた蘇鉄、三つ目は二条城二の丸庭園の蘇鉄の変遷史、そして四つ目は蘇鉄の防寒作業に焦点を当てて解説します。

また、それらの項目中で「蘇鉄は庭園樹木としていつ頃から植えられ始めたのか?」、「二条城二の丸庭園の蘇鉄はいつ頃植えられたのか?」、「後水尾天皇行幸準備にあたり、鍋島藩以外の藩は二条城に蘇鉄を献上していなかったのか?」、「江戸中期（享保年間）の二の丸庭園が改修されたと考えられる時期に蘇鉄はどのようになっていたのか?」、「現存する蘇鉄の樹齢はどのくらいなのか?」についても解説します。同時に「寒さに弱いとされる南方産の蘇鉄を今日までどのように維持管理してきたのか?」についても説明します。

なお、2章、3章、7章と重複している箇所もありますが、振り返るつもりでご一読頂ければ幸いです。

1 蘇鉄の特性

蘇鉄は[1~10]、九州南部、沖縄、中国、台湾等の暖地の海辺に自生する常緑低木または小高木です。特に海岸の風衝地や崖、原野など厳しい環境に強く、乾燥にも耐える性質を持っています。そのため、公園や庭園などにも広く植栽され、葉は切り花としても利用されています。成長が遅く、樹高は通常1～5m程に達します。寒い地方では冬季に霜よけの覆いが必要となりますが、関東以西でもワラ等で被覆すれば植栽可能と言われています。

蘇鉄の名前の由来は、枯れかけた株に鉄分を与えると蘇ることからついたと言われていますが、文献により効果が薄いと記されているものもあります。茎は太い円柱形で、葉は幹の先端に輪生状につき、羽状複葉で長さ50～150㎝程度となり、小葉は8～20㎝の線形で、硬く、触れると痛みを感じることがあります。開花時期は6月～8月、幹の先端に黄褐色の花を咲かせます。雌雄異株で雄花は弾頭形（マッカサ状：長さ40～60㎝）、雌花は球形（直径30～40㎝）をしています。果期は10月～12月、種子は朱赤色の光沢のある卵形（長さ2～4㎝）で、薬用にもなります。

沖縄や奄美地方では、幹にデンプンが含まれていることから、古くは飢饉の際に幹を砕き、水にさらして有毒成分を洗い流したのちに非常食にしたそうです。

ソテツ植物は現生するどの群にも類縁性がない特異な植物で、非常に古い歴史を持っています。全盛期は1億5000万年前のジュラ紀で、現存するソテツ植物は11属185種程度で、温暖な亜熱帯地域に生育しています。

蘇鉄の繁殖は実生、挿し木、株分けなどで行われます。剪定は枯葉を取り除く程度でほとんど必要ありません。肥料は葉の出る前の2月頃に油粕、鶏糞などを根元に施し、9月上旬に化成肥料を少量与える程度で十分です。病害虫は特にありません。

2 庭園樹木として利用され始めた蘇鉄

蘇鉄が庭園樹木として利用され始めたことについて、様々な文献[11]で言及されています。重森完途氏の『日本の庭園芸術』[12]には、室町時代の応永年間（1394～1428年）の頃、山口の大内盛見（室町時代前期の武将守護大名）

が京都の邸宅に蘇鉄を植えさせたことが記されており、吉永義信氏（1974）の『元離宮二條城』[13]では、蘇鉄が日本庭園に使用されるようになったのは室町時代頃からと考えられるとされ、また、桃山時代や江戸時代には、庭に移植して広く鑑賞されるようになったことが記されています。

また、飛田範夫氏の『日本庭園の植栽史』[14]では、1460（寛正元）年、足利義政の室町殿に植栽された植物の一覧の中に蘇鉄が出現していること、1488（長享2）年、山陽・山陰の西部一帯を支配していた守護大名の大内氏邸宅にも蘇鉄が存在していたこと、[15]1597（慶長2）年に伏見城に蘇鉄ばかり植えた露地があったこと、1812（文化9）年に松平定信が隠居してから作った庭園「海荘《はまやしき》」に蘇鉄が植えられていたこと等[16]が報告されています。

さらに西 桂氏の『日本の庭園文化』には、「随所に使われている蘇鉄は、桃山時代から江戸時代にかけて流行し、異国情緒を漂わせた二条城二の丸庭園や本願寺大書院庭園などにも見られる。」[17]と記載されています。

これらの文献から「蘇鉄は庭園樹木としていつ頃から植えられ始めたのか？」の疑問には、室町時代前期に植えられ始め、桃山時代から江戸時代にかけて流行した樹木であったと答えられます。それを考えると二条城二の丸庭園の蘇鉄の植栽は、流行の先駆け的なものであったと言えるかもしれません。

3 二条城二の丸庭園の蘇鉄の変遷史

二条城は3代将軍家光の時代（1624〈寛永元〉～1626〈寛永3〉年）に後水尾天皇を迎えるため、本丸の拡張及び本丸御殿増築、行幸御殿、中宮御殿などの増築、既存御殿の改築などが大規模に行われ、それに合わせて既存の庭園を小堀遠州が改作し二の丸庭園が完成したと考えられています。

二条城二の丸庭園の蘇鉄に関する既往研究報告は、吉永義信氏[18・19]、中島卯三郎氏[20]、太田浩司氏[21]、齊藤洋一氏[22]らによる断片的な報告があり、それを筆者らが[23・24]二条城二の丸庭園の庭園景の変遷過程に沿って整理しています。その後、菅沼 裕氏[25]、筆者らによる新史料等の報告もありましたので、ここでは、1942（昭和17）年から2022（令和4）年現在に明らかにされている既往報告を含めて、1626（寛永3）年後水尾天皇行幸に先立ち植栽された蘇鉄、江戸中期（享保年間）に存在していた蘇鉄、幕末に存在していた蘇鉄に分けて説明します。

1626（寛永3）年後水尾天皇行幸に先立ち植栽された蘇鉄

①吉永義信氏[27]（1942）、中島卯三郎氏[28]（1943）は『東武實録』[29]を基に、鍋島藩の鍋島信濃守勝重が後水尾天皇行幸に先立ち、蘇鉄1本を二条城に献上したことを明らかにしています。

②また筆者らは「3章　後水尾天皇行幸時の二条城二の丸庭園の植栽について」で取り上げている小堀遠州が福岡藩家老栗山大膳[30]に宛てた手紙（『小堀遠州差出栗山大膳宛書状』[31〜33]）によって、後水尾天皇行幸準備にあたり、二の丸庭園の植木が方々から献上されていること、福岡藩からも蘇鉄10本が献上されていたことを明らかにしました。

③さらに、菅沼 裕氏報告[34]の根拠史料となる『永井家文書』[35]の検証によって、後水尾天皇行幸29年後の1655（明暦元）年には二条城内に60本の蘇鉄が存在していたことがわかりました。60本全てが二の丸庭園に存在したかは史料不足のため確証は得られませんが、行幸の翌年（1627〈寛永4〉年）から行幸施設等が移築・撤去されていることから、新たな植栽等は考えにくいと推測します。このことから後水尾天皇行幸時の二の丸庭園は、林立するほどの本数の蘇鉄が植栽され、徳川家の威厳を示した空間が演出された異国情緒溢れる庭

園であったことが想像されます。また中村 一氏・尼﨑博正氏が庭園の見え方について、「…二条城二ノ丸庭園は大広間の外様大名に対して見せつけるという意図があったと考えてはどうだろうか。もしそうなら庭園は威圧的でなければならない。…」[36]と記しているように、刺々しい蘇鉄を植栽することによって威圧感を演出したのかもしれません。

また、「二条城二の丸庭園の蘇鉄はいつ頃植えられたのか？」の疑問は、『小堀遠州差出栗山大膳宛書状』に記述されている栗山大膳の書状が届いた日付（4月5日）、遠州が大膳宛に書状を差出した日付（4月26日）、『東武實録』の鍋島勝重が献上した時期（1626〈寛永3〉年5月3日）、秀忠上洛月（同年6月）、家光上洛月（同年8月）、後水尾天皇行幸月（同年9月）などから、1626（寛永3）年4月〜5月に植えられたと推測されますが、遅くとも後水尾天皇行幸前の8月下旬までには植え終えたと考えられます。

さらに、「後水尾天皇行幸準備にあたり、鍋島藩以外の藩は二条城に蘇鉄を献上していなかったのか？」の疑問は、『小堀遠州差出栗山大膳宛書状』から、御泉水（二の丸庭園）の植木として福岡藩からも蘇鉄10本が献上されていたことがわかりました。

江戸中期（享保年間）に存在していた蘇鉄

1997（平成9）年、長浜城歴史博物館の太田浩司氏[37]によって、『二條御城中二之御丸／御庭蘇鉄有所之図』[38]（中井正知氏蔵）の絵図が公表され、享保年間の二の丸庭園の様子が明らかとなりました。同絵図にみる二の丸庭園については、筆者らが、1730（享保15）年に制作された絵図では、後水尾天皇行幸時と異なり、池東南隅一郭が南に深く湾入し、石段や切石垣が積まれていること、蘇鉄が二の丸御殿黒書院南、中島、南小島、二の丸庭園池尻付近に点在して、計15本描かれていたことを報告しています。[39]

以上のように、「江戸中期（享保年間）の二の丸庭園が改修されたと考えられる時期に蘇鉄はどのようになっていたのか?・」の疑問について、『二條御城中二之御丸／御庭蘇鉄有所之図』（中井正知氏蔵）の絵図から、江戸中期（享保年間）に改修された二の丸庭園には、蘇鉄が15本存在していたことがわかりました。ただし、現段階では史料不足のため、1730（享保15）年に描かれた蘇鉄15本が、改修時に植栽されたものなのか、或いは後水尾天皇行幸時（1626〈寛永3〉年）から生き続けたものなのかなど、詳細は不明です。

幕末に存在していた蘇鉄

時代は下り、幕末の二の丸庭園の様子を知る史料[40]には、1994（平成6）年、松戸市戸定歴史館の齊藤洋一氏が明らかにした『官武通紀』と、幕末の記録写真の2点があります。齊藤氏によると、14代将軍家茂の上洛に備えるため二条定番と京都町奉行が1862（文久2）年9月16日に二条城内を視察した記録『官武通紀』では「孤狼之巣窟之様」と称される程荒れ果てていたことが報告され、家光以来、229年ぶりの14代将軍家茂上洛に併せて庭園が整備されたものと推測されます。整備以降の二の丸庭園の実像をとらえた記録写真（1863〈文久3〉～1867〈慶応3〉年撮影と推定）では、石組に蔓が絡まり、池底には草が生え、燈籠1基、蘇鉄1株、黒書院西南角付近には松1本、北東付近の樹木2本、中島の樹木1本、燈籠北側に株立ち状の樹木、塀が存在する様子が窺われ、枯山水風な庭園景観を呈していました。[41]また、『二條御城中二之御丸／御庭蘇鉄有所之図』（中井正知氏蔵）の絵図の蘇鉄番㊀と幕末の記録写真にみる蘇鉄、現況（2005〈平成17〉年現在）の蘇鉄の位置は合致し、幕末の蘇鉄と現況の蘇鉄を比較すると同様な樹形をしていることもわかりました。[42]

以上のことから「現存する蘇鉄の樹齢はどのくらいなのか?・」の疑問に対しては、江戸中期（享保年間）に描かれた『二條御城中二之御丸/御庭蘇鉄有所之図』(中井正知氏蔵)の蘇鉄が、そのまま生き続けているものであるかは不明ですが、筆者らの検証により[43]、2024(令和6)年現在で少なくとも樹齢約160年以上経過した株であることが明らかになりました。

なお、私が在職していた2000(平成12)年頃までは、二の丸庭園に現存する蘇鉄は鍋島藩の鍋島勝重公によって献上されたものとして説明されていましたが、上記の報告によって、享保年間の絵図には蘇鉄が15本描かれており、そのうち1本が、幕末の蘇鉄や現存の蘇鉄の位置と合致していると説明が改められました。

4 蘇鉄の防寒作業

前述の「1　蘇鉄の特性」にも記しましたが、蘇鉄は九州、沖縄のように暖かい所に自生する樹木ですので、関東以西では、冬は霜をよけるために防寒作業が行われるところが多くあり、二条城でも毎年11月~12月初旬頃に防寒作業が行われています。二条城の蘇鉄の防寒作業は、いつ頃から行われ始めたのか正確にはわかりませんが、先輩の話では「京都市に下賜された1939(昭和14)年以前から行われていたものだ」と聞いていますので、2025(令和7)年現在で85年以上直営職員によって継承され、冬の風物詩となり、蘇鉄と防寒技術が守り続けられています。

同様な技術が桂離宮でも継承されていると耳にしたので、2022(令和4)年12月、桂離宮の蘇鉄の防寒の様子を確認に行きました。後日、宮内庁京都事務所庭園係の担当者に施工時期や施工方法等をお尋ねしたところ、「気候等にもよるが、毎年11月中旬から12月初頭までの間に防寒作業が行われ、だいたい1~2週間程度かかる。いつ頃から始められたのか詳しくはわからない。昔から伝わる防寒技術で、昭和時代の写真にも記録が残されている。施工は庭園係担当者が指導し、業者が施工おこなっている。施工方法は、荒縄で枝をしおり、その上にコモを巻き、化粧としてワラを巻く。」とのことでした。仕上がりの形状は若干、二条城の蘇鉄の防寒と異なりますが、ほぼ同様な方法で行われ、二条城と同様に先人達の知恵がいまなお受け継がれていることを感じました。

二条城の蘇鉄の防寒作業は、２０２５（令和７）年2月現在二条城公式ＨＰで紹介されていますので、簡単に作業手順を列記すると以下の通りです。

①蘇鉄の枝葉がしおりやすいように、下葉の剪定などを行います。
②蘇鉄の広がっている枝葉を上の方にしおり、荒縄で結束していきます。
③枝葉がしおり終わったら、下地としてコモを幹に沿って巻いていきます。コモを巻き終わると、見た目が鉛筆のような形になります。
④ワラで化粧を行っていきます。下から上に向かって笠を重ねるように仕上げます。
⑤蘇鉄の防寒（コモ巻き）の完成です。完成後の姿は、ワラが段々に重なり、幾重に笠を被せたような形になります。

以上のように、「寒さに弱いとされる南方産の蘇鉄を今日までどのように維持管理してきたのか？」の疑問に対する答えは、二の丸庭園の蘇鉄は１９３９（昭和14）年の京都市移管以前から引き継がれていた防寒技術を用いて、毎年11月〜12月頃に蘇鉄の枝葉をしおり、下地にコモを巻き、その上からワラで化粧する防寒によって今日まで維持管理されてきた、ということになります。

参考引用文献

1 林 弥栄（1900）『特装版　山渓カラー名鑑　日本の樹木』山と渓谷社、p.6
2 中川重年（1994）『検索入門　針葉樹』保育社、pp.8,20
3 西田尚道（2000）『フィールドペースト図鑑5　日本の樹木』学習研究社、p.227
4 北村文夫監修（2001）『ＮＨＫ趣味の園芸樹木図鑑』日本放送出版協会、pp.10-11
5 大嶋敏明（2002）『葉形・花色でひける木の名前がわかる事典』成美堂出版、p.184
6 巴田 仁（2004）『新訂原色樹木大圖鑑』北隆館、p.748
7 鈴木庸夫（2005）『葉実樹皮で確実にわかる樹木図鑑』日本文芸社、p.232
8 コリン・リズデイル他（2007）『知の遊びコレクション　樹木』新樹社、p.68
9 平野隆久（2008）『樹木大図鑑』永岡書店、p.102
10 平野隆久（2012）『樹木ガイドブック』永岡書店、p.268
11 レファレンス協同データベース（2012）、質問「ソテツが日本の庭園樹木として植えられるようになったのはいつ頃か知りたい。」、岡山県立図書館提供、https://crd.ndl.go.jp/reference/detail?page=ref_view&id=1000129268
12 重森完途（1957）『日本の庭園芸術』理工図書、p.6
「……例えば伏見城に作られた茶室などは蘇鉄ばかり植えた茶室が作られていた程で、……今少し蘇鉄について記してみると、この植栽を庭園に入れたのは室町時代であり、そのエキゾチックな姿を非常に珍重したのである。すなわち、応永の頃に山口の大内盛見が京都の邸に大きい池泉庭園を作り、この庭園に始めて蘇鉄が植えられたとしているが、大内氏は貿易を盛んに行い、かの雪舟禅師なども大内氏の貿易に便乗して中国へ渡つたほどであるから、蘇鉄が貿易船によつて渡来し大内氏の手に入つた事は当然想像できるところである。この珍しい蘇鉄が時代を経て桃山時代になると各庭園の植栽として重要視されたのは当然で、当代の庭園では、二条城庭園（京都市）……、来迎寺庭園（大津市）……、三宝院庭園（京都市）などの諸庭園に用いられたのである。」と記述しています。
13 吉永義信（1974）『元離宮二條城』小学館、pp.307-308
「蘇銕が日本庭園に使用されるようになったのは室町時代ころからと考えられるが、桃山時代や江戸時代には熱帯的な樹姿に魅せられ、庭に移植して広く鑑賞されるようになった。」と記されています。
14 飛田範夫（2002）『日本庭園の植栽史』京都大学学術出版会、p.164
15 文献14、pp.183-184
16 文献14、pp.280-281
17 西 桂（2005）『日本の庭園文化』学芸出版社、p.108
18 澤島英太郎・吉永義信（1942）『二條城』相模書房、p.105
19 文献13、p.307
20 中島卯三郎（1943）「行幸圖屏風に現はれたる二條城二の丸庭園に就いて」、『造園雑誌』10巻3號、pp.22-27
21 太田浩司（1997）『小堀遠州とその周辺―寛永文化を演出したテクノクラート―』市立長浜城歴史博物館、pp.49,89
22 齊藤洋一（1994）『二条城―黒書院障壁画と幕末の古写真―』松戸市戸定歴史館、p.30
23 内田 仁・鈴木 誠（2001）「二條城二の丸庭園における庭園景及び担った役割の変遷」、『ランドスケープ研究』65巻1号、p.47
24 内田 仁（2006）『二條城庭園の歴史』東京農業大学出版会、pp. 41,44,46,47,54,57
25 菅沼 裕（2015）「特集京都の庭園文化4」、『会報114』京都市文化観光資源保護財団、pp.5-8
26 内田 仁・本正進保・本正義則（2022）「後水尾天皇行幸時の二条城二の丸庭園における植栽に関する研究」、『令和4年度　日本造園学会関西支部大会　研究・事例発表要旨集』日本造園学会関西支部、pp.21-22
27 文献18、p.105
28 文献20、p.27

29 史籍研究會（1981）「東武實録（一）」、『内閣文庫所蔵史籍叢刊』第1巻、汲古書院、p.249
30 小野重喜（2016）『栗山大膳　黒田騒動その後』花乱社
31 本正義則蔵（1626〈寛永3〉推定）小堀遠州差出栗山大膳宛書状
32 山田 勲（1994）『岩手の茶道史』岩手県茶道協会、p.55
33 苫米地宣裕（2015）『栗山大膳とその後裔』苫米地宣裕、p.79
34 文献25、p.7
菅沼氏は二の丸庭園の蘇鉄について、「…資料によると、寛永年間当初には60本あまりのソテツが植えられていた…」、「承応2年（1653）、京都御所が炎上し…小御所の庭に植えられていたソテツが火事で焼けてしまったため、代わりのソテツが必要となりました。…二条城のソテツを移植することとなり、15本が京都御所に移ることとなりました。」、庭園には紀伊半島や四国で多く産出する青石（結晶片岩）とソテツが林立していたようであったこと等を報告し、本数の多さから、ソテツのほとんどは自生地の琉球か薩摩から運んできたものと考えられる等の見解を示しています。ただし、当該会報誌には、根拠となる史料名は記載されていなかったため、菅沼氏の聞き取りから根拠史料が『永井家文書』であることがわかりました。
35 高槻市編さん委員会（1974）「永井家文書」、『高槻市史』第4巻（一）史料編II、pp.669-673,742,744
36 中村 一・尼﨑博正（2004）『風景をつくる』昭和堂、p.175
37 文献21、pp.49,89
38 中井正知蔵（1730〈享保15〉）二條御城中二之御丸／御庭蘇鉄有所之図
39 文献23、pp. 44,46、文献23、pp. 41,54
40 文献22、pp.30,93
41 文献24、pp.44,57,58
42 文献23、p.47、文献24、pp.44,47,57
43 文献23、p.47、文献24、p.44
下間正隆（2023）『イラスト二条城』京都新聞出版センター、p.146（コラム「蘇鉄の菰巻ができあがるまで」）、pp.167-172（歴代将軍の庭）

11章

マツの剪定方法

お城といえばマツが連想されるほど、日本のお城には多くのマツが植えられています。何故かというと、マツは昔から燃料として利用され、またマツの実や甘皮がろう城した時の非常食にもなることから、お城に多く植えられてきたようです。[1] 二条城もその例外ではなく、城内には約１３００本程（２０１６〈平成28〉年度現在）[2]のマツが植栽されています。ひと昔前までは、樹木の代表格と言われていたマツも、洋風化した建物に合わせた多様な樹木の導入や管理費のかからない樹種の選択により、個人庭園ではほとんど利用されなくなり、追い打ちをかけるようにマツ枯れ被害によって維持管理も困難な時代となってきました。しかし、マツは古来お城やお寺そして盆栽などにおいても欠かせない存在で、日本文化を象徴する樹木として、伝統技術の継承の下に維持管理されていくべき貴重な樹種といえます。

現在、樹木の剪定方法を解説しているものは、イラストを多く用いた解説本の他に[3~7]、インターネットの写真付き剪定解説サイトや[8~10]ＹｏｕＴｕｂｅ動画と[11~14]いった新たな媒体によって、昔と比べ非常にわかりやすく、親しみやすく、どなたでも木鋏や剪定鋏をもってチャレンジしてみようと思えるようなものが増えています。

この章では、私が二条城で実践してきたマツの剪定の方法を紹介いたします。説明する内容は１―マツ類特有の剪定方法の概略、２―作業に必要な道具・服装、３―「芽摘み」、４―「葉むしり」、５―「鋏透かし」、６―具体的な剪定方法と考え方、７―御所透かしについてです。

1―マツ類特有の剪定方法の概略

マツの剪定は大きく分けますと、「芽摘み（みどり摘み、以下、芽摘み）」、「葉むしり（もみあげ、以下、葉むしり）」、「鋏透かし」の3つがあります。一般的に大切に管理しているマツは、毎年5月頃に「芽摘み」、秋～冬の間に「葉むしり」を行い、それに準じるマツは管理経費等の事情により、隔年～数年間隔で秋～冬の間に「鋏透かし」を行います。

「芽摘み」は伸長した新芽を摘む作業、「葉むしり」は枝を透かして古い葉をむしる作業、「鋏透かし」は枝を透かす作業です。なお、解説本等によっては、「葉むしり」は古い葉をむしる作業のみとして解説されていますが、本章では「葉むしり」は剪定も含むものとして解説します。

＊２００８（平成20）年度頃の二条城のマツの剪定は、毎年行う剪定（主に庭園等の中心部分）、隔年～数年間隔で行う剪定（内堀、外堀等）、ほぼ無剪定（二条城を取り囲む土手等）に分けていました。毎年剪定対象のマツは「芽摘み」と「葉むしり」を行い、隔年～数年間隔の剪定対象のマツは「鋏透かし」を行っていました。

2　作業に必要な道具・服装

作業に必要な道具は、はしご、脚立、命綱（安全帯）、はしごを樹木の枝に結束する細いロープ、剪定鋏（ケース含む）、ノコギリ等。服装は、作業着、脚絆、手甲、安全帽（ヘルメット等）、軍手、地下足袋等を着用して作業に取り掛かります。

＊私が東京で勤めていた造園会社（１９８４（昭和59）年頃）では、樹木を剪定する時には、木鋏（蕨手）、木製の脚立を利用していましたが、京都では剪定鋏、アルミ製の脚立が主流でした。造園文化の発祥の地とも言える京都が新しい道具を導入して樹木管理に携わっていることに驚きましたが、伝統技術はしっかり継承されていました。

3 芽摘み

「芽摘み」は、4~5月頃に新芽（みどり）が伸長しますので、新芽の固まった5月上旬に新芽を2／3程度摘み、1／3（2~3㎝）程残し、マツが大きくならないように成長をコントロールします。また新芽が3本伸長し、真ん中の芽が強く伸びている場合（真ん中の最も成長のよい芽を「ミツ」と呼ぶ）、通常は（ミツを）根元から摘み取ります。

作業は基本的には手で新芽を摘みますが、竹べら等を親指と人差し指に挟んで利用し摘むこともあります。芽摘み適期は5月上旬から6月中頃です。

＊新芽が固まっていない時に芽を摘んでしまうと、摘んだ後から芽が伸長する場合があります。そのため、二条城では5月のゴールデンウィーク明けに新芽を摘み始めるようにしていました。しかし、作業後半になると伸びた新芽が固くなり、新葉が開き始めることもありますので、芽が摘みにくくなり苦労しました。

4 葉むしり

マツは、古い葉が数年経過しますと緑色から茶色となり自然に落ちますが、古い葉の落ちた箇所からは新たな芽が出にくい特性があります。そのため、できるだけコンパクトに維持するために、「芽摘み」作業とは別に、枝を透かした後に古い葉を手でむしり取る「葉むしり」作業を行い、新芽や下枝の葉に日が差し込むよう、また風通しがよくなるようにします。剪定適期は樹液を上げる量の少ない秋11月頃から翌年の3月中頃までです。

＊二条城での「葉むしり」作業は、素手で行う請負業者の方々もいましたが、直営職員はナイロン製の軍手を利用し、軍手両手の親指、人差し指、中指の第一関

節分の先端を切断し、切断面を火であぶり、切り口がほつれないようにしてから、主に左右の指6本で行っていました。樹液を上げる量が少ない時期に作業を行いますが、むしる葉の本数が多いため、指や爪の間にはマツヤニが付着し、手を洗うたびに指先がボロボロになってしまうほど辛い時期となっていました。ちなみに関東で経験したマツの葉むしり（関東では「もみあげ」と呼称）は、軍手をせずに古い葉を引き抜くように取り除く作業であったため、マツの葉先が手の甲にチクチク刺さり痛い思いをしました。

5 鋏透かし

毎年剪定する「芽摘み」及び「葉むしり」とは別に、隔年～数年間隔で剪定を行う方法がマツの「鋏透かし」で、経費的な理由等から選ばれる簡易な剪定方法といえます。

基本的には「葉むしり」作業の時に行う剪定（枝透かし）と同様ですが、剪定頻度に応じて、枝を透かす量を調整し、枝と枝の間を広めに剪定し採光させる等の配慮が必要です。また、「鋏透かし」でも仕上がりを美しく見せるために、状況に応じて下枝側に垂れ下がっている古葉をたぐる（軽くむしり取る）ことがあります。剪定適期は樹液を上げる量の少ない秋11月頃から翌年の3月中頃までです。

＊京都御苑では4m程の細長い竹の先端に鎌のような刃先がついた道具「長柄カマ（二条城では〝しゃ鎌〟と呼称）」を利用した「御苑透かし」が現在でも見られるようですが、二条城でも昔はしゃ鎌を利用してマツの剪定を行っていたそうです。私が配属された1987（昭和62）年には既にマツの剪定に利用されることはなく、高木のかかり枝や枯れ枝を除去する時に利用する程度でした。

6　具体的な剪定方法と考え方

ここでは「葉むしり」を例に説明いたします。

・マツは、常緑広葉樹や落葉広葉樹と異なり萌芽力が弱いために、一旦内側の枝が枯れてしまうと、再び芽を吹くことはほとんどなく、樹冠（樹木の外郭線）が段々大きくなる特性がありますので、内側の芽や枝（ふところ枝）を大切にして、一定の大きさに維持する必要があります。

・樹木は個体によって樹形、枝の伸長量、枝の出方、芽の付き方、葉序（互生・対生・輪生）、樹勢等が異なるため、剪定する樹木の特性を知る必要があります。

・樹木は庭園景観の構成要素であるため、庭園の一番のビューポイント（見所）や剪定する樹木がどの方向から見られているものなのかを見極める必要があります。

剪定作業の解説

①剪定後の枝葉を効率的に清掃できるよう、根元にシート（ブルーシート、網状シート等）を敷きます。

②マツの樹冠を円錐形に仕上げるようなイメージを持ちます。／剪定する前に、樹形をどのように整えていくかをイメージする必要があります。頭（頂上部）が小さく、下に行くに従い広くなるようなイメージを持ちながら樹形を整えます。［写真1、図1、2］

・頭（頂上部）はできるだけ小さく整えます。／頭を極力小さく仕上げることにより、円錐形のイメージに近づけます。頭が縮まれば、中間枝・下方枝も縮めることが可能となります。

＊中間枝とは樹冠の中間部分を形成する枝をいい、下方枝とは樹冠の下部約1／3を形成する枝をさします。[15]

- 頭は盃形（逆三角形）にならないように剪定します。／頭が盃形になっていた場合は、「肩を落とす」と言って端の尖った枝の塊の部分を剪定し、頭がお椀型（楕円形）になるようにします。整えることができない場合には複数年かけて仕立てていく必要があります。
- 頭が大き過ぎる、樹高が高すぎることを理由にしたトッピング（〈芯飛ばし〉頂上部の枝の塊を、直下の枝の塊の位置まで、幹の部分から切り下げること）は基本的に行わないようにします。／不自然な樹形になってしまうためです。ただし、庭園とのバランスを図るためにやむなく行う場合には、急激な変化にならないように長期展望に立ち、事前に枝の配りや伸ばし方等の準備をしておく必要があると考えます。
- 上の枝よりも、下の枝を長くするように剪定します。／頂上部から下方枝に下がってくるにしたがって枝が長くなるように整える必要があります。

③剪定は見所の表から裏へ、上から下へ向かい、奥から手前に向かって行います。／剪定後の芽や枝葉を折らないように、またかかり枝や作業時に折れた枝、かかり葉等が極力ないように作業を進めることで効率があがります。そのため剪定は、垂直方向は頂上部から下方枝に向かって作業を行い、水平方向は奥から手前に向かって行います。

＊樹木に登っている場合…奥（枝先）から手前（枝元〈幹側〉）、脚立を立てている場合…奥（枝元〈幹側〉）から手前（枝先）、右から左（右利きの方は）へ向かって行う。

④水平方向に伸びた枝（副主枝～側枝）[16]の塊（以下、棚と称す）を仕上げます。

- 棚は扇を広げたような形に仕上げます。
- それぞれの棚と棚の間が空くように仕上げます。／通風採光を図り、枯枝や害虫等の発生を防ぐため、棚と棚の間をはっきり空けるようにしますが、見た目は柔らかく仕上げます。

・②の円錐形のイメージと同様ですが、上の棚とほぼ同じか若干長くなるように下の棚を仕上げます。そのように仕上げることにより、折角登っていった樹木から下に降りて仕上がり具合を眺め確認する必要が少なくなります。

・マツの剪定は上下左右の棚のバランスを考えながら行います。

・棚の内側に次の後継棚になりうる小さな棚（以下、受け）もしくは小さな芽（送り芽）や枝（送り枝）を大切に育成し、将来的に差し替えすることをイメージしながら剪定します。

・樹冠の内側の枝（ふところ枝）が枯れると再萌芽しないため、ふところ枝は大事にする必要があります。

⑤枝透かし剪定時に考えること。／マツの剪定は一般的に主枝、副主枝、側枝の順に枝透かしを行い、そのあと葉むしり作業に入りますが、枝透かし剪定は以下のようなことを考えながら行います。

・鋏の入れ方は、枝先は剪定しないように、手を広げ人差し指と薬指を抜いたようなイメージで枝透かしをします。余談ですが、ある先輩からは「手を広げたように手入れしてやればよい」、別の先輩からは「自然に近い枝ぶりを頭に叩き込み枝をさばいていけばよい」と教えて頂きました。

・「かっくい」という枝の切り残しがないように枝元で剪定します。［写真2］／現在、枝の切り方については、切除後の切口の形成層からカルスが上手に塞がるように、例えば太い枝（幹と枝の境）を切る場合には、ブランチバークリッチとブランクカラーを結んだ線で切除すると切口の回復が早いとされています。[17] 昔は、幹と垂直に切除する考え方や下から見上げた時に切口が見えないように上向き斜めに切除する考え方がありました。

・大事に残した芽や枝がどのように伸びるのかをイメージしながら剪定します。

・枝の伸長量、樹勢等によっても異なりますが、1本の枝から3本に枝分かれしていたら真ん中の枝を抜くように剪定します。

• 枝葉が茂り枝ぶりがわからない時は、下から枝の伸び方を確認します。／樹木の中には樹勢が強く、葉が覆い繁って枝が見えないものがあります。そのような時にどのように剪定すれば良いのか迷うことがありますが、下から枝の出方をじっくり見ると、どの枝を残しどの枝を切るべきかがわかってきます。

• 芽のない枝の途中（中芽）での剪定は基本的に行わないようにします。／マツの剪定は枝分かれした箇所で切除することが基本となります。中芽で剪定すると、その枝から新たな芽が出ることはほとんどありません。大きくなり過ぎたり、枝が間延びしたりしていて短くしたい等の意図で、芽のないところで剪定することが地方によってはあるようですが、基本的に京都の庭園内のマツに対しては、よほどの理由がない限りそのような剪定はしません。また小芽があっても枝先は剪定しません。[写真2]

• 剪定する樹木がいかに自然風に見え、全体が柔らかく見えるかを考え、見た目が固くならないように仕上げていきます。／どこで剪定したのかわからないように、切口が目立たないように剪定します。細かく鋏を入れ過ぎると仕上がり具合が固く見えるので、鋏を入れ過ぎないように剪定します。自然の樹木を見ると、主枝、副主枝、側枝と枝を伸ばした構成となっているため、極端に主枝と側枝に偏った構成にならないように仕上げる必要があります。無理矢理剪定するのでなく、いかに理想の姿に徐々に近づけていくかが大事です。

• 意識的に老木化したように見せるために、垂れた枝を残すこともありますが、過剰にならないようにする必要があります。（一説には垂れ枝は、風になびきやすく成長抑制につながるという考え方もあるようです。）

• 一つの芽だけ枝を残すような剪定はせずに、枝分かれするように剪定します。

• 基本的にサバ（鯖の骨のようなT字形）になるような不自然な枝の切り方はしないようにします。

• 樹勢が強いマツの中には枝が垂直に立った出方をしているものがあります。そのような立ち枝をいかに寝かせるよう（水平）に剪定するかが技術であると言われています。枝が垂直に立っている場合には、内側の芽や差し替え枝によって、寝かせるように枝を水平に整えます。幼木・成木は立性、老木は垂れた枝が多い樹形となりますので、幼木・成木はいかに老木のように見せるかを考えます。地方によっては、しゅろ縄や竹を用いて枝を強制的に誘引する方法もありますが、京都ではそのような方法は用いません。

・毎年同じ所で切るとこぶができることがありますので、いかにこぶを作らず自然に近い枝ぶりにするか、内側の芽や枝を大事に育成し、差し替えすることによってこぶをなくすことができないか等を考えます。

・一つの棚を横から見た時に幹側が高く、枝先側が低く仕上がるように剪定します。

・幹が見えるように剪定します。

・限られたスペースに植栽された庭園内の樹木は、庭石、池、燈籠等の庭園構成要素とのバランスを保ち、スケールアウトしないようにコントロールしていく必要があります。

／枝葉の差し替え（切り戻し）によって樹冠が大きくなり過ぎないようにします。

また、併せて樹木のふところに棚の受けや伸長して受けになりうる送り芽・送り枝を育成し、長期展望に立ち将来的に差し替えができるように考えます。ただし、大きくなり過ぎて、縮めなければならない状況が生じても、枝や樹形がアンバランスにならないように時間をかけて縮めていくことが基本です。剪定する樹木の樹形、樹齢等も考え、差し替え等の判断をする必要があります。

・昨年と異なる剪定者が作業を行う場合は、剪定前に、前年剪定者がどのようなことを考え剪定を行っていたのかを読み取る必要があります。例えば、将来的に縮められるように内側に育成していた枝の有無や、枝を切り戻す準備をしていないか、差し替えるつもりがあったのか等を確認してから剪定を行います。

・安全対策を常に考えて作業を行う必要があります。／はしご、脚立の立て方、安全帯、安全帽（ヘルメット等）、樹木に登っている時に足を掛けている枝の状況等にも注意を払います。

⑥マツの葉むしり時に考えること

・マツの葉むしりをする量は、古葉と新葉を合わせて2／3程度（一枝に5～8対程度残す〈植栽環境、樹勢、マツの種類、人や地方、積雪量によっても異なります〉）です。

・葉むしりの方法ですが、③で記したようにマツに登っている場合は奥（枝先）から手前（枝元〈幹側〉）に向かって、脚立を立てている場合は奥（枝元〈幹側〉）から手前（枝先）に向かって作業を進めます。作業中、芽や枝葉に損傷を与えないように枝下側から両手を差し込み、左右の親指・人差し指・中指を利用してマツの古葉をむしります。具体的には、左右の指6本で枝を固定して、左手の3本指でむしる枝を固定したまま、右手の3本指で古葉を枝に沿って下向きにむしり取り、むしり終わった葉はそのまま右手にくるみもち、その右手ですぐさま枝を固定し、左手の3本指で古葉を枝に沿って下向きにむしり取ります（一枝がむしり終えます）。葉を左手にくるみもったまま、次の枝を左右の指6本で固定して、同様な動作で葉むしりを行い、くるみもった葉がある程度の量になったら、下方へ捨てます。この左右の繰り返しが京都で行われている「葉むしり」作業です。［写真3］

ここで特に注意すべき点は、マツの枝葉が顔に接近しマツの葉先が目に刺さることが時々ある点です。葉先は尖っていますので、失明の可能性もあるため十分に気を付ける必要があります。

＊葉むしりの方法は、地方によって異なりますが、二条城（1987〈昭和62〉年～2012〈平成24〉年3月）では軍手の指先を切って、親指・人差し指・中指を利用して一枝ごとに「葉むしり」を行っていました。

・マツによっては、樹勢の強いものの中に、腰の重いマツ（枝と葉がしっかりくっついているためむしりにくく、葉むしりをした時に皮もめくれてしまうマツ）があり、皮がめくれないように丁寧にむしる必要があります。そのような場合はゆっくり枝に沿って、むしる葉を下向きに押しつけるようにして丁寧に葉むしりを行います。もしくは引き抜くようにします。

・葉むしりをする時は、小さな芽が欠損しないように丁寧にむしります。小さな芽は将来的に後継枝となるためです。

• 葉むしりでは、頭（頂上部）から下方枝へ向かうほど若干枝葉が濃くなって見えるように葉をむしる量を調整します。／樹木は頂芽優勢の性質で、頂上部に近い程成育が盛んで、下へ向かうほど成長が鈍くなるためです。ただし、私の経験上、下方枝は体積的に枝数も多いため自然と濃く見えるようになりますので、それほど強く意識する必要はないと考えます。

• 剪定後に所々枝葉の濃い箇所、薄い箇所ができないよう、枝葉の濃さが均一に仕上がるようにします。

• 剪定後の枝葉の濃さが周囲のマツと同様になるよう統一を図りながら作業を進めます（周囲のマツと調和がとれ、同じ位の濃さになっているかを確認しながら葉むしり作業を行う必要があります）。特に複数人で作業を行う場合には濃さの統一は必須です。

• アカマツは剪定終了後の仕上げとして、幹を竹ぼうきで磨き、赤い幹の樹皮の色が引き立つようにします。

マツは剪定後から新芽が伸び始める前まで、さっぱりとした姿を見ることができますが、4～5月頃になりますと、新芽が伸びますので、芽摘み作業が行われます。その後、葉が展開して新葉を伸ばし、新緑から深緑の葉色に変化し、秋頃から葉むしり作業（枝透かし剪定作業含む）が行われるサイクルに戻ります。

マツは手をかけないと徐々に大きくなってしまう特性があるためか、上司からは「庭園は限られた面積なので、マツは現状以上に大きくできない」、「いかにマツと喧嘩していくかを考えなければならない」と言われたこともありました。大枝を抜いて透かしたり、取り込む（コンパクトにする）ことに対しての賛否があったことも思い出します。

いずれのご意見も、限られたスペースではマツは剪定（芽摘み、葉むしり、鋏透かし）によって成長を強制的にコントロールしなければ維持できないことを意味したものだと思います。

写真1｜樹冠（樹木の外郭線）を円錐形に仕上げるようなイメージを持つ

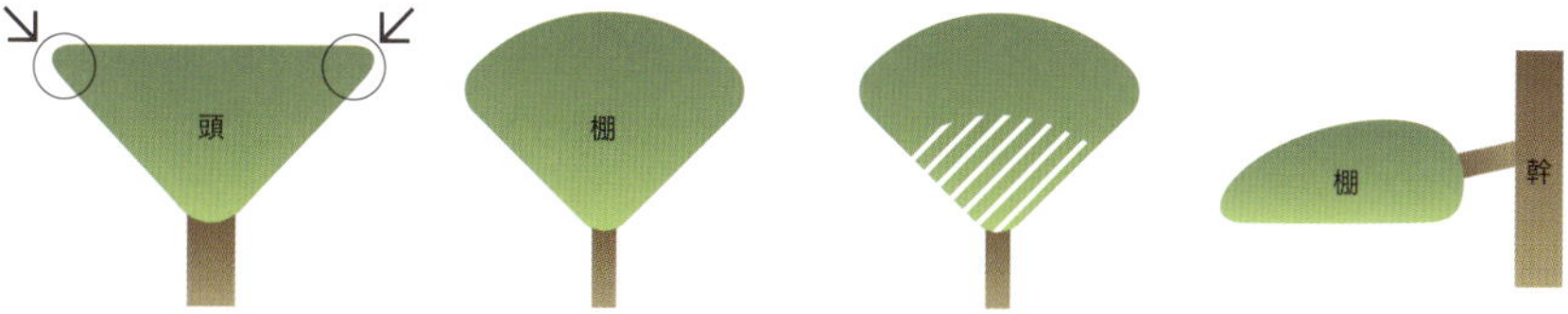

頭は極力小さく仕立て、頭が盃形（逆三角形）にならないようにする。仮に頭が盃形になっていた場合は、肩を落とすように剪定する

棚は上からみると扇状になるように仕上げる

枝元の内側には将来的に差し替え可能な枝や芽（受け・送り枝・送り芽）を大事に残して剪定をする

棚は横からみると幹側を高く、枝先側を低く仕上げる

図1｜頭と棚のつくりかた

・葉むしり後、枝葉の濃さがまだらにならないように仕上げる
・アカマツの場合は、仕上げに幹を竹ぼうきで磨く

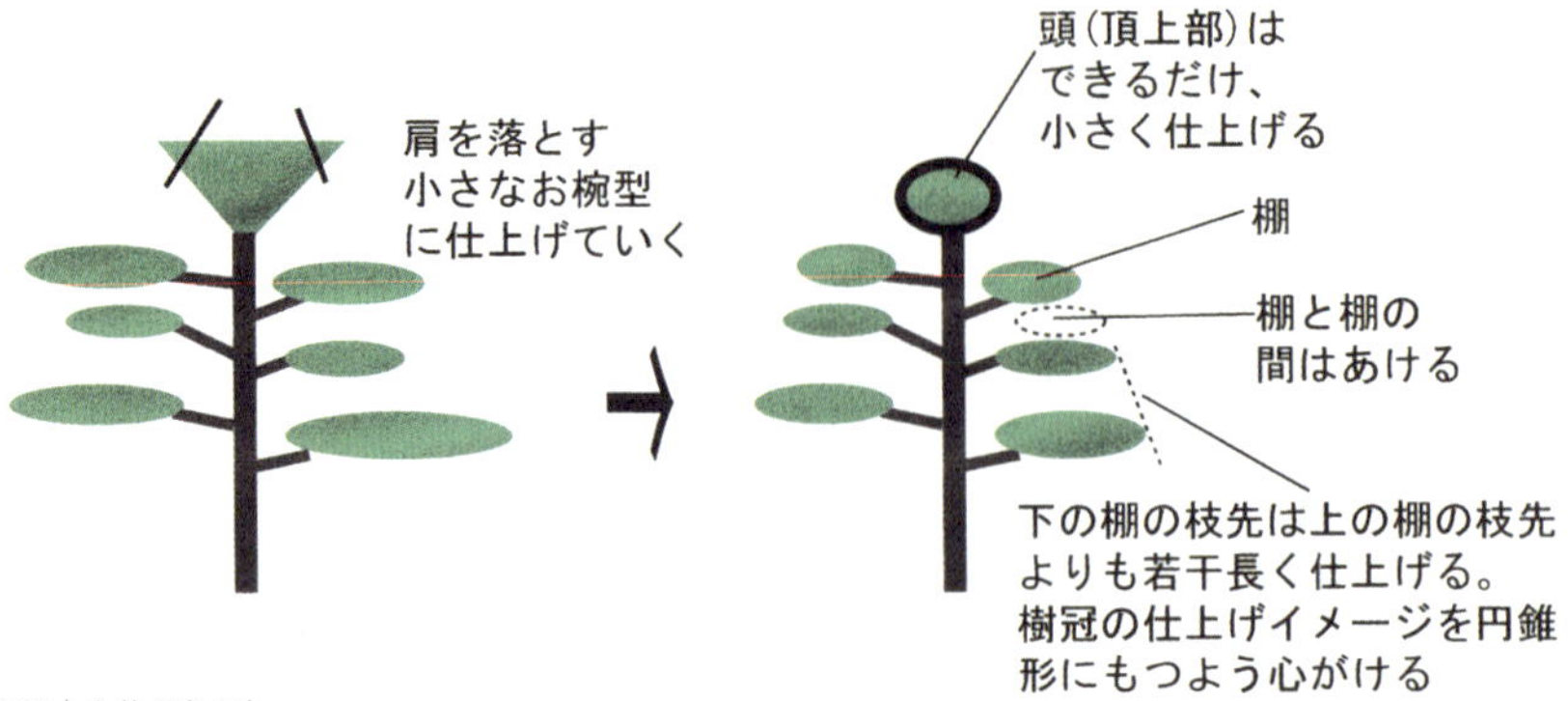

図2｜全体の考え方

「かっくい」がないように
枝の切り残しはしない

中芽は打たないように
芽のない所で剪定しない

枝先は剪定しないように
枝先を大事にする

写真2｜主なマツ剪定での厳禁事項

葉をむしる枝を親指、人差し指、中指で押さえながら、古い葉を下向きに枝に押し付けるようにしてむしります。その時に小さな芽がある場合は欠かないよう細心の注意が必要です

写真3｜マツの葉むしり作業

7 御所透かし

私が二条城に配属された1987（昭和62）年頃、先輩から「京都には『御所透かし』・『寺透かし』・『町家透かし』があることを知っているか」と聞かれたことがありました。のちに、京都御所見学時に宮内庁スタッフに「御所透かし」とはどのようなものかと尋ねたところ、樹冠が比較的丸く、こんもりと茂り、棚が形成された大きなマツを指すことを教えていただきました。類似した事は大学の大先輩からも聞いたことがありました。

また元宮内庁京都事務所林園課に勤務されていた大学の大先輩からは「御所内で剪定しているマツが御所透かしと呼ばれるようになった」、さらに古くから御所に出入りしていた熟練の技術者（職人）からは「崖に生えたマツが自然に枝葉を伸ばすように仕立てたマツが御所透かしだ」と伺い、人によって言うことが異なり、よくわかりませんでした。

この御所透かしについては、中村一氏・尼﨑博正氏共著の『風景をつくる―現代の造園と伝統的日本庭園』[18]、井原縁氏の論文[19]、今江秀史氏の論文[20]、川瀬昇作氏著・仲隆裕氏監修の『桂離宮・修学院離宮・仙洞御所庭守の技と心』[21]、閑院宮邸跡収納展示館の展示物[22]、宮内庁京都事務所ＨＰ[23]によって知ることができます。

中村一氏・尼﨑博正氏による「御所透かし」

『風景をつくる―現代の造園と伝統的日本庭園』[18]（２００１）には、「京都には「御所透かし」・「寺透かし」・「町家透かし」という言葉がある。比較的〝厚く〟仕上げる「御所透かし」は、広い空間にメリハリをつけ、樹木の存在感を出すことに重きをおく」、「一方〝薄く〟仕上げる「町家透かし」にはさっぱりした明るさと、目の近さに耐えうるきめの細かさが要求される。これらの透かしは空間の質とスケールに応じた樹木のデザイン手法を分類したものだと理解してよい。だから、枝先を止めずに伸びやかな樹形に仕立てる京都御苑の剪定方法は、明らかに京都御所のそれとは異なるがゆえに、「御苑透かし」と呼ぶべき」と記されています。

井原 縁氏による「御所透かし」

井原 縁氏は2001（平成13）年『ランドスケープ研究』に「『国民公園』京都御苑の個性と松の『御所透かし』」[19]というタイトルの論文を発表しています。その論文の中で、「御所透かし」の技法等について触れており、内容は以下の通りです。

「「御所透かし」とは、どのような技法なのだろうか。桂離宮、修学院離宮、御所（御所と御苑の総称）の樹木に対する「透かし」を総称して、現在「御所透かし」と呼ばれている。京都にはこの「御所透かし」のほかに「寺透かし」や「町家透かし」という言葉があり、いずれも、空間の質とスケールに応じた樹木のデザイン手法に属する。このうち「町家透かし」は、樹形の刈込みをはっきりと見せ、目の近さに耐えうるきめの細かさが要求されるのに対し、「御所透かし」は、比較的厚く仕上げて広い空間にメリハリをつけ、樹木の存在感をだす自然風仕上げが要求される。すなわち、「御所透かし」とは、樹木の「自然風仕立て」とほぼイコールでとらえてよいと思われる。京都御苑のマツに対する「御所透かし」は、「長柄透かし」と呼ばれる技法と同じである。この「長柄透かし」という名称は、全長約3～4mの「長柄」鎌を使う「透かし」であることに由来する。これを用いて枝を一気に3～4本ずつ落としていき、結果として、小枝の先が止まっていない、のびのびとした枝ぶりの自然樹形に近い形に仕上げる技法である。古くから御苑に入っている業者の一つである小島造園の先代社長であった小島佐一氏は、自身の著作である『小島佐一作庭集』においてこの長柄透かしに触れ、「一見大胆な技法に見えるこの透かしが、実はかなりの繊細さと長年の勘が要求される難しい技術である」と述べている。さらに、「御所透かし」の第一条件はその景観に著しい現状の変化があってはならないことであって、例えば根元に枝葉が落ちているのを見て、初めて手入れをしたと気づくぐらい細心の注意を払い、あくまで自然の状態をそのまま残すことが求められると述べている。」

さらに井原氏によると、御所透かしは時代が進むとともに手入れ区域が狭められ、現在〈2001〈平成13〉年時点〉では最小限に抑えられ、主に建礼門前大通り一帯のみとなっていたそうです。環境省京都御苑管理事務所に2022（令和4）年3月現在でも同地区が重点地区であるかを問い合わせたところ、引き続き重点地区であるとのことで、マツや常緑樹等も含めて、透かしの技術を生かした手入れが行われているそうです。ただし、競争入札であるため、請負業者によって、安全上の観点から長柄鎌は使用せず高所作業車等を利用することもあるそうです。

今江秀史氏による「御所透かし」

今江秀史氏は2002（平成14）年『ランドスケープ研究』に「『御所透かし』・『寺透かし』・『町家透かし』という呼称に関する基礎的考察」[20]というタイトルの論文を発表しています。その論文では、宮内庁京都事務所林園課庭園係の技官をはじめ、業務として御所・離宮、寺、町家の庭の手入れに従事している職人らを対象に、「御所透かし」・「寺透かし」・「町家透かし」という呼称に対する認識の聞き取り調査を行っています。その結果を「職人、技官ら（かれら）が各所ごとに特別な技法を適用しているというよりも、各所ごとに相違する要請や動機に合わせて施した工夫を反映しているとみることができる」、「手入れは、御所・離宮、寺用、町家用等と分類されているというよりも、手入れに従事する上での要請の内容が相違するといったような認識がなされている」、また、「職人と技官との庭の手入れに対する考え方はほぼ共通している」と記し、御所・離宮の庭、寺の庭、町家の庭、御苑における手入れの特徴を挙げています。

川瀬昇作氏による「御所透かし」

2014（平成26）年、元宮内庁の桂離宮、修学院離宮、仙洞御所で庭園を管理されていた元宮内庁林園課専門職の川瀬昇作氏は、『桂離宮・修学院離宮・仙洞御所　庭守の技と心』[21]で「御所透かし」について記載しています。それには、「「透かし」とは、木の枝が混みあわないように、枝を枝分かれの元から間引いて剪定する技術…上手な透かしは、木々の自然樹形をなるべく生かし、健やかな姿を保ち、庭を若返らせることもでき…大事なのは、できるだけふところ、つまり枝元に光を当てることで、そのため大きな枝から透かします。」とあります。

2023（令和5）年4月9日、『第1回御所・離宮庭園セミナー』に参加する機会を得た際に、講師の川瀬氏によるマツの御所透かしの実演を見ることができました。マツの剪定で注意するべき点として、枝の透かし方は手を広げるように鋏を入れること、棚は扇状に仕上げること、棚の枝の背が見えるような枝の透かし方はしないこと、ふところの枝を大事にすること、上を向いていたずらに太く強くのびた徒長枝を切ること、三払いにならないようにすること（①はたきのように枝先だけの枝にならないこと、②切った枝がサバ〈T字形〉にならないこと、③下芽を切らず、大事にすること）等が挙げられていました。

閑院宮邸跡収納展示館の展示物による「御所透かし」

2024（令和6）年9月、京都御苑にある閑院宮邸跡収納展示館で「御所透かし」の写真付き展示物[22]を見ました。それによると、「「御所透かし」は樹木本来の自然樹形がイメージされた自然風の仕立て方によるもので、手入れの前後でその景観に著しい変化があってはならないこととされ、根元に剪定した枝葉が落ちるのを見て、初めて手入れに気づくぐらいの細心さが求められる剪定方法とのことです。また、御苑のマツは広い芝生の中に自然な樹形でおおらかに育ち、枝先まで人が近寄ることができないため、4～5mの竹竿（長柄）の先にカマやノコを取り付けた特殊な道具により剪定を行い、このような手入れは「長柄透かし」「御所透かし」と言われ、御所や御苑の伝統的な剪定技法である。」*と説明されていました。「御所透かしの用具」として長柄カマ（二条城では〝じゃ鎌〞と呼称）、長柄ノコギリが、「樹木手入れの用具」として剪定バサミ、高枝剪定バサミ、木バサミ、根切りバサミ、刈り込みバサミが展示されていました。

＊抜粋引用し要約しています。

宮内庁京都事務所HPによる「御所透かし」

2024（令和6）年現在に確認できる宮内庁京都事務所HP[23]には、「御所や離宮の庭園では透かし手入れの一種である「御所透かし」という技法を用い、なるべく手入れ前後の景観に変化を与えず、自然な樹形となるようにし、個々の樹木が庭園全体に馴染むよう仕上げていくもの」そして、「手入れの特徴の一つに「ふところ枝（枝の幹に近いところから生えている小枝のこと）」を、「枝の差しかえ」を可能にするために大切に育て、ある程度ふところ枝が形になったら外側の枝を切り除く。これによって樹木全体が一回り小さくなり庭の大きさに合った樹形を維持することができる。」[＊]と掲載されています。

＊抜粋引用し要約しています。

余談

前述の文献によれば「御所透かし」とは、桂離宮、修学院離宮、京都御所などで行われている手入れ（剪定）の呼称で、外見的には「比較的厚く仕上げて広い空間にメリハリをつけ、樹木の存在感を出すことに重きを置いた自然樹形」で、技術的には「なるべく剪定前後の景観に変化を与えず、ふところ枝の育成と、枝の差し替えを行いながら、自然な樹形を維持し、個々の樹木が庭園全体に馴染むよう仕上げていくもの」であることがわかりました。

二条城はもともと1939（昭和14）年まで離宮として維持管理されていましたので、技術的には二条城で行っている剪定方法も類似したものだと考えます。また、今江氏が聞き取り調査した御所・離宮の技官や職人の共通な考え方[＊1]や具体的な共通事項[＊2]も、私個人的にはほぼ一致しているものと考えています。

＊1 共通な考え方……季節、場所の特性、周辺との関係、樹種、樹木ごとの個性・健康状態等様々な要因を踏まえる必要があり、植栽樹木は長期にわたる樹木の成長特性への精通と創意工夫により、それぞれの庭に最も相応しいよう仕立てることが目標とされる。

＊2 具体的な共通事項……鑑賞点において枝葉の濃度が均等に見えるように配慮すること、枝葉の伸張が自然な状態にあることを目指すこと、樹冠を一定の範囲に収めるためには、許容範囲を越え出た枝先を切り詰めず、自然な樹枝の伸びを損ねることなく樹冠を縮めるため、樹幹側の受けとなる枝葉を何節か残し、大きな枝の単位で差し替えること、樹枝の切り残し（かっくい）をつくらないこと等。

参考

「透かし」について、レファレンス協同データベース[24]で簡潔にまとめられていますので紹介します。

『透かし』とは、枝葉を剪定して「透けた空間」にすること、「間」を生み出すことをいい、京都で生まれた造園用語で、一般的には「剪定」を指します。室町時代の作庭書『山水并野形図』には、「すかす」の語が使われています。

庭師は「透かし」をすることで、樹の自然な形と、光や風が通る健康状態を保ちます。

「透かし」には、いくつかの段階があります。そのうちのひとつ「枝透かし」の鋏の入れ方は、庭のある場所や樹の状況で異なります。

例えば、「御所透かし」は、京都御苑や桂離宮、修学院離宮などで用いられます。広い空間にメリハリをつけ、樹の存在感を出すことに重きを置きます。

「町家透かし」は、小空間かつ至近距離で見るため、さっぱりした明るさときめの細かい枝透かしが求められます。

「寺透かし」は本堂周辺に用いられます。金閣寺や銀閣寺のような敷地が広く拝観者が多く訪れる公開庭園などは御所・離宮のように、敷地の狭い塔頭の庭は町家のように仕立てられる傾向があります。

庭師たちが、その場にふさわしい仕上がりと将来の姿をイメージし，空間をデザインするという創意工夫から生み出されたのが、京都の伝統的な「透かし」なのです。」

8　おわりに

本章では私が在職中に先輩方から教えて頂いたマツの手入れ（剪定方法）の基本について紹介しましたが、人によって捉え方が異なると思いますので、あくまでも私が捉えた剪定方法であることをご理解ください。また、人間も人それぞれ個性があるように、樹木もその木、その木で、枝の出方、芽の出方、樹勢などが異なり、一律に枠にはめて剪定できるものではありません。先輩方からは「樹木の手入れは一生勉強だ」と教えて頂きましたが、その通りだと思います。

参考引用文献

1 日本テレビ（2022）「知識の宝庫！目がテン！ライブラリー」HP、「松がお城にたくさんあるのは、燃えやすいので燃料として使われ、さらに松の実や甘皮がろう城した時に非常食にもなるからだった！」と紹介されています。https://www.ntv.co.jp/megaten/archive/library/date/08/04/0406.html
また、静岡大学農学部稲垣栄洋教授（東洋経済ONLINE（2015）「驚愕！大名が建てた「食べられる城」とは？植物を戦いに利用した武士の知恵」HP）によれば、「松はいざというとき、非常食にもなったのである。…松の皮をむくと白い薄皮がある。この薄皮が、脂肪分やタンパク質を含んでいるのだ。薄皮をうすでついて、水にさらしてアクを抜き、乾かして粉にする。この粉を米と混ぜると餅になる。これを「松皮餅」という。…松は観賞用としても軍事用としても、非常に優れた植物だったのだ。」とも紹介されています。https://toyokeizai.net/articles/-/63918?page=2

2 京都市HP（2016）「世界遺産・二条城」の概要、p.25、https://www.city.kyoto.lg.jp/bunshi/cmsfiles/contents/0000205/205471/03gaiyou.pdf

3 内田　均（2013）『イラストひと目でわかる　庭木の剪定　基本とコツ』家の光協会

4 内田　均・川原田邦彦（2024）『最新版イラストもう迷わない　庭木の剪定　基本とコツ』家の光協会

5 川原田邦彦（2020）『はじめてでも美しく仕上がる庭木・花木の剪定』西東社

6 宮内泰之(2020)『基礎の基礎からよくわかる　切る枝・残す枝がわかる！庭木の剪定』ナツメ社

7 堀　大才（2023）『絵でわかるシリーズ　絵でわかる樹木の知識』講談社

8 庭木の剪定ドットコム（2023）「剪定で松本来の美しい樹形に仕立てるために」https://www.niwaki-sentei.com/docs/products/sentei-matsu/

9 お庭110番（2024）「庭木の剪定は年1回でもOK！お手入れが劇的にラクになる枝の切り方」https://www.kusakari-a.com/garden-tree-sentei/#second

10 HORTI～ホルティ～by GreenSnap（2021）「松の木の剪定／時期や方法、手入れのやり方は?」https://horti.jp/9051

11 樹木医 m-i-k-i-3（2021）「107 透かしについて考察します。 Let's consider'sukashi'. miki3 の庭木の剪定講座」-YouTube、https://www.youtube.com/watch?v=e3hxOBUScqQ

12 直香園芸　naokaengei（2020）[剪定] 松の木の剪定方法「キャリア28年のプロガーデナーも実践する年に1回の経済的な剪定方法」-YouTube、

https://www.youtube.com/watch?v=t8w3KLhoKpE
13 日本造園組合連合会（2014）「透かし剪定技法（京都編）～熟練技能者の剪定記録～」-YouTube、https://www.youtube.com/watch?v=s_dnewDhz_c
14 日本造園組合連合会（2014）「透かし剪定技法（金沢編）～熟練技能者の剪定記録～」- YouTube、https://www.youtube.com/watch?v=lvGYUfCqPcQ
15 日本造園建設業協会（2016）「枝の位置を表す用語（中間枝）」、『街路樹剪定ハンドブック』、p.21
16 文献15、樹形をつくる枝の呼称（側枝、副主枝、主枝）、p.21
17 文献3、p.30、文献4、p.30
18 中村 一・尼﨑博正（2001）『風景をつくる―現代の造園と伝統的日本庭園』昭和堂、pp.337-355
19 井原 縁（2001）「国民公園」京都御苑の個性と松の「御所透かし」、『ランドスケープ研究』64巻5号、pp.441-446
20 今江秀史（2002）「御所透かし」・「寺透かし」・「町家透かし」という呼称に関する基礎的考察、『ランドスケープ研究』65巻5号、pp.447-450
21 川瀬昇作・仲 隆裕（2014）『桂離宮・修学院離宮・仙洞御所 庭守の技と心』学芸出版社、pp.94-115
22 2024（令和6）年9月の閑院宮邸跡収納展示館内の展示物を参考としました。
23 宮内庁京都事務所（2018）―御所・離宮―ホームページ、御所透かし、pp.1-2、https://www.kunaicho.go.jp/event/kyotogosho/pdf/18oniwa.pdf
24 レファレンス協同データベース（2019）質問「寺社や御所などの庭に用いる『透かし（すかし）』について知りたい」京都市図書館提供、https://crd.ndl.go.jp/reference/detail?page=ref_view&id=1000250418

上原敬二（1974）『樹木の剪定と整姿』加島書店
渡辺 清（1978）『庭づくり小百科』日本文芸社
日本公園緑地協会（1981）『造園施工管理技術編』日本公園緑地協会
船越亮二（1982）『図解・庭木の手入れ』農山漁村文化協会
石田宵三（1984）『カラー図解詳解庭木の仕立て方』農山漁村文化協会
吉村金男（2002）『造園技術 伝統の技 具体的手法とその心』日本造園建設業協会、pp.158-167
今江秀史（2001）「植栽樹木を主体とした庭園の維持管理における言語活動に関する研究」、『ランドスケープ研究』64巻5号、pp.423-426
森 忠文（1987）『京都御苑小史 造園の歴史と文化』養賢社、pp.344-345
日本造園組合連合会（2008）『庭づくりのプロに学ぶ はじめての庭木手入れ・剪定のコツ』家の光協会
船越亮二（1999）『見るだけでわかる花木・庭木100剪定のコツ』主婦の友社
船越亮二（2012）『今日から使えるシリーズ ビジュアル版 小さな庭の花木・庭木の剪定・整枝』講談社

12章

道具調査

この章では、1987（昭和62）年〜2002（平成14）年の間に、二条城事務所管理係（以下、二条城管理係）が庭園等の維持管理に用いていた道具の調査結果を紹介します。

私が在職していた頃の二条城管理係は、庭園や緑地帯の樹木剪定、刈込み、芝刈、草刈、通路整備などの維持管理作業を行うために、さまざまな種類の道具を保有していました。しかし、経年に従い、より効率的な道具の導入によって、徐々に隅に追いやられそうな道具も目についていました。そこで、二条城管理係が用いている道具を記録として残しておくために調査を行ったものです。

この調査結果については、一旦1989（平成元）年に「二条城庭園管理に関する研究（その1）—特に二条城における道具について—」としてまとめ、日本造園学会関西支部に投稿する予定（当時の上司に了承済）でしたが、多忙となり未発表となっていました。しかし道具の調査は引き続き2002（平成14）年まで実施し、本文はその時点で修正したものです。

1 はじめに

二条城は徳川家康によって築かれ、大政奉還後、政府や京都府、一時は軍の管理を経て、1884（明治17）年に宮内省（現 宮内庁）所管となり、二条離宮として皇室のための宮殿となりました。その後整備が進められ、1939（昭和14）年に京都市へ下賜され、翌年から一般公開が開始されました。さらに1950（昭和30）年代には梅林や桜林が整備され、1965（昭和40）年には迎賓施設・清流園が完成しました。

1989（平成元）年当時、城内の樹木本数は1万5800本あり、2002（平成14）年頃まではほぼ変化なく維持されてきました。各庭園及び緑地帯全域の維持管理は14名（1989〈平成元〉年現在）の直営職員（7割）と外注（3割）による体制で行われ、二条城管理係では庭園等維持管理道具（以下、造園道具）を多数所有していました。

2　造園道具の既往研究と本研究の目的

造園道具の既往研究については、森　蘊氏や内田　均氏による報告[1～5]が若干あります。森氏は日本庭園を築造する道具として京都の古い庭園業者が使っているものを作業別に写真付きで報告し、内田氏は主に、施工・管理を中心に行っている造園業者が所有する造園道具から技術体系の変遷を研究しました。しかし、いままでに同じ場所を長年にわたり維持するために必要な造園道具の研究はほとんどなく、二条城管理係が所有する造園道具の変遷について学術的に報告したものもありませんでした。

1987（昭和62）年以降、二条城管理係では、除々に機械式道具の導入や充実が図られ、作業時間と労力を省いていく傾向にありました。昔からある道具は使用頻度が低下し、不要な道具となっていくように見受けられました。そこで本研究では、現代における二条城管理係の造園道具の変遷を調べ、それに伴い技術体系がどのように移り変わってきたのかを考察することとしました。

3　研究方法

研究方法は、内田 均氏の先行研究[6]を参考にしています。二条城の各庭園及び緑地帯の維持管理にあたり、どのような造園道具を使用しているかを把握するための実態調査を行いました。変遷については、それぞれの使用頻度及び過去に利用していた造園道具についての聞き取り調査や経験則から追究することにしました。

調査内容は、（1）所有している造園道具、（2）所有している造園道具の作業別分類、（3）使用頻度からみた作業別造園道具の変遷、（4）機能による造園道具分類、（5）作業内容からみた造園道具、（6）特殊な造園道具の使用方法としました。

調査地は、元離宮二条城事務所です。調査対象は二条城直営職員が使用する造園道具とし、請負業者の造園道具は含まないこととします。調査期間は1987（昭和62）年〜2002（平成14）年の15年間です。ただし、造園道具の中には調査期間中に老朽化、破損などの理由により廃棄処分されたものも含みます。

4　結果及び考察

所有している造園道具

二条城の各庭園及び緑地帯の維持管理を行うにあたり、具体的にどのような造園道具を所有しているのかを確認するため、実態調査を行いました。実態調査にあたり、同一の道具名でも素材が異なるもの（例：いしみ〈竹製〉、いしみ〈プラスチック製〉）、同一の道具名でもタイプが異なるもの（例：キャリアー〈深型／剪定枝運搬用〉、キャリアー〈浅型／土砂、砂利運搬用〉）などは、別々にカウントしました。また、作業時に身につける作業服、軍手、地下たび、灌水・散水用として利用していた消火用器具（緊急時迅速に対応できるよう使い慣れるため灌水用としても使用）なども造園道具として含めています。

実態調査の結果、二条城管理係が所有する造園道具は、２７９種にものぼることがわかりました［表1］。なお、１９８９（平成元）年時点での造園道具は２６０種でしたが、それ以降にミニバックホウ、充電式ドリル、ヘッジトリマー、背負い式草刈払機、芝刈機、道具ケースなどの導入・充実が図られました。

所有している造園道具の作業別分類

実態調査した造園道具を、内田 均氏の報告[7]を参考に12種に作業別に分類にすると、表2の通りとなります。図1、表2のように二条城管理係の所有する造園道具は、1位：「安全・点検道具」83種が全体の30％を占め、2位：「竹垣・支柱・大工道具」40種及び3位：「草花・芝管理用道具（樹木養生管理含む）」38種がそれぞれ14％、4位：「植栽・土工・整地道具」29種、5位：「剪定道具」28種と「清掃道具」28種がそれぞれ10％で、これらの造園道具で88％を占めていました。

それぞれの内訳をみると、「安全・点検道具」は作業をする上で必要な作業服、地下たび、脚半、手甲、軍手の他に、機械整備点検道具などが多くを占めていました。次の「竹垣・支柱・大工道具」は、庭園と園路を仕切るために設ける結界用の波柵（ななこ垣）や人止柵に使用する道具が多くを占めていました。また、「草花・芝管理用道具（樹木養生管理含む）」には草刈払機と芝刈機、除草剤散布用及び薬剤散布用の動力噴霧機の他に、

139 背負い式草刈払機
140 剪定鋏
141 剪定鋏ケース
142 ソフトレンチ
143 雑巾
144 台車
145 高枝鋸（アルミ製）
146 高枝鋸（木製）
147 高枝鋸（柄が竹）
148 高枝剪定鋏
149 竹串（約60㎝）
150 竹挽鋸
151 竹箒
152 竹曲げ機（ガスバナー）
153 たこ（大きい叩き）
154 たこ（基礎固め用）
155 叩き（携帯用）
156 ダブル滑車
157 俵編み
158 タンク（1t、500ℓ）
159 ダンプトラック（1.5 t）
160 地下たび（作業靴）
161 チェーンソー
162 チェンブロック
163 チルホール
164 チリトリ
165 つき（削る道具）
166 突き棒（穴を掘る道具）
167 鶴鋸
168 ツルハシ（両側ツルハシ）
169 T型ボックスレンチ
170 手斧
171 手熊手
172 鉄柵杭
173 デッキブラシ（タワシボウシ）
174 手甲
175 テニスコートネット（網として利用）
176 電気ドリル
177 電気鋸
178 天秤棒
179 道具袋
180 道具入れ
181 道具ケース（整備用道具一式ケース）
182 動力噴霧機（除草剤散布用）
183 動力噴霧機（薬剤散布用）
184 砥石
185 砥石受け
186 土佐鎌
187 とびぐち
188 泥上げ器（木製）
189 泥上げ器（鉄製）
190 トロ舟（セメント用練り舟）
191 トンボ
192 長柄剪定ばさみ（通称長剪）
193 長靴
194 なた
195 ニッパ
196 ネギ籠
197 猫捕獲器（木製）
198 鋸（折りたたまない鋸）
199 鋸（大工用）
200 のろせ（木製）
201 のろせ（鉄製）
202 ノミ
203 ノズル（長柄）
204 バー
205 バール（大工用　長さ71㎝）
206 バール（石用　長さ78㎝、88㎝、115㎝）
207 パイプレンチ
208 バケツ (金属製)
209 刷毛
210 箱尺
211 バチ
212 バチ（特殊バチ）
213 バッテリー充電機
214 バッテリーチェッカー
215 発電機
216 はつり台
217 バリケード
218 番線切り
219 ハンマー
220 ハンマーナイフ
221 膝当て
222 柄杓
223 備中鍬（先が尖るタイプ）
224 備中鍬（先が平なタイプ）
225 フゴ袋（剪枝葉入れ）
226 マイナスドライバー
227 プライヤ
228 プラグレンチ
229 プラグレンチドライバー
230 プラスチック箒
231 プラスドライバー
232 篩（通称通し）長方形
233 篩（通称手ぶり）丸形
234 篩（疏水砂用）
235 ブロアー
236 平板測量道具一式
237 ヘッジトリマー（バリカン）
238 ヘルメット
239 ペンチ
240 防眼具（サングラス等）
241 帽子（作業用）
242 防塵用マスク
243 防腐剤入れ
244 ホーク
245 ホース
246 ホースリール
247 ボート
248 ポール
249 ボックスレンチ
250 ポリバケツ
251 ポンチ
252 巻尺（ナイロンテープ）
253 丸びきのこぎり
254 水かき（オール）
255 耳かき（穴を掘る道具）
256 めがねレンチ
257 メスシリンダー
258 目地鏝
259 みつまた（耕す道具）
260 ミニバックホウ
261 みのお（小枝を挟んで折る道具）
262 モンキーレンチ
263 やっとこ
264 薬剤散布器（本体ごと桶に入れるタイプ）
265 薬剤散布器（船形ポンプ）
266 薬剤散布用ヘルメット一式
267 薬剤はかり
268 誘引器
269 よしず
270 ラビット
271 リヤカー
272 レーキ
273 レンガ鏝（おかめ鏝）
274 六角レンチ
275 ロープ（ナイロン製）
276 ロープ（綿製）
277 ワイヤーブラシ
278 蕨手鋏
279 ワイヤーロープ

番号	道具名
001	足場板（道板）
002	厚鎌（竹割用）
003	穴掘機（ドリル機）
004	油差し（オイル差し）
005	網（小型）
006	網（大型）
007	アメリカンスコップ（両口スコップ）
008	アルミ脚立
009	アルミ脚立梯子
010	アルミ2段梯子
011	アルミ梯子
012	安全靴
013	安全帯
014	一輪車
015	石玄能
016	いしみ（竹製）
017	いしみ（プラスチック製）
018	移植ごて
019	命綱
020	ウオーターポンププライヤ
021	打ち鎌
022	うま
023	枝打ち鎌
024	エプロン
025	延長コード
026	大ハンマー
027	押しぎり
028	斧
029	帯
030	折り畳式鋸（剪定鋸）
031	折尺
032	ガーゼマスク
033	角スコップ
034	かけや
035	ガソリン差しタンク
036	ガソリン携行缶
037	肩掛け噴霧器
038	片づるはし
039	滑車
040	カッパ
041	金切鋏（直線型）
042	金切鋏（曲線型）
043	金杭
044	金槌
045	カナヤスリ（平型）
046	カナヤスリ（丸型）
047	鎌
048	亀の子タワシ
049	刈込鋏
050	からびな
051	ガレージバイス（万力）
052	瓦釘
053	がんど（大型のこぎり）
054	カンナ
055	ガン帽
056	かんそ（筒先）
057	基準竹（波柵製作用）
058	基準棒
059	脚立（小型～大型）
060	脚半
061	キャリアー（深型：手動式）
062	キャリアー（深型：自走式）
063	キャリアー（浅型）
064	錐（きり）
065	空気入れ（自転車用）
066	空気ポンプ（コンプレッサー）
067	釘抜き（金槌併用）
068	草かき（いびりかき）
069	草刈払機（G2K、タンク下：平地用）
070	草刈払機（G3K、タンク上：土手用）
071	熊手（竹製）
072	熊手（鉄製）
073	グラインダー（研磨機）
074	グラインダー（草払い8枚刃の刃縁、刃研ぎ兼用：固定式研磨機）
075	グラインダー（草払い8枚刃の刃縁研ぎ出し用：固定式研磨機）
076	グラインダー（草払い8枚刃の刃研ぎ用：固定式研磨機）
077	グラインダー（鎌の先研ぎ用：固定式研磨機）
078	グリスポンプ（グリス注入機）
079	車洗いタワシ（ブラシ）
080	クロスレンチ（十字レンチ）
081	鍬
082	軍手（ナイロン製）
083	軍手（綿製）
084	軍手（滑り止め付き）
085	軍足
086	軽トラック
087	剣スコップ
088	玄能鶴
089	工事用点滅器
090	肥桶（プラスチック製）
091	小枝折り
092	コーン
093	小型角スコップ
094	小型荷締機
095	小細工用ナイフ
096	ござ
097	コテ
098	小ぼうき
099	ゴム長靴
100	ごみ籠
101	ごみ鋏
102	混合油タンク
103	コンテナ（剪枝葉入れ）
104	コンパネ
105	コンベックス
106	コンビネーションレンチ
107	作業服
108	皿（皿籠）
109	三叉
110	シート（ブルーシート）
111	シート（メッシュシート）
112	地鏝
113	自転車
114	しの
115	芝刈機（別名フライム芝刈機：回転式）
116	芝刈機（別名ホンダ芝刈機：乗車式）
117	芝刈機（ロンマ式）
118	芝刈機（手押し式）
119	しゃ鎌
120	ジャッキ
121	シャックル
122	充電式ドリル
123	ジュウノウ
124	消火栓蛇口ハンドル
125	消火栓ジョイント
126	消火用ホース
127	消火用ホース（長さ1.5 m）
128	ジョレン
129	ジョレン（側溝用）
130	手動ドリル
131	棕櫚箒
132	水中ポンプ
133	水平器
134	すき（鉄製）
135	すき（木製）
136	スパナ
137	スプリンクラー
138	すり鉢

表1｜二条城管理係が所有する造園道具

灌水・散水作業で利用する消火器具が見られました。「植栽・土工・整地道具」は通路に利用する整地道具と清流園作庭時に利用した土工道具が占め、「剪定道具」には樹木の剪定作業に必要な道具、「清掃道具」には剪定後の枝葉を清掃する道具がありました。

使用頻度からみた作業別造園道具の変遷

前述のように二条城管理係では多くの造園道具が見られました。しかしその中には、歳月に伴い、老朽化や破損などによって新たな道具が導入され、使用頻度が低下したものもあります。

そこで内田 均氏の報告を参考に、[8] 造園道具についての聞き取り調査や経験則から、使用頻度を「良く使う」、「時々使う」、「稀に使う~使わない」の3つに分け、それを図2、表3に示しました。

その結果、二条城管理係で所有している造園道具は、図2のように、「良く使う」が44%、「稀に使う~使わない」が33%、「時々使う」が23%でした。次に作業分類別の使用頻度についてです。

作業別に分類した造園道具の使用頻度を表3にみると、「安全・点検道具」は所有している道具83種中69種(83%)が、「重機械類」6種中5種(83%)が、「良く使う」の使用頻度でした。しかし、「剪定道具」28種中16種(57%)、「竹垣・支柱・大工道具」40種中20種(50%)、「植栽・土工・整地道具」29種中14種(49%)、「草花・芝管理用道具(樹木養生管理含む)」38種中11種(29%)が、「稀に使う~使わない」の使用頻度となっていました。また、「測量・遣り方・位置だし道具」、「石材・レンガ工事用道具」、「左官・仕上げ用道具」ではすべてが「稀に使う~使わない」の使用頻度となっていました。

前述の結果から、「安全・点検道具」では、作業を行う上で身に着ける道具や機械整備点検道具が多く含まれていること、「重機械類」では、道具や剪定枝等の運搬に必要なキャリアー、軽トラック等が含まれていることが要因となって、使用頻度「良く使う」の割合が8割を超えたものと考えられます。

また、「竹垣・文柱・大工道具」の40種中20種（50％）が使用頻度「稀に使う～使わない」であることについては、大工道具の使用頻度が低くなったこと、古い道具（手動ドリル、のろせ、やっとこ）の使用頻度が低くなったことに起因しています。

さらに、「植栽・土工・整地道具」の29種中14種（49％）が使用頻度「稀に使う～使わない」となった要因は、清流園作庭時に使用した道具（たこ等）、菊花展で使用した道具（備中鍬、篩、よしず等）が使われなくなったことが考えられます。

「測量・遣り方・位置だし道具」、「石材・レンガ工事用道具」、「左官・仕上げ用道具」がすべて使用頻度「稀に使う～使わない」であることについては、清流園作庭時に利用していた道具が利用されなくなってきたことに起因しています。

聞き取り調査［表4］では、「重機械類」の運搬機（軽トラック、キャリアー等）導入以前は、「移動・運搬道具」のリヤカー、一輪車、「清掃道具」のネギ籠を利用して物を運搬していましたが、1969（昭和44）年～1975（昭和50）年頃のキャリアーの購入や耕運機に荷台を付けた運搬機（清掃局の払い下げ）、軽トラック（清掃局の払い下げ）の導入により、徐々にその使用頻度が低下したことがわかりました。

2002（平成14）年現在、「重機械類」の運搬機は、庭園等の維持管理に欠かせない造園道具となっています。

この他、日々の庭園等維持管理でウエイトの高い作業（樹木剪定、清掃、芝草刈り）に使用する「剪定道具」、「清掃道具」、「草花・芝管理用道具（樹木養生管理含む）」について個々に検証してみます。

作業分類	道具名	種類数
石材・レンガ工事用道具	石玄能、バール（石用　長さ78cm、88cm、115cm）、ワイヤーロープ	3（1%）
左官・仕上げ用道具	コテ、トロ舟（セメント用練り舟）、刷毛、レンガ鏝（おかめ鏝）	4（1%）
移動・運搬道具	足場板（道板）、一輪車、小型荷締機、三又、自転車、台車、天秤棒、ボート、水かき（オール）、リヤカー	10（4%）
清掃道具	いしみ（竹製）、いしみ（プラスチック製）、亀の子タワシ、熊手（竹製）、熊手（鉄製）、車洗いタワシ（ブラシ）、小ぼうき、ごみ籠、ごみ鋏、コンテナ（剪枝葉入れ）、コンパネ、皿（皿籠）、シート（ブルーシート）、シート（メッシュシート）、ジョレン（側溝用）、棕櫚箒、竹箒、チリトリ、手熊手、デッキブラシ（タワシボウシ）、テニスコートネット（網として利用）、泥上げ器（木製）、泥上げ器（鉄製）、ネギ籠、フゴ袋（剪枝葉入れ）、プラスチック箒、ブロアー、ホーク	28（10%）
送電道具	延長コード、発電機	2（1%）
重機機類	キャリアー（深型：手動式）、キャリアー（深型：自走式）、キャリアー（浅型）、軽トラック、ダンプトラック（1.5 t）、ミニバックホウ	6（2%）

表2｜作業別道具分類にみる二条城管理係の造園道具　2002（平成14）年現在

＊作業内容によって併用する道具もあるため、使用頻度の高い作業分類に記述した。また道具の中には、調査を行った1987（昭和62）年～2002（平成14）年の間に廃棄処分されたものも含まれる

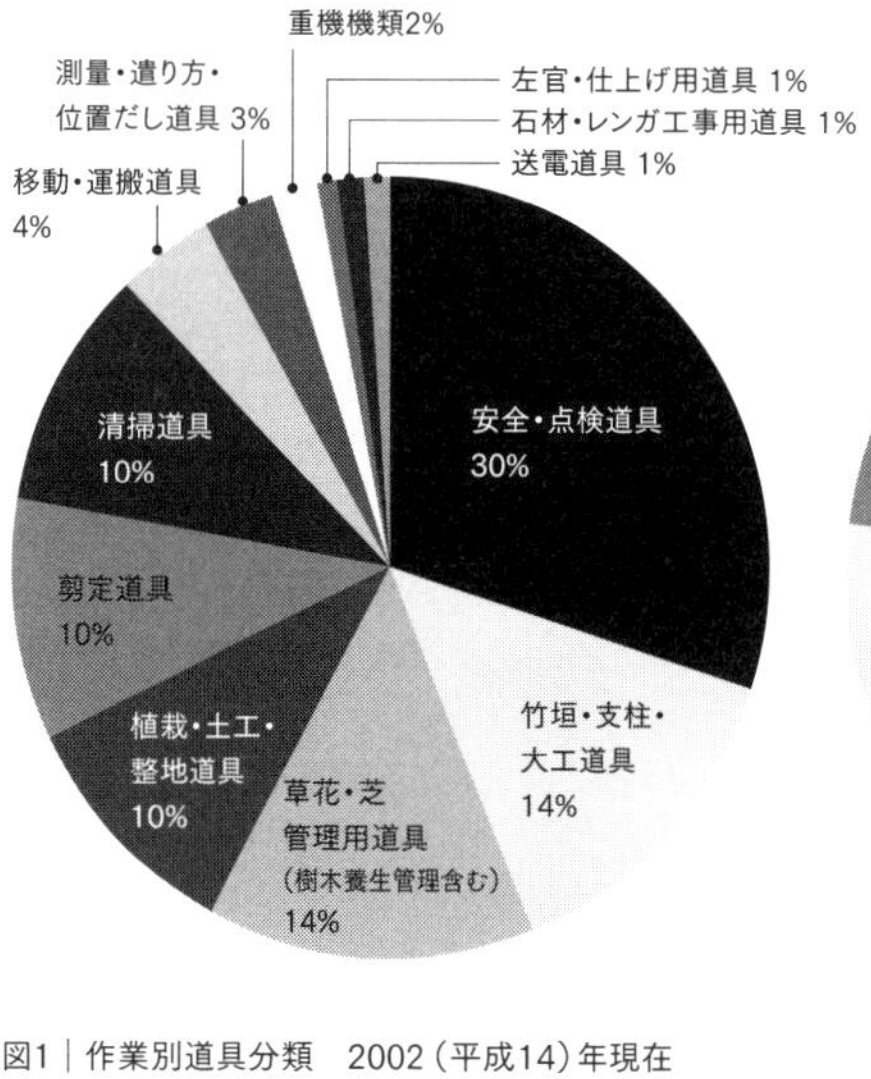

図1｜作業別道具分類　2002（平成14）年現在

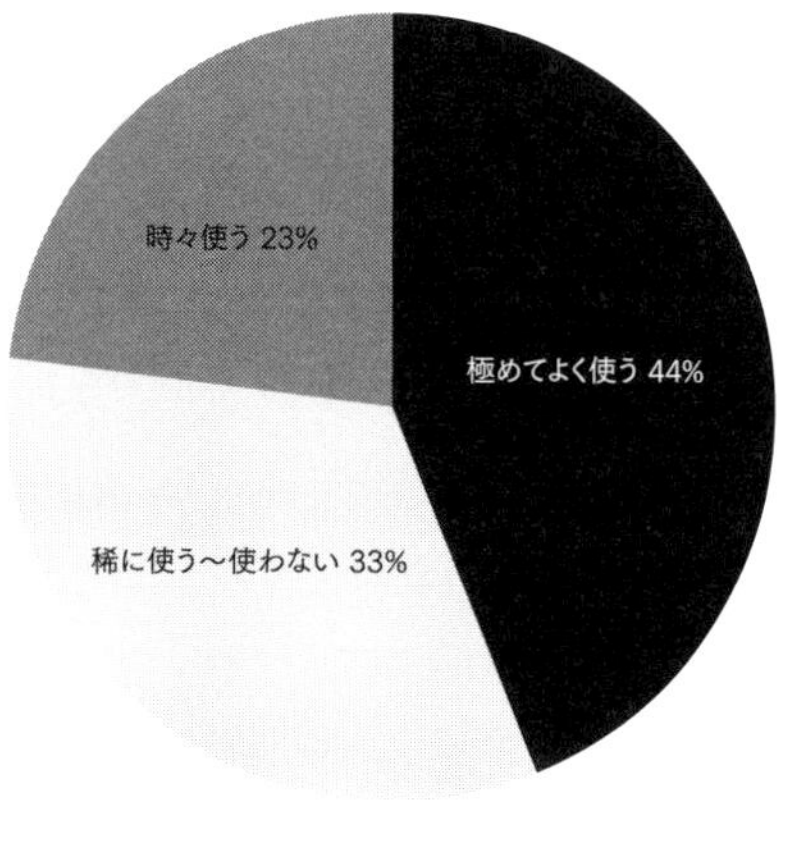

図2｜造園道具の使用頻度　2002（平成14）年現在

作業分類	道具名	種類数
安全・点検道具	油差し（オイル差し）、安全靴、安全帯、命綱、ウオーターポンププライヤ、エプロン、帯、ガーゼマスク、ガソリン差しタンク、ガソリン携行缶、滑車、カッパ、カナヤスリ（平型）、カナヤスリ（丸型）、からびな、ガレージバイス（万力）、ガン帽、脚半、空気入れ（自転車用）、空気ポンプ（コンプレッサー）、グラインダー（研磨機）、グラインダー（草払い8枚刃の刃縁、刃研ぎ兼用：固定式研磨機）、グラインダー（草払い8枚刃の刃縁研ぎ出し用：固定式研磨機）、グラインダー（草払い8枚刃の刃研ぎ用：固定式研磨機）、グラインダー（鎌の先研ぎ用：固定式研磨機）、グリスポンプ（グリス注入機）、クロスレンチ（十字レンチ）、軍手（ナイロン製）、軍手（綿製）、軍手（滑り止め付き）、軍足、工事用点滅器、コーン、ござ、ゴム長靴、混合油タンク、コンビネーションレンチ、作業服、ジャッキ、シャックル、スパナ、ソフトレンチ、雑巾、ダブル滑車、俵編み、地下たび（作業靴）、チェンブロック、T型ボックスレンチ、手甲、道具袋、道具入れ、道具ケース（整備用道具一式ケース）、砥石、砥石受け、とびぐち、長靴、ニッパ、猫捕獲器（木製）、バー、パイプレンチ、バッテリーチェッカー、はつり台、バリケード、膝当て、マイナスドライバー、プライヤ、プラグレンチ、プラグレンチドライバー、プラスドライバー、ヘルメット、ペンチ、防眼具（サングラス等）、帽子（作業用）、防塵用マスク、防腐剤入れ、ホース、ホースリール、ボックスレンチ、めがねレンチ、モンキーレンチ、薬剤散布用ヘルメット一式、六角レンチ、ワイヤーブラシ	83（30%）
剪定道具	アルミ脚立、アルミ脚立梯子、アルミ2段梯子、アルミ梯子、打ち鎌、枝打ち鎌、斧、折り畳式鋸（剪定鋸）、刈込鋏、がんど（大型のこぎり）、脚立（小型～大型）、小枝折り、しゃ鎌、剪定鋏、剪定鋏ケース、高枝鋸（アルミ製）、高枝鋸（木製）、高枝鋸（柄が竹）、高枝剪定鋏、チェーンソー、チルホール、鶴鋸、手斧、長柄剪定ばさみ（通称長剪）、なた、鋸（折りたたまない鋸）、みのお（小枝を挟んで折る道具）、蕨手鋏	28（10%）
草花・芝管理用道具（樹木養生管理含む）	肩掛け噴霧器、鎌、瓦釘、かんそ（筒先）、草かき（いびりかき）、草刈払機（G2K、タンク下：平地用）、草刈払機（G3K、タンク上：土手用）、肥桶（プラスチック製）、芝刈機（別名フライム芝刈機：回転式）、芝刈機（別名ホンダ芝刈機：乗車式）、芝刈機（ロンマ式）、芝刈機（手押し式）、消火栓蛇口ハンドル、消火栓ジョイント、消火用ホース、消火用ホース（長さ1.5m）、水中ポンプ、スプリンクラー、すり鉢、背負い式草刈払機、竹串（約60㎝）、タンク（1t、500ℓ）、つき（削る道具）、動力噴霧機（除草剤散布用）、動力噴霧機（薬剤散布用）、土佐鎌、ノズル（長柄）、バケツ（金属製）、ハンマーナイフ、柄杓、ヘッジトリマー（バリカン）、ポリバケツ、メスシリンダー、薬剤散布器（本体ごと桶に入れるタイプ）、薬剤散布器（船形ポンプ）、薬剤はかり、誘引器、ラビット	38（14%）
測量・遣り方・位置だし道具	折尺、基準棒、コンベックス、水平器、箱尺、平板測量道具一式、ポール、巻尺（ナイロンテープ）	8（3%）
植栽・土工・整地道具	移植ごて、角スコップ、片づるはし、釘抜き（金槌併用）、鍬、剣スコップ、小型角スコップ、地鏝、ジュウノウ、ジョレン、すき（鉄製）、すき（木製）、たこ（大きい叩き）、たこ（基礎固め用）、叩き（携帯用）、ツルハシ（両側ツルハシ）、トンボ、バチ、バチ（特殊バチ）、備中鍬（先が尖るタイプ）、備中鍬（先が平なタイプ）、篩（通称通し）長方形、篩（通称手ぶり）丸形、篩（疏水砂用）、耳かき（穴を掘る道具）、目地鏝、みつまた（耕す道具）、よしず、レーキ	29（10%）
竹垣・支柱・大工道具	厚鎌（竹割用）、穴掘機（ドリル機）、網（小型）、網（大型）、アメリカンスコップ（両口スコップ）、うま、大ハンマー、押しぎり、かけや、金切鋏（直線型）、金切鋏（曲線型）、金杭、金槌、カンナ、基準竹（波柵製作用）、錐（きり）、玄能鶴、小細工用ナイフ、しの、充電式ドリル、手動ドリル、竹挽鋸、竹曲げ機（ガスバナー）、突き棒（穴を掘る道具）、鉄柵杭、電気ドリル、電気鋸、鋸（大工用）、のろせ（木製）、のろせ（鉄製）、ノミ、バール（大工用　長さ71㎝）、バッテリー充電機、番線切り、ハンマー、ポンチ、丸びきのこぎり、やっとこ、ロープ（ナイロン製）、ロープ（綿製）	40（14%）

時々使う	種類数（割合）	稀に使う～使わない	種類数（割合）
カッパ、カナヤスリ（平型）、カナヤスリ（丸型）、グリスポンプ（グリス注入機）、コーン、ござ、バー、薬剤散布用ヘルメット一式	8 （10%）	滑車、工事用点滅器、ダブル滑車、俵編み、とびぐち、猫捕獲器（木製）	6 （7%）
チェーンソー	1 （4%）	打ち鎌、枝打ち鎌、斧、がんど（大型のこぎり）、小枝折り、しゃ鎌、高枝鋸（アルミ製）、高枝鋸（木製）、高枝鋸（柄が竹）、高枝剪定鋏、チルホール、鶴鋸、手斧、なた、みのお（小枝を挟んで折る道具）、蕨手鋏	16 （57%）
鎌、瓦釘、かんそ（筒先）、草かき（いびりかき）、消火栓蛇口ハンドル、消火栓ジョイント、消火用ホース、スプリンクラー、タンク（1t、500ℓ）、柄杓、ラビット	11 （29%）	肩掛け噴霧器、肥桶（プラスチック製）、すり鉢、竹串（約60cm）、つき（削る道具）、土佐鎌、メスシリンダー、薬剤散布器（本体ごと桶に入れるタイプ）、薬剤散布器（船形ポンプ）、薬剤はかり、誘引器	11 （29%）
	0 （0%）	折尺、基準棒、コンベックス、水平器、箱尺、平板測量道具一式、ポール、巻尺（ナイロンテープ）	8（100%）
移植ごて、片づるはし、釘抜き（金槌併用）、鍬、剣スコップ、小型角スコップ、ツルハシ（両側ツルハシ）、トンボ、バチ、バチ（特殊バチ）、篩（疏水砂用）、耳かき（穴を掘る道具）	12 （41%）	地鏝、ジュウノウ、すき（鉄製）、すき（木製）、たこ（大きい叩き）、たこ（基礎固め用）、叩き（携帯用）、備中鍬（先が尖るタイプ）、備中鍬（先が平なタイプ）、篩（通称通し）長方形、篩（通称手ぶり）丸形、目地鏝、みつまた（耕す道具）、よしず	14 （49%）
厚鎌（竹割用）、網（小型）、網（大型）、アメリカンスコップ（両口スコップ）、うま、かけや、基準竹（波柵製作用）、充電式ドリル、竹挽鋸、竹曲げ機（ガスバナー）、鉄柵杭、電気ドリル、バッテリー充電機、番線切り、ハンマー、ロープ（ナイロン製）、ロープ（綿製）	17 （42%）	穴掘機（ドリル機）、押しぎり、金切鋏（直線型）、金切鋏（曲線型）、カンナ、錐（きり）、玄能鶴、小細工用ナイフ、しの、手動ドリル、突き棒（穴を掘る道具）、電気鋸、鋸（大工用）、のろせ（木製）、のろせ（鉄製）、ノミ、バール（大工用　長さ71cm）、ポンチ、丸びきのこぎり、やっとこ	20 （50%）
	0(0%)	石玄能、バール（石用　長さ78cm、88cm、115cm）、ワイヤーロープ	3（100%）
	0(0%)	コテ、トロ舟（セメント用練り舟）、刷毛、レンガ鏝（おかめ鏝）	4（100%）
足場板（道板）、ボート、水かき（オール）	3(30%)	小型荷締機、三叉、台車、天秤棒、リヤカー	5 （50%）
いしみ（竹製）、熊手（鉄製）、ごみ鋏、ジョレン（側溝用）、チリトリ、テニスコートネット（網として利用）、泥上げ器（鉄製）、フゴ袋（剪枝葉入れ）、プラスチック箒	9(32%)	ごみ籠、皿（皿籠）、棕櫚箒、手熊手、泥上げ器（木製）、ネギ籠	6 （22%）
発電機	1(50%)		0 （0%）
ミニバックホウ	1(17%)		0 （0%）
	63(23%)		93 （33%）

作業分類	良く使う	種類数（割合）
安全・点検道具	油差し（オイル差し）、安全靴、安全帯、命綱、ウオーターポンププライヤ、エプロン、帯、ガーゼマスク、ガソリン差しタンク、ガソリン携行缶、からびな、ガレージバイス（万力）、ガン帽、脚半、空気入れ（自転車用）、空気ポンプ（コンプレッサー）、グラインダー（研磨機）、グラインダー（草払い8枚刃の刃縁、刃研ぎ兼用：固定式研磨機）、グラインダー（草払い8枚刃の刃縁研ぎ出し用：固定式研磨機）、グラインダー（草払い8枚刃の刃研ぎ用：固定式研磨機）、グラインダー（鎌の先研ぎ用：固定式研磨機）、クロスレンチ（十字レンチ）、軍手（ナイロン製）、軍手（綿製）、軍手（滑り止め付き）、軍足、ゴム長靴、混合油タンク、コンビネーションレンチ、作業服、ジャッキ、シャックル、スパナ、ソフトレンチ、雑巾、地下たび（作業靴）、チェンブロック、T型ボックスレンチ、手甲、道具袋、道具入れ、道具ケース（整備用道具一式ケース）、砥石、砥石受け、長靴、ニッパ、パイプレンチ、バッテリーチェッカー、はつり台、バリケード、膝当て、マイナスドライバー、プライヤ、プラグレンチ、プラグレンチドライバー、プラスドライバー、ヘルメット、ペンチ、防眼具（サングラス等）、帽子（作業用）、防塵用マスク、防腐剤入れ、ホース、ホースリール、ボックスレンチ、めがねレンチ、モンキーレンチ、六角レンチ、ワイヤーブラシ	69 （83%）
剪定道具	アルミ脚立、アルミ脚立梯子、アルミ2段梯子、アルミ梯子、折り畳式鋸（剪定鋸）、刈込鋏、脚立（小型〜大型）、剪定鋏、剪定鋏ケース、長柄剪定鋏（通称長剪）、鋸（折りたたまない鋸）	11 （39%）
草花・芝管理用道具（樹木養生管理含む）	草刈払機（G2K、タンク下：平地用）、草刈払機（G3K、タンク上：土手用）、芝刈機（別名フライム芝刈機：回転式）、芝刈機（別名ホンダ芝刈機：乗車式）、芝刈機（ロンマ式）、芝刈機（手押し式）、消火用ホース（長さ1.5 m）、水中ポンプ、背負い式草刈払機、動力噴霧機（除草剤散布用）、動力噴霧機（薬剤散布用）、ノズル（長柄）、バケツ（金属製）、ハンマーナイフ、ヘッジトリマー（バリカン）、ポリバケツ	16 （42%）
測量・遣り方・位置だし道具		0 （0%）
植栽・土工・整地道具	角スコップ、ジョレン、レーキ	3 （10%）
竹垣・支柱・大工道具	大ハンマー、金杭、金槌	3 （8%）
石材・レンガ工事用道具		0 （0%）
左官・仕上げ用道具		0 （0%）
移動・運搬道具	一輪車、自転車	2 （20%）
清掃道具	いしみ（プラスチック製）、亀の子タワシ、熊手（竹製）、車洗いタワシ（ブラシ）、小ぼうき、コンテナ（剪枝葉入れ）、コンパネ、シート（ブルーシート）、シート（メッシュシート）、竹箒、デッキブラシ（タワシボウシ）、ブロアー、ホーク	13 （46%）
送電道具	延長コード	1 （50%）
重機械類	キャリアー（深型：手動式）、キャリアー（深型：自走式）、キャリアー（浅型）、軽トラック、ダンプトラック（1.5 t）	5 （83%）
計		123 （44%）

表3｜作業別道具分類と使用頻度　2002（平成14）年現在

剪定道具

剪定道具は表３のように、28種中16種（57%）が使用頻度「稀に使う～使わない」となっています。これについて、聞き取り調査（表４）で以下のことがわかりました。

１９６５年～１９７０年（昭和40年代前半）までは、「がんど」と呼ばれる大型のこぎりや「手斧」、「斧」、「土佐鎌」などの道具で枯損木や太い枝などを処理していましたが、１９７０（昭和45）年頃から「チェーンソー」などの機械式道具の導入により、従来の手動式道具の使用頻度が低くなりました。その後も機械式道具の充実による省力化が図られ、２００２（平成14）年現在では、枯損木伐採や枯枝切りには欠かせないものとなっています。

また１９６９（昭和44）年以前は低木の刈込みは「刈込鋏（両手鋏）」が用いられていましたが、同年以降「ヘッジトリマー」が導入され、徐々に維持管理手法も変化し始めました。１９８５（昭和60）年頃の低木の刈込みにおける「刈込鋏（両手鋏）」と「ヘッジトリマー」の使用頻度の比率はほぼ同率でしたが、１９８７（昭和62）年から１９９２（平成４）年までの間に、勤務体系の変更（週48時間勤務から週40時間勤務へと移行）に伴い、機械式道具の充実が図られたため、２００２（平成14）年現在では「ヘッジトリマー」が主に使われ、「刈込鋏」は軽い仕上げに使用する程度に変化してきました。

さらに手動式道具についてみると、１９６５年～１９７０年（昭和40年代前半）まで高木のマツの剪定で使用する剪定道具は「蕨手鋏（木鋏）」、「きりばし」、「しゃ鎌」、「長柄鋸」で、芽摘み（緑摘み）作業は、竹の先を刀のようにして行っていましたが、「梯子」や「脚立」「長柄剪定鋏」の導入により除々に使用頻度が低くなっていきました。１９８７（昭和62）年には「しゃ鎌」はマツの剪定では使わず、主に枯枝落とし、かかり枝取りの道具へと使用の仕方が移り変わってきました。剪定道具では、合理的な道具が徐々に開発され、「きりばし」→「蕨手鋏」→「剪定鋏」と変遷してきました。また昇降道具の脚立、梯子は、木製よりも耐久性があり軽量で持ち運びに便利なアルミ製のものの使用頻度が徐々に高くなってきています。[9]

清掃道具

二条城管理係でみられる「清掃道具」は表3のように、28種中6種（22％）が「稀に使う〜使わない」の使用頻度となっています。それらの内訳をみると、「いしみ」は管理作業で使用頻度の高い清掃道具ですが、竹製からプラスチック製へと移行する傾向にあります。また、聞き取り調査［表4］より、ごみを集める道具も、ごみ籠、ネギ籠からコンテナ（プラスチック製）となりました。一時期フゴ袋が使用されましたが、キャリアー、ダンプトラック、軽トラックの運搬機の利用に伴い、落ち葉や剪定後の枝の積み込みやすさから、コンテナの使用頻度のほうが依然として高い状況です。また剪定時に掃除がしやすいように根元にブルーシートを敷いていましたが、メッシュシートの導入により徐々に変化がみられます。

変遷年代は不明ですが、排水溝の泥上げ器も木製から鉄製へと移行し、筆者が配属された１９８７（昭和62）年には既に、鉄製のみを使用していました。

１９８９（平成元）年頃には失業対策事業の人数削減（２０００〈平成12〉年度廃止）などにより、作業効率を上げるためブロアー（送風機）などの機械式道具の導入が図られ、落ち葉の集積にはかかせない道具となっていきました。

このように清掃道具は耐久性の観点から素材が変わり、また省力化を図って合理的な作業を目指す方向へと移行しました。耐久性の高いものが導入されたことにより、従来使用していた道具の使用頻度が除々に低下してきたものと考えられます。

草花・芝管理用道具（樹木養生管理含む）

表3より、この道具は38種中11種（29％）が使用頻度「稀に使う〜使わない」であり、その内訳をみると、病害虫防除で用いる道具が半数を占めています。これは、聞き取り調査［表4］から、１９６４（昭和39）年以

作業分類	道具名	種類数
剪定道具	1965年～1970年 （昭和40年代前半）まで	高木のマツの剪定で使用する剪定道具は、蕨手鋏（木鋏）、きりばし、しゃ鎌、長柄鋸で、芽摘み（緑摘み）作業は竹の先を刀のようにして用いていたが、梯子や脚立、長柄剪定鋏の導入により除々に使用頻度が低くなってきた。
		がんど（大型のこぎり）、手斧、斧、土佐鎌などの道具で枯損木や太い枝などを切っていた。
	1969（昭和44）年以前	低木の刈込みは、刈込鋏（両手鋏）を用いていた。
	1969（昭和44）年以降	ヘッジトリマーが導入され、低木の刈込みに使われるようになる。
	1970（昭和45）年頃	チェーンソーが導入される。
	1985（昭和60）年頃	低木の刈込みでの、刈込鋏（両手鋏）とヘッジトリマーの使用頻度の比率はほぼ同率であった。
	1987（昭和62）年現在	昔（変遷年代不明）、きりばしから蕨手鋏、蕨手鋏から剪定鋏へと道具の変遷があったと聞いているが、1987（昭和62）年には既に剪定鋏が使われていた。
		しゃ鎌は、マツの剪定時には使用せず、枯枝落とし、かかり枝取りに使用していた。
	1987～1992 （昭和62～平成4）年	勤務体系の変更（週48時間勤務から週40時間勤務へと移行）に伴い、ヘッジトリマーの充実が図られる。
草花・芝管理用道具 （樹木養生管理含む）	1960（昭和35）年頃	外堀周囲の草刈り用の機械式道具（大きな芝刈り機、パワーサイセイ〈刈払機〉）が導入されていたが、その頃の城内緑地帯の草刈りは、機械式道具を用いず、大半を鎌で手刈りしていた。
	1964（昭和39）年以前	動力噴霧機（薬剤散布用）の導入が図られていたが、高木のマツの薬剤散布のみの使用であった。中低木のサクラ、ウメ等の薬剤散布は、リヤカーにタンクを載せ船形ポンプ（船漕ぎ式薬剤散布器）で行っていた。
	1969～1970 （昭和44～昭和45）年頃	動力噴霧機（薬剤散布用：2代目）を購入する。 購入する以前は、肩掛け噴霧器、船形ポンプなどで薬剤散布をしていた。
竹垣・支柱・大工道具	1974（昭和49）年頃	支柱設置のため穴を開ける電気ドリルがあった。ドリルが木の根や石等にひっかかることもあった。
草花・芝管用理道具 （樹木養生管理含む）	1975～1984年（昭和50年代）	除々に草刈払機（エンジン式）の充実が図られる。
	1987（昭和62）年	外堀周囲の草刈りは、直営職員がハンマーナイフで通路等を荒刈りして、樹木の根元や石垣沿いの縁を草刈払機で刈っていた。刈草は城内苗圃に運んでいた。
清掃道具	1987（昭和62）年	変遷年代は不明だが、ごみ籠、ネギ籠からコンテナ（プラスチック製）に移行。1987（昭和62）年には既にコンテナに切り替わっていた。年代不明（1989〈平成元〉年以降）、フゴ袋導入。
		変遷年代は不明だが、泥上げ器は木製から鉄製に移行。 1987（昭和62）年には既に鉄製に切り替わっていた。
	1989（平成元）年頃	ブロアーの導入・充実が図られる。
重機械類	1969～1970 （昭和44～昭和45）年頃	キャリアー（深型：自走式）を購入。
	1969年～1974 （昭和44～昭和49）年頃	清掃局の払い下げで、耕運機に荷台を付けた運搬機が導入される。
	1973～1975 （昭和48～昭和50）年頃	清掃局の払い下げで、軽トラックが導入される。
	1975（昭和50）年頃	キャリアー（荷台が浅いタイプ）を購入。

表4｜造園道具についての聞き取り調査結果　2002（平成14）年現在

前には既に動力噴霧機の導入が図られていましたが、高木のマツに対してのみの使用で、中低木のサクラ、ウメなどには「リヤカー」に「タンク」を載せ「船形ポンプ（船漕ぎ式薬剤散布器）」で薬剤散布を行っていました。1969年（昭和44）～1970（昭和45）年頃に動力噴霧機の充実が図られ、それ以前に使用していた肩掛け噴霧器や船形ポンプ、桶などの使用頻度が低下した要因となったことがわかりました。

また草刈作業については、1960（昭和35）年頃に既に、外堀周囲の草刈り用として機械式道具（大型芝刈機、パワーサイセイ〈刈払機〉）が導入されていましたが、城内緑地帯の草刈りは、機械式道具を用いず、大半は鎌で手刈りをしていました。

1975年～1984年（昭和50年代）に、除々に草刈払機（エンジン式）の充実が図られ、2002（平成14）年現在では緑地帯の草刈りには、草刈払機やハンマーナイフなどが欠かせない道具となっています。

次に、調査した造園道具を機能別に分類し、どのような機能を持つ道具を所有しているかを分析しました。

機能による造園道具分類

内田 均氏は道具の機能別での分類を試みています。[10] 内田氏の分類を参考に、二条城管理係所有の造園道具279種を機能別に分類しました。なお、一つの道具でありながら複数の機能がある場合は重複してそれぞれの機能に含めることとしました［表5］。

表1の道具を機能からみて分類したところ、67機能に分けられました。

上位を占める「切る」32種類、「入れる」19種類、「運ぶ」18種類、「回す」17種類等は、主に二条城の庭園等維持管理で行う剪定、清掃、機械整備、芝草刈り、通路整備の作業が反映された結果となりました。

作業内容からみた造園道具

ここでは二条城の庭園等維持管理作業内容を列記し、表6にまとめ、作業内容の一例を紹介します。

2002（平成14）年現在、主な作業は樹木剪定、樹木養生、病害虫防除、除草剤散布、芝草刈り、清掃、整備及び補修、その他の8つに大別でき、具体的な作業は44種にのぼっていました。以下、二条城で行う剪定作業を一事例として、作業内容と使用する造園道具をみることにします。

二条城で行う剪定作業と使用する道具

①樹木の剪定で身に着ける道具…作業服、軍手、手甲、地下たび、帽子（作業用）、ヘルメット、剪定鋏、鋸、安全帯、命綱等

②作業前の準備…掃除しやすいよう樹木の根元にシート（ブルーシート、メッシュシート）を敷きます。高木の場合、脚立や梯子で樹木に登ります。梯子などは上部を細いロープで樹木の枝と結束し、動かないように固定します。

③剪定作業…準備が整い次第、安全に剪定作業を行います。剪定鋏、鋸、長柄剪定鋏等を使用します。

④掃除…剪定した後、切った枝葉を集めます。ホーク、熊手、竹箒を使用します。

⑤剪定枝の運搬機への積込み…集めた剪定枝は、コンテナやフゴ袋に入れ、キャリアー、軽トラック、ダンプトラックなどの運搬機に積み込みます。運ぶ時に落ちた剪定枝を再度、熊手、竹箒を使用して掃除します。

⑥処分場所…バックヤードまで運搬機で運び、作業終了です。

このように、剪定作業を行うにあたっては①～⑥の一連の作業があり、それに合わせてさまざまな道具が必要となり、それを利用する技術もまた多岐にわたります。

機能	種類	開ける	8	支える	4	折る	2	縮める	1
切る	32	囲う	8	耕す	4	区切る	2	突く	1
入れる	19	ならす	8	のばす	4	縛る	2	詰める	1
運ぶ	18	吊る	7	掃く	4	締める	2	塗る	1
回す	17	研ぐ	6	磨く	4	つなぐ	2	ねじる	1
掘る	15	止める	6	上げる	3	抜く	2	乗せる	1
すくう	13	着る	5	送る	3	練る	2	乗る	1
測る	13	積む	5	固める	3	引く	2	拭く	1
集める	12	取る	5	かぶる	3	割る	2	吹く	1
叩く	12	登る	5	汲む	3	打ち込む	2	彫る	1
刈る	11	履く	5	通す	3	覆う	1	曲げる	1
撒く	11	敷く	5	はさむ	3	起こす	1	混ぜる	1
削る	10	洗う	4	はめる	3	押さえる	1	合計	67 機能
つける	9	かく	4	動かす	2	担ぐ	1	合計	355 種類

表5｜道具の機能別分類　2002（平成14）年現在

主な作業	具体的な作業
樹木剪定	樹木の剪定・清掃
	樹木及び枯損木伐採・掃除
	生垣刈込み・掃除
	根〆物刈込み・掃除
	ひこばい剪定・掃除
	ソテツ養生・掃除
	ソテツ養生・養生取り外し・掃除
樹木養生	樹木補植栽
	樹木灌水
	肥培作業（松グリーンパイル打ち込み）
	肥培作業（寒肥）
病害虫防除	薬剤散布
除草剤散布	除草剤散布
芝草刈り	芝刈り・掃除
	芝の耳切り・掃除
	草刈り・掃除
清掃	池の掃除
	集水桝泥上げ
	排水溝、側溝泥上げ
	通路清掃
	落ち葉清掃
整備及び補修	波柵づくり
	波柵補修
整備及び補修	雨水溜まり処理
	洗砂利移動（通路整備）
	疏水砂通し及び砂利まき（通路整備）
	通路不陸直し
	有刺鉄線補修
	パンク修理
	農機具機械整備
	人止め柵補修（杭、冠、竹交換、ロープ交換）
	支柱補修
	熊手補修
	防腐剤塗布
	鎌研ぎ
	草刈払機の刃研ぎ
	竹垣補修
	集水桝蓋網掛け及び補修
その他	芝、苔灌水
	散水（土埃飛散防止のため）
	清流園特別公開対応
	クジャク、ハクチョウ等の飼育
	失業対策事業団、各種奉仕団対応（苔地除草、芝生内除草、通路及び植樹帯内除草、落ち葉清掃、清掃）
	必要に応じての緊急応じての緊急対応他

表6｜二条城における庭園等維持管理作業内容　2002（平成14）年現在
＊昭和30年代後半〜50年代前半には、花壇土づくり、花壇花植え、菊花展、清流園造営（造成、植栽、石組、芝張り）も業務に含まれていた

特殊な造園道具の使用方法

ここでは、特殊な使われ方をする造園道具を挙げます。

鍬

一般的には耕作に使用しますが、二条城では園路の草削りや芝生の耳切り（縁切り）作業などに使用します。

つき

削る道具。除草時に使用します。つきで草と地面（土など）を削り取り、熊手で草を集めます。一緒に削り取られた荒れた地面（土など）はトンボで整地します。つきの形状は、鍬の先端の半円形に近い金属を竹の先端に水平に取り付けたものです。

すき

鉄製と柄が木製のものとがあります。土おこしに使います。畑を耕し、樹木や竹の根際を切ります。在職中に使用したことはありません。

しゃ鎌

昔、マツの手入れでよく使用していた道具です。先の尖った側で枝の根元の下部を突き上げ、鎌状の曲部側を枝の根元の上部に引っ掛けて下げ、下ろし枝を切るように使います。かかり枝や枯れ枝を取る時にも使います。

打ち鎌

生垣などの太い徒長枝を大ざっぱに打ち払う道具です。打ち払った後、刈込鋏で刈り込みを行います。在職中に使用したことはありません。

のろせ

支柱、人止め柵用の杭を打ち込む際に、ロケット形状となっている「のろせ」であらかじめ地面に穴を開けます。在職中に利用したことはありません。

突き棒

穴掘り用の道具。支柱などを設置する際、穴を掘るのに使います。形状は柄の先に重いマイナスドライバーのような金属（鉄：先端幅約10㎝）を取り付けた重量のあるものです。アメリカンスコップ（両口スコップ）で穴を開けることもありますが、表面が固い時にはこの突き棒（穴掘り用）が有効です。

耳かき

突き棒（穴掘り用）で穴をあける時に併用する道具で、穴の周囲の土をすくい上げます。スプーンの先が円形になったような形状です。

以上のように、2002（平成14）年現在では使用頻度が低下した道具も存在しますが、造園道具の中には使い方にコツ（技術）が必要なものも多くあります。

5　まとめ

二条城管理係が所有する造園道具について実態調査を行った結果、造園道具は279種あり、さらに二条城で行う作業を12種に分類したところ、「安全・点検道具」83種（30％）、「竹垣・支柱・大工道具」40種（14％）、「草花・芝管理用道具（樹木養生管理含む）」38種（14％）、「植栽・土工・整地道具」29種（10％）、「剪定道具」28種（10％）・「清掃道具」28種（10％）で全体の9割弱を占めました。

また、作業別に造園道具の使用頻度を①「良く使う」、②「時々使う」、③「稀に使う〜使わない」に振り分けたところ、①「良く使う」123種（44％）、③「稀に使う〜使わない」93種（33％）、②「時々使う」63

種（23％）の順でした。

「良く使う」は、「安全・点検道具」及び「重機械類」では、それぞれ8割以上の道具が該当していました。「稀に使う～使わない」は、「剪定道具」、「竹垣・支柱・大工道具」、「植栽・土工・整地道具」の約5割、「草花・芝管理用道具（樹木養生管理含む）」の約3割の道具が該当していました。「稀に使う～使わない」は「測量・遣り方・位置だし道具」、「石材・レンガ工事用道具」、「左官・仕上げ用道具」では全て（10割）が該当しました。

聞き取り調査からは、二条城管理係には、１９６０（昭和35）年頃には既に草刈用機械が、１９６４（昭和39）年以前には動力噴霧機が導入されていましたが、限定的な利用で、ほとんど手作業で行っていたことがわかりました。その後、１９６９年（昭和44）～１９７０（昭和45）年頃の動力噴霧機の充実により、薬剤散布が人力から効率の良い機械の利用へと移行しました。草刈作業は、１９７５年～１９８４年（昭和50年代）に徐々に草刈払機の導入・充実が図られてきたことがわかりました。また運搬機導入以前は、リヤカーやネギ籠などで運搬していましたが、１９６９（昭和44）年～１９７５（昭和50）年頃に、耕運機に荷台が付いている運搬機や軽トラックの導入、浅型タイプのキャリアーの購入など除々に充実が図られます。２００２（平成14）年現在には、運搬道具の大半が機械式道具で占められるようになった変遷過程が見られます。

また、剪定道具は機械式道具やより効率的な手動式道具へ、清掃道具等も機械式道具やより耐久性の高い造園道具へ移行していきました。

以上のように二条城管理係の造園道具は、耐久性の低いものから高いものへ、より効率の良いものへと移行していきました。さらに手動式道具から徐々に機械式道具へ移り変わっていくのに伴い、手動式道具を扱うための知識と技術から、機械式道具を扱うため知識と技術及び軽微な修理を行える知識と技術へと、必要となる技術の変遷がみられました。

1

2

3

4

5

6

7

8

9

参考｜道具の写真

1　砥石受け
2　薬剤散布器（船形ポンプ）
3　動力噴霧機（薬剤散布用）
4　動力噴霧機（除草剤散布用）
5　泥上げ器（木製）
6　泥上げ器（鉄製）
7　トンボ
8　レーキ
9　薬剤散布器
（本体ごと桶に入れるタイプ）

6 おわりに

この道具調査を行っていた当時の私は、調査に対してマニアックな趣味のような、面白みのないものだと思っていましたが、兄（内田 均）の強い勧めもあり行ったものです。今思えば、東京ドーム約6個分の広大な敷地の二条城を維持していくには、どのような道具で、どのような作業を行い、また経年によってどのような道具の移り変わりが見られるのか、という視点で調査を行っていれば、より興味深く取り組むことができたはずでした。しかしながら、当時は日々の業務に追われ、そのような思いに至りませんでした。

今振り返ると、先輩方がご苦労されていた維持管理作業を、道具調査からも垣間見ることができ、記録として残すことができて良かったと思っています。

参考引用文献

1 森 蘊（1976）『日本の庭園』吉川弘文館、pp.136-141

2 内田 均（2023）『植栽技術論』建築資料研究社、pp.254-281

3 内田 均（1988）「造園道具から見た技術体系について―京都地方における造園道具の一事例から―」『日本造園学会関東支部大会・報告発表要旨』第6号、pp.2-3

4 内田 均（1989）「米国で見た造園技術について 造園道具と支柱技術の一事例」『日本造園学会関東支部大会（於仙台市勤労者保養所茂庭荘）日本造園学会関東支部大会研究・報告発表要旨』7号、pp.15-16

5 井上 瞳・森山奈美・内田 均（2012）「施工・管理に用いられる造園道具の実態とその変遷」『日本造園学会関東支部大会 事例・研究報告』

6 文献2、pp.254-257,278-281

7 文献2、pp.278-279

8 文献2、p.256

9 筆者は1984（昭和59）年から3年間東京の造園業者に勤めていましたが、その当時の造園業者の多くは、木鋏、木製の脚立を使用していました。1987（昭和62）年の二条城管理係では、木鋏ではなく剪定鋏を使用し、脚立は木製もありましたが、アルミ製も使用していました。二条城事務所に出入りしている造園業者も剪定鋏とアルミ製脚立を使用していました。

10 文献2、pp.279-280

13章

桜品種同定調査

この章では桜の品種同定調査について紹介します。

私が二条城事務所に配属された当初、桜の内部資料は手書きの簡素な位置図の横に品種名が記されたもの、そして品種リストのみであったため、品種の把握が困難な状況にありました。そこで、城内全域の桜の位置図作成と正確な品種の完全把握に取り組みました。

具体的には平面図を拡大し、桜の植栽位置を落とし込み、そのデータを基に、ワードプロセッサーで簡略図と桜の位置図を作成しました。位置図完成後、自身で高価な桜の専門書を購入し品種の同定を試みたり、公共機関などに相談したりしましたが、解決には至りませんでした。当時は、写真付きの桜の図鑑は数えるほどしかなく、インターネットも普及していないため、300品種以上ある桜の品種を正確に同定する作業は困難を極めました。

そんな思い悩んでいた時、兄（内田 均）の協力を得て、肉眼で桜の同定をしていただけるという川崎哲也先生に出会うことができました。正式に仕事として依頼できればよかったのですが、当時は個人的な研究としてしか進めることができませんでした。しかし、先生はボランティアでの協力を快諾してくださいました。桜の品種同定調査は先生に遠方からお越しいただく必要があったために1994（平成6）年から2000（平成12）年の6年間を要しました。

私はこの貴重なデータを公の機関などで共同研究として発表したいと先生に相談しました。すると、「折角まとめられたのだから、内田さんの研究として日本櫻学会（『櫻の科学』）に投稿しましょう」と言ってくださり、2000（平成12）年に『二條城における桜の品種同定調査』を投稿し採用されました。

二条城は、総面積が約27万5000㎡あり、東京ドーム約6個分の広大な敷地の中に、徳川将軍家の遺構、桂宮家の公家屋敷の遺構、角倉家の遺構など多くの見所をもつ他、桜の名所としても知られています。

1 桜について

桜の野生種について

桜はバラ科サクラ亜科サクラ属サクラ亜属に属する落葉性の樹木です。サクラ属は大きな属でサクラ亜属の他に、ウワミズザクラ亜属、スモモ亜属、モモ亜属、ウメ亜属、ニワウメ亜属があります。一般的に桜と呼称しているものは、サクラ亜属に属するものを指します。[1]

わが国に自生する桜の野生種は日本各地に分布し、ヤマザクラ、オオヤマザクラ、オオシマザクラ、カスミザクラ、エドヒガン、マメザクラ、タカネザクラ、チョウジザクラ、ミヤマザクラの9種が野生種で、この他、カンヒザクラとクマノザクラについては、研究者によって見解が異なるようで、日本花の会では日本に野生する桜は10～11種類[2]としています。また、日本以外の桜（サクラ亜属）は、北半球に多く分布し、ヨーロッパから西シベリアにかけて3種、東アジアに3種、中国には33種が分布していると考えられています。[2]

サトザクラとは

サトザクラとは、品種の1つと勘違いしそうですが、そのような品種はなく、「里の桜」の意味で付けられた園芸品種の総称で、学術的には、オオシマザクラがもとになって、それにヤマザクラやその他のサクラ属の野生種や栽培品種が自然交雑したり、人為的に交配が行われたりしてできた品種群として定義されています。サトザクラの中でも八重咲きのものを一般的に「八重桜」と呼ぶのも総称です。[3]

7群からみた二条城の桜

桜の分類をわかりやすく解説している文献として、『日本の桜』[4]、『新日本の桜』[5]、日本花の会ホームページの「桜図鑑」[6]などが知られています。ここでは、川崎哲也先生解説の『日本の桜』で大別された野生種7群の①ヤマザクラ群（ヤマザクラ、オオヤマザクラ、カスミザクラ、オオシマザクラ）、②エドヒガン群、③ミヤマザクラ群、④チョウジザクラ群、⑤マメザクラ群、⑥カンヒザクラ群、⑦シナミザクラ群を採用し、それぞれの群毎に、今回の同定調査によって明らかとなった二条城の主な栽培品種を紹介します。なお、矢印（↓）の下に記載した名前が二条城に存在する主な栽培品種です。表記は漢字とします。

①ヤマザクラ群

◇ヤマザクラの栽培品種↓山越紫、仙台屋、衣笠、佐野桜、琴平ほか

◇オオヤマザクラの栽培品種↓存在せず

◇カスミザクラの栽培品種↓霞桜

◇オオシマザクラの栽培品種↓駿河台匂、上匂

◇サトザクラの仲間

- ヤマザクラ・オオシマザクラの影響がみられるサトザクラ↓御室有明、大沢桜、妹背、手弱女、関山、御所御車返し、梅護寺数珠掛桜ほか
- カスミザクラの影響がみられるサトザクラ↓存在せず
- オオシマザクラの影響がみられるサトザクラ↓永源寺、苔清水、一葉、日暮、松月、普賢象、鬱金、御衣黄ほか

・ヤマザクラの影響が見られるサトザクラ →太白、有明、雨宿ほか
シラユキ系のサトザクラ→白雪（枯損）
ウスズミ系のサトザクラ→薄墨
タカネザクラの影響がみられるサトザクラ→存在せず
エド系のサトザクラ→東錦、手鞠
フクロクジュ系のサトザクラ→福禄寿、八重曙
松前で作出されたサトザクラ→存在せず
系統がわからないサトザクラ→朱雀
タカサゴ系の栽培品種→存在せず
②エドヒガン群の栽培品種→糸桜（枝垂れ桜）、八重紅垂れ、染井吉野
③ミヤマザクラ群の栽培品種→存在せず
④チョウジザクラ群の栽培品種→存在せず
⑤マメザクラ群の栽培品種→近畿豆桜（枯損）
⑥カンヒザクラ群の栽培品種→寒緋桜
⑦シナミザクラ群の栽培品種→東海桜（敬翁桜）

2 二条城の桜についての研究・報告

二条城の桜の品種については『二條城における桜の品種同定調査』[7]を基に説明します。それ以前の二条城内の桜に関する研究・報告は、荒賀利道氏、15代佐野藤右衛門氏、16代佐野藤右衛門氏、京都府所管時（一時陸軍省所管時）の資料によるものがあります。

荒賀利道氏による研究・報告

荒賀氏（二条城事務所元管理係長）の『二条城の緑と花』[8]には、「二条城には以前から城特有のおおやまざくらが20本～30本程度北の通路の両側や西の土手上などに植栽されていた。…〝しだれざくら〟は昭和29年頃より城内西部の雑木林や〝かし〟林を伐採し職員の労力で開墾して植栽したもので、その後昭和39年清流園作庭の際清流園芝生の東側付近にも植栽された。…〝さとざくら〟〝やまざくら〟も昭和29年頃から33年にかけ順次雑木林を開墾して植栽された…」と記されています。

さらに内部資料の『庭園管理参考資料』[9]には、昭和40年代に城内の桜の品種同定を行い作成された植栽位置略図や、昭和60年代に至るまでの桜の植栽履歴が記録されています。

15代佐野藤右衛門氏による研究・報告

15代佐野藤右衛門氏の『桜守二代記』[10]は、明治から昭和40年代までの桜の変遷について、「明治以後六十年近い離宮時代の桜はせいぜい二、三十本を残すばかりで、その他はすべて市の管理におかれてのちに移植したものです。そのほとんどは私の手で納めたもので、百種四百本をかぞえます。城内西南部に多く、とくに昭和三十五年に植えた紅八重枝垂五十本は、いまはいずれも高さ五メートル、枝張り三メートル、幹まわり三十センチに達しています。本丸御殿から帰りみちの苑路や、昭和四十年にできた清流園の南にも各種の桜があります。紅八重枝垂のほか、名ある里桜があるのを特徴とします。とにかく一般公開になって以来三十年余にわたって、この二条城のなかの桜には私としてもかなり力を入れてきました。…」と記されています。

16代佐野藤右衛門氏による研究・報告

16代佐野藤右衛門氏は『京の桜』[11]で、二条城の略歴と、桜の園の植栽位置略図と22品種を紹介しています。また2002（平成14）年のNHKの取材では「戦後、食糧難のために植木畑を芋畑にしなければならなくなり、その時、二条城に多くの桜を避難させた」とコメントされています。

京都府所管時（一時陸軍省所管時）の資料

京都府（1881）『二條城借受定約并本丸返戻一件』[12]の公文書の中の「二條城郭内樹木并石礓員數明細書」の条によれば、1878（明治11）年〜1881（明治14）年には既に113本（その内二の丸地域は97本）もの桜が存在していたことがわかりました。

3 既往研究及び報告資料の問題点と本調査の目的

既往研究及び報告資料では、今まで二条城には桜はあっても20～30本程度であると報告されていましたが、『二條城借受定約并本丸返戻一件』により1878（明治11）年頃には100本以上の桜が存在していたことがわかりました。また、既往報告資料の植栽位置略図は部分的な位置図のみで、城内全域を網羅したものはなく、既往資料の品種と現況の品種を比較すると相当数の同定ミスが見られるという問題点がありました。そこで、本調査では二条城内の全ての桜を対象とした植栽位置略図を作成し、再度品種の同定を行い、二条城内の桜の「種・品種の保存」の基礎的資料とすることを目的としました。

4 調査方法

①調査区域は元離宮二条城全域としました。
②植栽位置略図の作成期間は1988（昭和63）年～1994（平成6）年、同定調査は1994（平成6）年3月から2000（平成12）年4月まで行いました。
③調査区域内に植えられている（実生も含む）すべての桜の同定調査を行い、調査中に枯れたものも品種名を挙げました。品種の同定は生品及びそれから採取した押し葉標本（同一個体から花と葉を採取した）を倍率5倍のルーペを用いて検討しました。

④細部の観察にはケンコー顕微鏡（ケンコー、ＫＣ－１０２型、接眼レンズ10×、対物レンズ５×）を用いました。
⑤同定にあたっては、桜研究家の川崎哲也氏の『日本の桜』[4]を参考とし、ご本人の協力を得ました。
⑥城内全域の桜の植栽位置略図は極力デジタル化を図るため、ワードプロセッサーで作成いたしました。

5　種・品種の同定調査の結果

・二条城の桜は、既往資料によると昭和40年代には、山桜１９８本（４８％）、里桜１０７本（25・９％）、枝垂れ桜73本（17・７％）、染井吉野17本（４・１％）、大山桜16本（３・９％）、丁字桜１本（０・２％）、寒桜（豆桜）１本（０・２％）という品種構成で合計４１３本も植栽されていました。
その後補植されずに１９９４（平成６）年現在では３７６本、52品種となり、さらに２０００（平成12）年現在では３５６本、46品種*へと減少したことが今回の調査でわかりました［表１］。
＊調査中に減少した品種は、ギョイコウ、キンキマメザクラ、コヒガン、タグイアラシ?、テマリ?、ミナカミ?の６種です。なお、（枯）ヤマザクラ?は含めず。
・今回の調査結果である品種及び本数の一覧は表１のとおりです。
・今回の調査の結果、全体の33・１％をヤマザクラが占め、次いで31・１％のサトザクラ、13・８％のシダレザクラ、６・１％のヤマザクラ×オオシマザクラ、５・１％のソメイヨシノ、２・７％のウスゲヤマザクラ、オオシマザクラの割合で品種が構成されていることが明らかとなり、昭和40年代の調査とほぼ同様な構成比になっていたことがわかりました［表２］。
・サトザクラの中には、１品種１本だけの木が22本もあることがわかりました。

品種名	本数	
アズマニシキ	6	(5)
アマヤドリ	2	(2)
アリアケ	3	(3)
イチヨウ	6	(5)
イモセ	1	(1)
ウスゲヤマザクラ	7	(7)
ウスゲヤマザクラ？	1	(1)
ウスゲヤマザクラ（実生生え）？	1	(1)
ウスゲヤマザクラ類似品	1	(1)
ウスズミ	1	(1)
ウスズミの近似品	1	(1)
ウコン	3	(3)
エイゲンジ	3	(3)
オオサワザクラ	2	(2)
オオシマザクラ	10	(9)
オムロアリアケ	1	(1)
カスミザクラ	10	(8)
カスミザクラ？	2	(2)
カスミザクラ？（実生生え）	7	(6)
カンザン	23	(23)
カンヒザクラ	1	(1)
キクザクラ?	1	(1)
キクザクラ類	1	(1)
キナシチゴザクラ	1	(1)
キヌガサ	1	(1)
ギョイコウ	1	(0)
キンキマメザクラ	1	(0)
コケシミズ	1	(1)
コヒガン	1	(0)
ゴショミクルマガエシ	4	(4)
コトヒラ	1	(1)
サノザクラ	8	(8)
シダレザクラ	2	(2)
シバヤマ	1	(1)
ショウゲツ	7	(6)
ジョウニオイ	2	(2)
シラユキ	2	(1)
スザク	2	(2)
スルガダイニオイ	5	(5)
センダイヤ	1	(1)
ソメイヨシノ	19	(19)
タイハク	3	(3)
タオヤメ	2	(2)
タキニオイ？	1	(1)
タグイアラシ？	1	(0)
テマリ?	1	(0)
バイゴジジュズカケザクラ	1	(1)
ヒグラシ	1	(1)
フクロクジュ	2	(2)
フクロクジュ？	1	(1)
フゲンソウ	7	(7)
ミナカミ？	1	(0)
ヤエアケボノ	1	(1)
ヤエウスゲヤマザクラ（仮称）	1	(1)
ヤエベニシダレ	50	(48)
ヤマゴシムラサキ	1	(1)
ヤマザクラ	114	(112)
(枯)ヤマザクラ?	2	(0)
ヤマザクラ(実生生え)	9	(9)
ヤマザクラ×オオシマザクラ	6	(6)
ヤマザクラ×オオシマザクラ?	17	(17)
合計本数	376	(356)

表1｜同定した桜の品種及び本数一覧　＊数字のみは1994（平成6）年現在の本数、（　）数字は2000（平成12）年現在の本数

種類	昭和 40 年代（1965）調査	平成 6 年（1994）調査	平成 12 年（2000）調査
ヤマザクラ	198 本　(48%)	125 本　(33.2%)	121 本　(34.0%)
サトザクラ	107 本　(25.9%)	115 本　(30.6%)	107 本　(30.1%)
シダレザクラ（ヤエベニシダレ、シダレザクラ）	73 本　(17.7%)	52 本　(13.8%)	50 本　(14.0%)
ソメイヨシノ	17 本　(4.1%)	19 本　(5.0%)	19 本　(5.3%)
オオヤマザクラ	16 本　(3.9%)	0 本　(0%)	0 本　(0%)
チョウジザクラ	1 本　(0.2%)	0 本　(0%)	0 本　(0%)
カンザクラ	1 本　(0.2%)	0 本　(0%)	0 本　(0%)
ヤマザクラ×オオシマザクラ	0 本　(0%)	23 本　(6.1%)	23 本　(6.5%)
カスミザクラ	0 本　(0%)	19 本　(5.0%)	16 本　(4.5%)
ウスゲヤマザクラ	0 本　(0%)	10 本　(2.7%)	10 本　(2.8%)
オオシマザクラ	0 本　(0%)	10 本　(2.7%)	9 本　(2.5%)
カンヒザクラ	0 本　(0%)	1 本　(0.3%)	1 本　(0.3%)
コヒガン	0 本　(0%)	1 本　(0.3%)	0 本　(0%)
キンマメザクラ	0 本　(0%)	1 本　(0.3%)	0 本　(0%)
合計	413 本	376 本	356 本

表2｜桜の品種構成比較

・また今回の調査で得られた結果と既往の品種同定の結果を比較すると35もの同定ミスがみられ、城内にはオオヤマザクラは全くありませんでした。

・さらに既往の調査で報告されていた南殿、楊貴妃、白妙、満月、二尊院、戻桜、紅虎尾、地主、市原虎尾、左近、塩釜、墨染、虎尾、深大寺、雪月花、晩都、那智谷、八重牡丹、名月、帆立、駒繋、関東有明、祇女、御信などのサトザクラは、2000（平成12）年現在では存在していないことがわかりました。

・品種の同定を行ったことによって、二条城の桜の「種・品種の保存」の基礎的資料を作成することができました。

6 植栽位置略図の作成

・植栽位置略図作成にあたっては城内を地域別に18ブロックに区分［図1］し、ブロックごとにワードプロセッサーで作成した図に、桜の植栽位置を落とし込みました［図2］。

・今回作成した植栽位置略図では、既往の図よりも10カ所多く記載することができました。

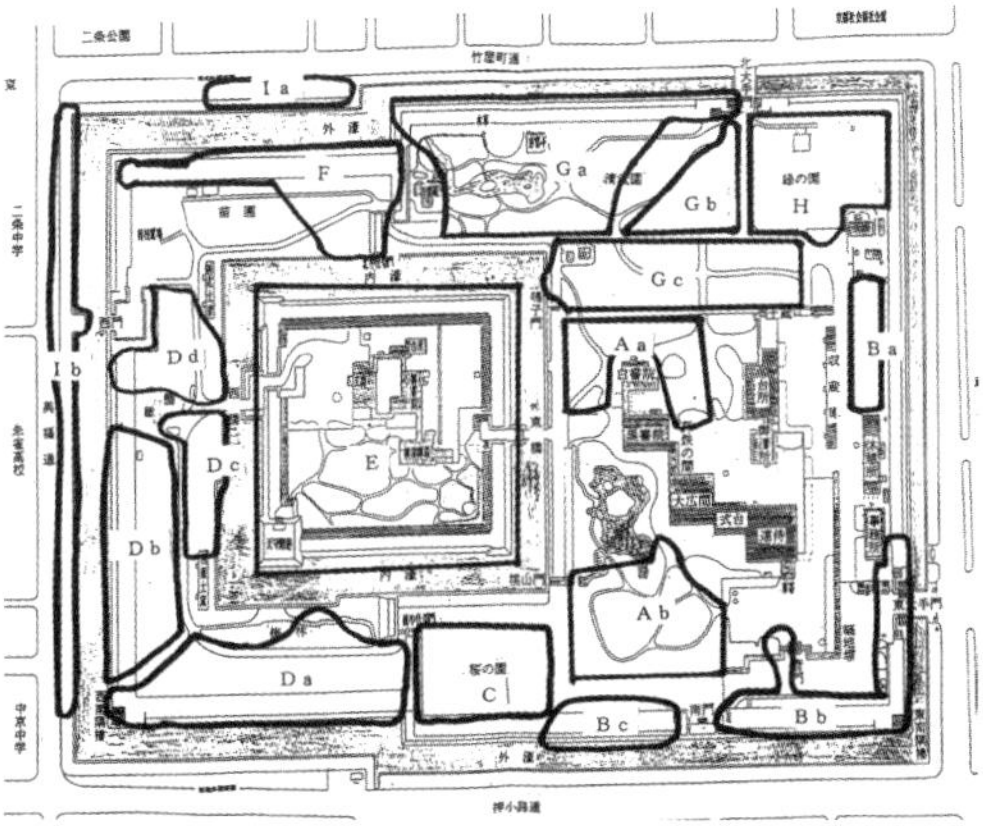

図1｜ブロック区分

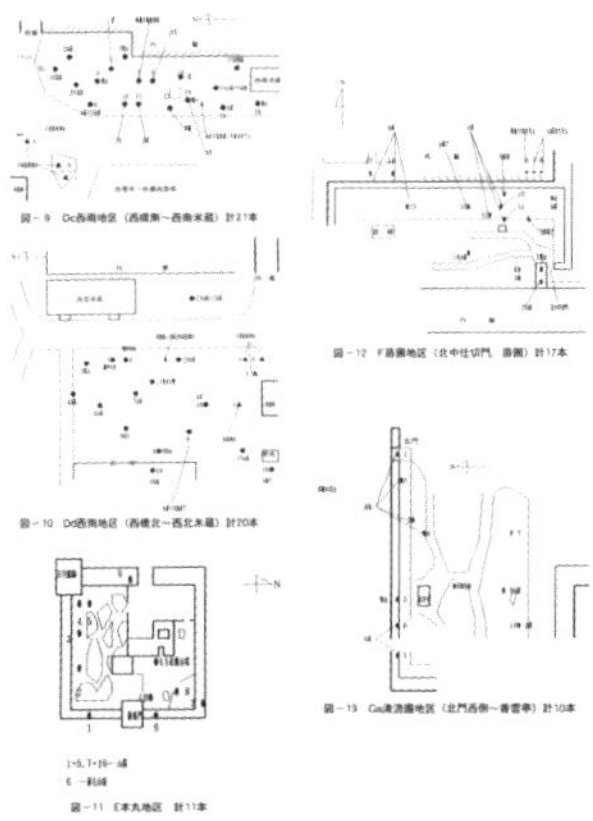

図2｜ブロックごとの植栽位置

・今まで簡略図に落とされていなかった桜を追加することができ、また植栽位置のずれを修正することができました。

7 2000（平成12）年度以降の二条城の桜

二条城桜マップ

同定調査が終わった翌年の2001（平成13）年度に二条城ライトアップ事業が開始されることになり、その配布資料として「二条城桜マップ」を、川崎先生の協力によって作ることができました。図3の桜マップは改訂版で、2008（平成20）年頃に二条城公式HPで公開され、どなたでもダウンロードできるデータでした。

補植と二の丸御殿北部のサトザクラ植栽

二条城では、2005（平成17）年～2008（平成20）年に、補植のほか、二の丸御殿北部にあるカシ林［写真1］を伐採・整備し、篤志家団体の方々の寄贈を受けて、新たにサトザクラ（白妙、笹部桜、胡蝶、鬱金、上匂、御衣黄、楊貴妃など）の植栽を行い［写真2］、憩いの桜広場として整備し、既存の桜林等と合わせて城内の桜を約400本、約50品種へと復旧することができました。

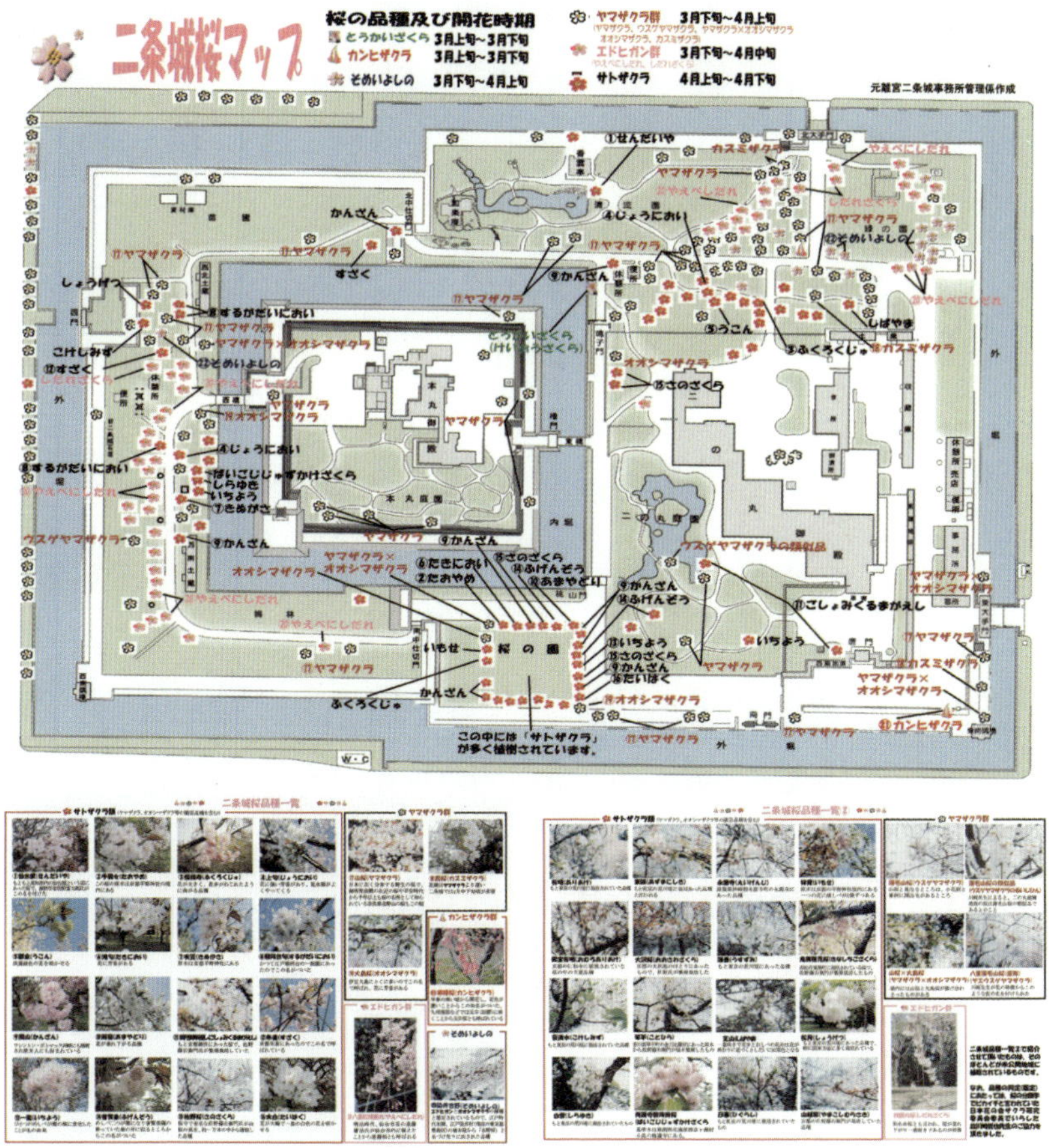

図3｜二条城桜マップ（2008年現在）

写真1｜整備前の憩いの桜広場
（二の丸御殿北部のカシ林）

写真2｜整備後の憩いの桜広場

8 桜の維持管理について

最後に二条城で行っている桜の維持管理について説明いたします。

桜植栽位置略図等のデジタル化

2007（平成19）年度頃には、ワードプロセッサーによって作成していた植栽位置略図をPC導入によって1枚の二条城平面図にし、桜の位置を把握できるようにしました。

将来的に桜1本、1本にナンバーリングを行い、桜の樹木台帳を作成し、品種名や形状寸法（樹高・枝張り・幹回り等）、維持管理記録（剪定・薬剤散布・樹木の活力・画像等の管理情報）を入力し、基礎的情報等のデーターベース化を図りたいと考えていました。

年間を通した桜の維持管理

1987〈昭和62〉年度～2011〈平成23〉年度の管理

- 初夏から秋…害虫（幼虫）駆除、発生随時薬剤散布（害虫：モンクロシャチホコ、イラガ、アメリカヒロシトリ、コスカシバ他）
- 冬…石灰硫黄合剤散布（害虫：カイガラムシ、イラガ繭他）
- 冬…寒肥（油粕、尿素、化成肥料、堆肥混和）
- 年中…枯枝切り、衰弱木への液肥他

桜を維持していく上での方向性

・主要な景観をなす箇所について、更新していく
・枯損木や衰弱木については、補植していく
・植栽位置略図作成及び桜の維持管理記録簿作成
・品種の保存のため後継樹を育成

桜を維持していく上での課題

・史跡地であるがゆえに大規模な土壌改良、伐根等が困難な状況にある
・老木、衰弱木の樹木治療の必要性の有無
・観光地ゆえの薬剤散布のあり方
・京都二条城に相応しい手入れの仕方の模索

9 城内西側の桜林について

城内西側の桜林について、在職中に取材等で「城内西側の桜林はどのような思いで桜を植栽したのか」というご質問を多くいただきました。残念ながら当時の資料は残されておらず、その詳細については不明でした。で

すが、開戦から戦後の二条城の歴史や先輩方からのヒアリング、元二条城事務所事業係長高橋脩二氏調べの当時の新聞記事によって、既存の文化財だけではなく、外苑を整備し、市民が憩いの場として楽しめるようにしようという整備構想があったことがわかりました。

開戦から戦後の略史

- 1939（昭和14）年9月、第二次世界大戦が開戦
- 同年10月、二条城が宮内省から京都市へ下賜される
- 同年10月、二の丸御殿及びその他の建物が国宝に指定
- 同年11月、土地建物が「旧二条離宮（二条城）」として国の史跡に指定
- 1940（昭和15）年2月11日、恩賜元離宮二条城として一般公開される
- 1944（昭和19）年9月、本丸御殿が国宝に指定
- 1945（昭和20）年4月、戦況の緊迫を受け御殿内の障壁画、彫刻等が疎開のため取り外され、分散疎開される
- 同年終戦により、疎開物が返納、復旧作業が1946（昭和21）年まで行われる
- 1946（昭和21）年、昇殿再開
- 1949～1951（昭和24～昭和26）年、東大手門、東南隅櫓、二の丸御殿、本丸御殿等修理
- 1950（昭和25）年、第4回マッカーサー元帥杯スポーツ競技会を行うため疎林式庭園（現在の清流園エリア）がテニスコートに転用
- 1952（昭和27）年、文化財保護法制定により、二の丸御殿6棟が国宝（既に1939〈昭和14〉年に指定）、

本丸御殿など22棟の建物が重要文化財に指定
・1953（昭和28）年、今まで国の名勝指定であった二の丸庭園が国指定特別名勝へ格上げされる
・1953～1961（昭和28～昭和36）年、北大手門、土蔵、二の丸御殿、台所、南北仕切門等修理
・1954～1958（昭和29～昭和33）年頃から、梅林の整備や城内西側の雑木林、樫林などを開墾し、桜を植栽
・1965（昭和40）年、清流園完成

＊京都市元離宮二条城事務所（1990）『重要文化財二条城本丸御殿御常御殿修理工事報告書　第八集』、十八、年表、p.117、文献8、pp.2-3、二条城公式ホームページ年表参照

ヒアリング調査

・当時の元離宮二条城事務所所長（在職期間：1954～1967〈昭和29～昭和42〉年）が城内整備に精力的に取り組まれたことが今日の礎になっている。

新聞記事

・1956（昭和31）年1月9日付『京都新聞』には、「…〝観光サル歳〟の一歩を踏み出した二条城では〝従来の静かなる文化財〟から脱皮、観光客はもちろん市民の憩いの場としてのうるおいを持たせるため外苑に動、植物園地帯を今年の夏までに完成、動的な〝観光資源〟として大きく飛躍することになった…」と紹介され、SI二条城事務所所長による「昨年で整備も八分通り完成した。今年の夏までに市民の憩いの場として動、

植物園化を完成するよう努力したい」とのコメントが記されていた。

以上のように時代背景、ヒアリング、新聞記事から、戦後の混乱と復興が一段落した後の二条城は、御殿等の修理にとどまらず、歴史的遺構に加え、梅や桜、ツツジ類等の植物、スワン、クジャク等の動物も観賞できる、施設として、観光要素と市民の憩いの場の要素を兼ね備えたものに整備されてきたことがわかりました。ゆえに、城内西側の桜についても、その整備の一環であったことがわかりました。

10 おわりに

二条城の桜の品種同定調査にご協力いただいた川崎哲也先生は、1948（昭和23）年から1988（昭和63）年まで、さいたま（旧浦和）市内の元公立中学校教諭として理科を教えながら桜の分類を研究され、桜研究の第一人者でもありました。植物学者の牧野富太郎先生の教えを受け、『牧野日本植物図鑑』の巻頭の植物画ヤマモモは、川崎先生の作図です。日本花の会サクラ研究委員会元委員、2001（平成13）年度植物地理・分類学会賞を受賞され、主な著者は、『日本の桜』、桜の分類についての研究論文等や、『新日本の桜』です。

2002（平成14）年、川崎先生の訃報はご妹様の新島依子様より届き、その非常に残念な知らせは、今もなお胸に深く刻まれています。不明瞭であった桜の品種が、先生のご尽力により明らかになり、「二条城桜マップ」まで作成することができたのは、先生のご貢献の賜物です。心から感謝し、先生のご冥福をお祈りいたします。

桜の植栽位置略図作成及び品種同定調査は、12年の歳月をかけて実施した結果、2000（平成12）年現在で、

356本、46品種が確認されました。2008（平成20）年には篤志家団体の方々の寄贈によって、約400本、約50品種に復旧しました。しかし、2018（平成30）年9月の台風21号の被害等により、二条城公式ホームページでは約300本、約50品種と修正されました。今後も二条城の先輩方の意志を引き継ぎ、桜の名所として維持されることを願っています。

＊本章は2009（平成21）年12月17日に行われた京都の造園関係者が集まる勉強会で「二条城の桜について」と題して講演した内容をベースにリライトしたものです。当時の桜の本数は約400本、約50品種と公表されていましたが、2024（令和6）年4月現在では約300本、約50品種です。

参考引用文献

1 日本花の会（2023）、日本花の会ホームページ、FAQ・桜の豆知識、日本以外にも桜は自生しているの?、https://www.hananokai.or.jp/sakura/sakuramihonen-faq/
2 文献1、同ホームページ、日本に野生する桜はあるの?
3 文献1、同ホームページ、サトザクラという品種のサクラはあるの?
4 川崎哲也（1993）『日本の桜』山と渓谷社
5 大場秀章・川崎哲也・田中秀明（2007）『新日本の桜』山と渓谷社
6 日本花の会（2023）、日本花の会ホームページ、花図鑑、https://www.hananokai.or.jp/sakura-zukan/
7 内田 仁（2000）「二條城における桜の品種同定調査」『櫻の科学』、日本櫻学会、p.23-36
8 荒賀利道（1970代頃）『二条城の緑と花』京都市元離宮二条城事務所、pp.2-3
9 元離宮二条城事務所管理係（1988）「庭園管理参考資料」（荒賀利道氏まとめ）、元離宮二条城事務所蔵
10 佐野藤右衛門（1973）『桜守二代記』講談社、p.126
＊本書の佐野藤右衛門氏は15代目
11 佐野藤右衛門（1993）『京の桜』紫紅社、pp.20-29
＊本書の佐野藤右衛門氏は16代目
12 京都府（1881）「明治11-0027 二條城借受定約并本丸返戻一件」『京都府庁文書』二條城郭内樹木井石礓員數明細書の条他、京都府立京都学・歴彩館蔵、pp.50-551,70-73,123-125,244-246
朝日新聞社（1995）『週刊朝日百科 植物の世界』524/16 サクラ バクチノキ、朝日新聞社、pp. 98-113
勝木俊雄（2018）『桜の科学』サイエンス・アイ新書

14章

石造品調査

この章では、私が在職中に京都造形芸術大学（現 京都芸術大学）通信教育部ランドスケープデザインコース有志学生の方々が二条城内で行った石造品調査を紹介したいと思います。まず石造品の概要について触れておきます。

1 石造品とは

この章で取り上げている石造品とは、石燈籠や手水鉢、石橋など、天然石を加工して主に庭園に用いるものを指します。

この石造品（石工芸品）について、西村金造氏・西村大造氏・西村光弘氏著の『京石工芸　石大工の手仕事』[1]から、日本における石工芸の起源などを知ることができます。

それを要約すると、「日本における石工芸品（石燈籠、層塔や五輪塔等の石塔類、手水鉢、石碑、石橋等）は、寺社をルーツにもつものが多く、特に石燈籠は仏に灯を献じる道具として、仏教とともに朝鮮半島から日本に伝来した」、「神社で石燈籠が用いられるようになったのは、奈良時代に神仏習合*が始まってからという見方が強く、石塔、手水鉢等の現在に伝わる主要な品目は鎌倉時代前期までにほぼ出揃った」ということだそうです。

＊日本に元来あった神様の信仰である神道と、外国からやってきた仏教の信仰がひとつになった宗教の考え方といいます。

2 石燈籠と手水鉢について

次に、本題に入る前に、石造品の代表格である石燈籠と手水鉢、蹲踞について、尼﨑博正氏監修の『すぐわかる　日本庭園の見かた』[2]を引用しながらより詳しくみることにします。

石燈籠

同書の日本庭園用語集[3]によれば、「石燈籠」とは「中国を起源とする石造の点灯具。本来は神仏に燈明を献じる献灯具だが、茶庭ができた桃山時代に照明具として実用に用いられ、広く日本庭園に導入された。江戸時代以降は、添景物として庭園に不可欠な要素となった。八角形、六角形、四角形、三角形など様々な形があるが、基本的に、下から基礎、竿、中台、火袋、笠、宝珠で構成される。」とあります。

また、石燈籠は大きく3つのタイプ①芸術性の高さが評価された「見立て」もの（例：大徳寺高桐院の石燈籠など）、②従来の石燈籠を露地独自の照明に適応した形態へと変化させたもの（例：織部燈籠〈基礎の部分を省略することによって火袋の高さを調整可能とした生け込み式石燈籠〉）、③古い石造品の一部を組み合わせることにより、それぞれの好みにあったものが作られた石燈籠（例：大徳寺孤篷庵寄せ燈籠など）に分類[4]されています。

手水鉢と蹲踞

同書の日本庭園用語集によれば、「手水鉢」[5]とは「手を洗い、口をすすぐために水を入れておく鉢。庭園に持ち込まれたのは千利休の頃とみられる。金属製、陶磁器製のものもあるが、多くは石造品が使われている。」、また「蹲踞」[6]はその手水鉢を構成要素としたもので、「茶事の際、心身を清めるための露地の手水施設。手水鉢を中心に、手水を使うために乗る前石、手燭を置く手燭石、湯の入った桶を置くための湯桶石など役石で構成されている。……身をかがめて（つくばって）使うことからついた呼び名。」と記述されています。

この手水鉢にもいくつかタイプ[7]があり、自然石に水穴を穿ったもの（例：金閣寺夕桂亭の富士形手水鉢など）、石を加工して新たにデザインされたもの（例：孤篷庵の露結手水鉢や布泉手水鉢など）、古い石造品に水穴を掘ったもの（例：桂離宮手水鉢〈賞花亭の球形の手水鉢は五輪塔の水輪を利用〉、裏千家又隠の四方仏手水鉢〈層塔の初重軸部を利用〉）などがあります。

3　石造品の寄せ

恥ずかしながら、この石造品調査で「寄せ」という聞きなれないワードを耳にし、寄せ燈籠の「寄せ」であることに後で気が付くことになりました。

前出の『すぐわかる　日本庭園の見かた』の日本庭園用語集[8]によれば、「寄せ燈籠」とは「主に笠・火袋・中台・竿などの各部分を、様々な石造品を集めて組んだ庭燈籠」とあります。

良く考えれば、意図的に寄せたものでなくとも、時代を超える間に、時には人為的に、時には自然災害など様々な原因によって、石造品の欠損や破損が生じることは当然であり、それによって異なる石質や異なる時代の補修（後補）があっても不思議ではありません。今回調査した石造品のなかにも同様のものがみられました。

4　二条城石造品調査

二条城石造品調査は、京都造形芸術大学（現 京都芸術大学）通信教育部ランドスケープデザインコースの田中尚子氏（学習企画者）を含む有志学生計12名と、指導教員の尼﨑博正名誉教授、西村石灯呂店の故 西村金造氏、西村大造氏により、城内に設置してある石燈籠、石橋、石碑、井筒等の石造品を対象に、2007（平成19）年12月、2008（平成20）年6月、2009（平成21）年5月の3回に分けて行われました。

二条城に存在する石造品（石燈籠、石橋、石碑、井筒等）の位置、名称、形状寸法、製作年代、石材名、仕上げの仕方、ほぞの有無（石燈籠は、宝珠、笠、火袋、中台、竿、基礎の形等も）を調査分析し、それを調査シートにまとめ、設置位置図を作成し、最終的に各庭園の石造品総目録が作成されています。

本章は二条城事務所に調査の成果物として提供された「二条城石造品調査データ」[9]を基に、個人的に注目した箇所の調査結果を中心に紹介します。

私がこの調査で特に知りたかったことは、二の丸庭園に据えられている石燈籠は何時代のものなのか、本丸庭園で最も古い石燈籠はどれなのか、同園の築山の石燈籠、同園の中央に据えられている大型の雪見型石燈籠は何時代のものなのか、清流園で最も古い石燈籠はどれなのか、そして和楽庵東南隅の四方仏が側面に彫られた手水鉢は何時代のものなのか、でした。

それでは各庭園の調査結果を見ることにします。それぞれの石造品の設置箇所、名称、製作年代、石材名の一覧表と二条城全体図を庭園ごとに拡大した図[10]を利用してまとめました。

二の丸庭園

石燈籠

二の丸庭園の石燈籠（ア）は、名称が「六角型石燈籠」で、製作年代が室町時代、石材は滋賀県・沖ノ島石ですが、宝珠のみが後補（石材は白川石、五輪塔の風空輪を宝珠として代用）で、それ以外は全部揃っているという結果でした。

この石燈籠の存在を確認できる史料に、１７３０（享保15）年制作の絵図『二條御城中二之御丸／御庭蘇鉄有所之図』（中井正知氏蔵）があり、現存する石燈籠とほぼ同一箇所に石燈籠が描かれていることがわかります。[11・12]当時のものなのか断定はできませんが、少なくとも、徳川慶喜が写真師に撮影させたと考えられている写真（１８６３〈文久３〉年～１８６７〈慶応３〉年と推定）には現在と同一の石燈籠が確認できますので、今から約１６０年前の幕末以降には存在[13・14]していたことがわかります。

今回の調査で二条城内にある石燈籠の中で一番古いことが明らかとなりました。[15]

三つの石橋と清正橋

庭園内には四つの石橋（イウエオ）が架けられ、尼崎博正氏の『庭石と水の由来―日本庭園の石質と水系』では、「四ヶ所に架けられた石橋の石材は、すべて結晶片岩である。」[16]と報告され、今回の調査も同様な結果でした。四つの中で一番大きな石橋（オ）の大きさは、長さ５・８ｍ×幅２ｍ×厚さ０・５ｍでした。ちなみに、この石橋の重さについて、当時二条城に出入りしていた石材業者は、大きさや比重等から約13トンと推測していました。

これらの石橋は、上記の絵図『二條御城中二之御丸／御庭蘇鉄有所之図』（中井正知氏蔵）にも描かれていま

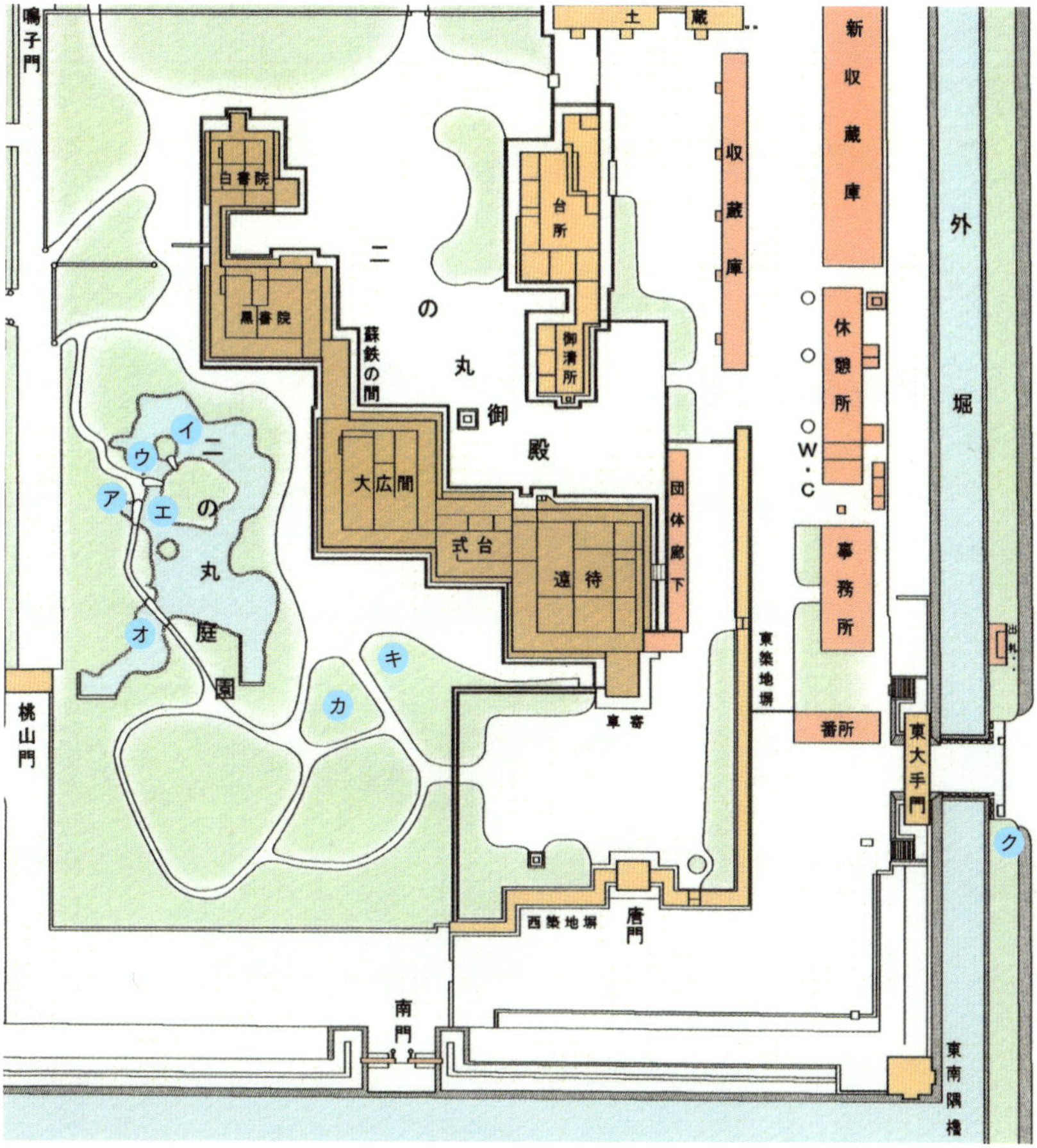

図1｜二の丸庭園。『二条城全体図』より二の丸庭園部抜粋、加筆。出典：京都市オープンデータポータルサイト

設置箇所	名称	製作年代	石材名
㋐ 庭園西側中央の燈籠	六角型石燈籠	室町時代	滋賀県　沖ノ島石
㋑ 北小島（亀島）に架かる橋	石橋	―	緑色結晶片岩
㋒ 中島（蓬莱島）に架かる橋	石橋	―	緑色結晶片岩
㋓ 庭園西側に架かる橋	石橋	―	緑色点紋結晶片岩
㋔ 庭園西南側に架かる橋（一番大きな橋）	石橋	―	緑色結晶片岩
㋕ 南庭西側の石碑	石碑	1953（昭和28）年3月	北木石
㋖ 南庭東側の石碑	石碑	1940（昭和15）年3月	北木石（白）
㋗ 東大手門東側の石碑	石碑	1940（昭和15）年3月	北木石

表1｜二の丸庭園石造品調査結果（一部）

すので、1730（享保15）年には架けられていた可能性が考えられます。

また、幕末の史料『京都巡見記』（1851〈嘉永4〉年頃、筆者不明）の「二ノ丸御殿見分御道具拝見」の条には、一番大きな石橋（オ）は加藤清正が献上した[17]と記されています。しかし吉永義信氏は、二の丸庭園が完成した1626（寛永3）年頃には石橋でなく木橋であったこと、[18]加藤清正の経歴[19]から、これは誤りであると指摘しています。私が二条城事務所に配属された1987（昭和62）年頃には、まだバスガイドさん達が加藤清正の献上した石橋と説明していたことを記憶しています。

現在、この清正橋について言えることは、加藤清正が献上した石橋ではないこと、1730（享保15）年頃には架けられていた石橋である可能性が高いこと、幕末（当時の写真からは清正橋の存在は確認できませんが、その他の石橋・石組は変化なく維持されているため、清正橋も存在していたことが考えられます。）にはこの橋が既にあったことです。

石碑

二の丸庭園南庭に据えられている石碑は、いずれも石材名は北木石《きたぎいし》で、瀬戸内海にある北木島から産出したものです。西側の石碑（カ）が1953（昭和28）年3月に二の丸庭園が名勝から特別名勝に格上げされたことを証明するもので、東側の石碑（キ）が1939（昭和14）年に史跡天然記念物保存法により名勝二條城二之丸庭園に指定されたことを証明するものです。

なお、東大手門東側に据えられた「史蹟　舊二条離宮」と刻印されている大きな石碑（ク）も「北木石」でした。

本丸庭園

石燈籠

現在、本丸庭園内の観覧ルートから確認できる石燈籠は10基ありますが、調査の結果、それらの製作年代は5基が江戸時代、残りの5基が明治時代でした。

築山内に据えられている石燈籠（㋐）は、江戸時代末期頃製作の「二重塔型石燈籠」、本丸庭園中央の石燈籠（㋑）は、明治時代製作の「雪見型石燈籠」、同園南西側の「春日型石燈籠（六角）」（㋒）は製作年代が江戸時代中期（但し、基礎は江戸時代後期、「寄せ」）で、庭園内で最も古い燈籠でした。1896（明治29）年頃の竣工写真[20,21]から窺える燈籠には、火袋の火口に格子状の障子がはめ込まれ、夜間でも庭園を楽しめるようになっていました。

井筒

現在、本丸エリアには3基の井筒があり、

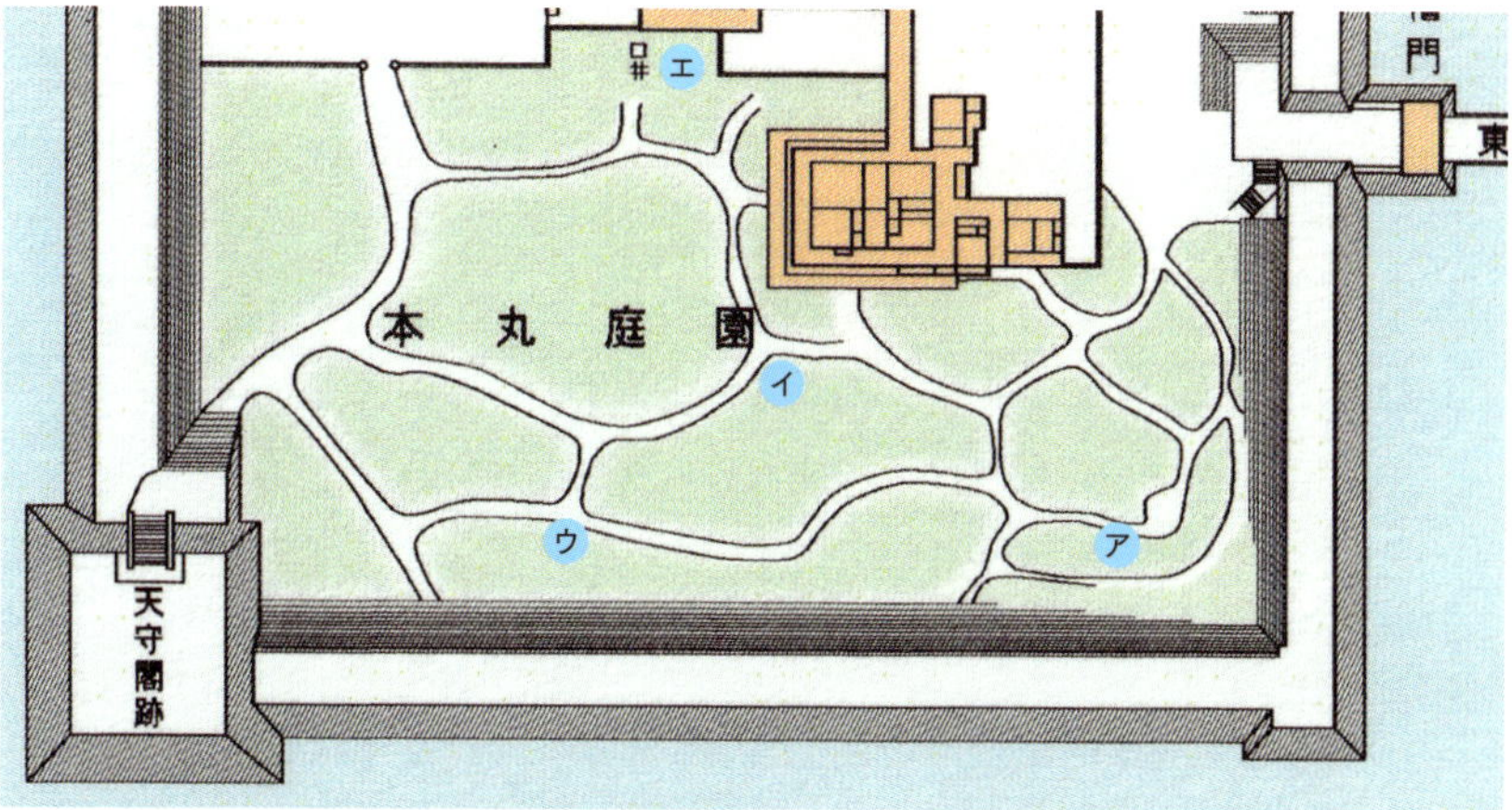

図2｜本丸庭園。『二条城全体図』より本丸庭園部抜粋、加筆。出典：京都市オープンデータポータルサイト

設置箇所	名称	製作年代	石材名
㋐ 庭園南東側築山内の燈籠	二重塔型石燈籠	江戸時代末期頃	白川石中ボソ
㋑ 庭園中央の燈籠	雪見型石燈籠	明治時代	白川石
㋒ 庭園南西側の燈籠	春日型石燈籠（六角）	江戸時代中期	白川石中ボソ
㋓ 庭園北側中央の井筒	井筒	江戸時代	白川石

表2｜本丸庭園石造品調査結果（一部）

観覧ルートから確認できる井筒1基（エ）が、本丸庭園北側中央にあります。調査結果によると、石材は白川石で、製作年代は江戸時代でした。

この井筒は、幕末の古写真で確認できる釣瓶のかかる井筒と同一箇所にあり、同写真[22]には徳川慶喜の居室、茶庭も確認できることから、慶喜が利用したものである可能性が考えられます。

清流園

清流園については、和楽庵〜香雲亭側の観覧は現在一部有料となっていますが、無料休憩所付近を含む清流園エリア内にある石造品（石燈籠、手水鉢、石橋、石碑、井筒、石柱、層塔）を調査しています。ここでは、主な石燈籠、手水鉢、層塔について紹介します。

石燈籠（鉄製燈籠含む）

調査結果によると清流園エリア内に石燈籠は17基（うち、1基は鉄製燈籠、1基は倒壊の恐れがあるため撤去）あり、うち、製作年代が江戸時代の石燈籠が2基、明治時代の石燈籠が3基、昭和時代の石燈籠が2基、平成時代の石燈籠が2基、年代不明・未調査の石燈籠（鉄製燈籠含む）が8基でした。

和楽庵西南側に据えられた「春日型石燈籠」（ア）の製作年代は江戸時代後期、石材は高島の石（笠）、本御影石（宝珠、火袋、中台）、江州アテ石（竿、基礎）で、部位によって石材が異なっていました。

今回の調査から判明した清流園で最も古い石燈籠の「織部型石燈籠」*（イ）は、製作年代が江戸時代初期（但し、宝珠は後補、製作年代は明治時代か大正時代）、石材は白川石（宝珠、火袋、中台）、太閤石（笠、竿）からなり、火袋の状態は良いが、竿に刻出された像の顔がつぶれている状態でした。また、竿の裏側に銘文が確認できたことから薮田夏秋氏に依頼して拓本をとった結果、現状では右のような文字が確認できました。

元和六年
奉寄進□□八幡石燈□
九月吉□

清流園和楽庵東北側には修学院離宮下茶屋の袖型石燈籠の写し（2002〈平成14〉年石材組合からの寄贈品）がありますが、同園洋風庭園北側にも「袖型風石燈籠」5基（未調査）㋒があり、聞き取り調査からアメリカのディーン・ラスク国務長官が[23・24]来城時に、火袋の火口に格子状の障子をはめ、電飾を入れて利用した石燈籠だということがわかっています。

＊『すぐわかる　日本庭園の見かた』の日本庭園用語集[25]には、「織部燈籠」とは「茶人大名・古田織部の好みあるいは考案とされる石燈籠。竿を直接地中に埋め込む生込み形式で、竿に文字あるいは人物像が彫り込まれているのが特徴。人物像が聖母を思わせることからキリシタン燈籠とも呼ばれる。」とあります。

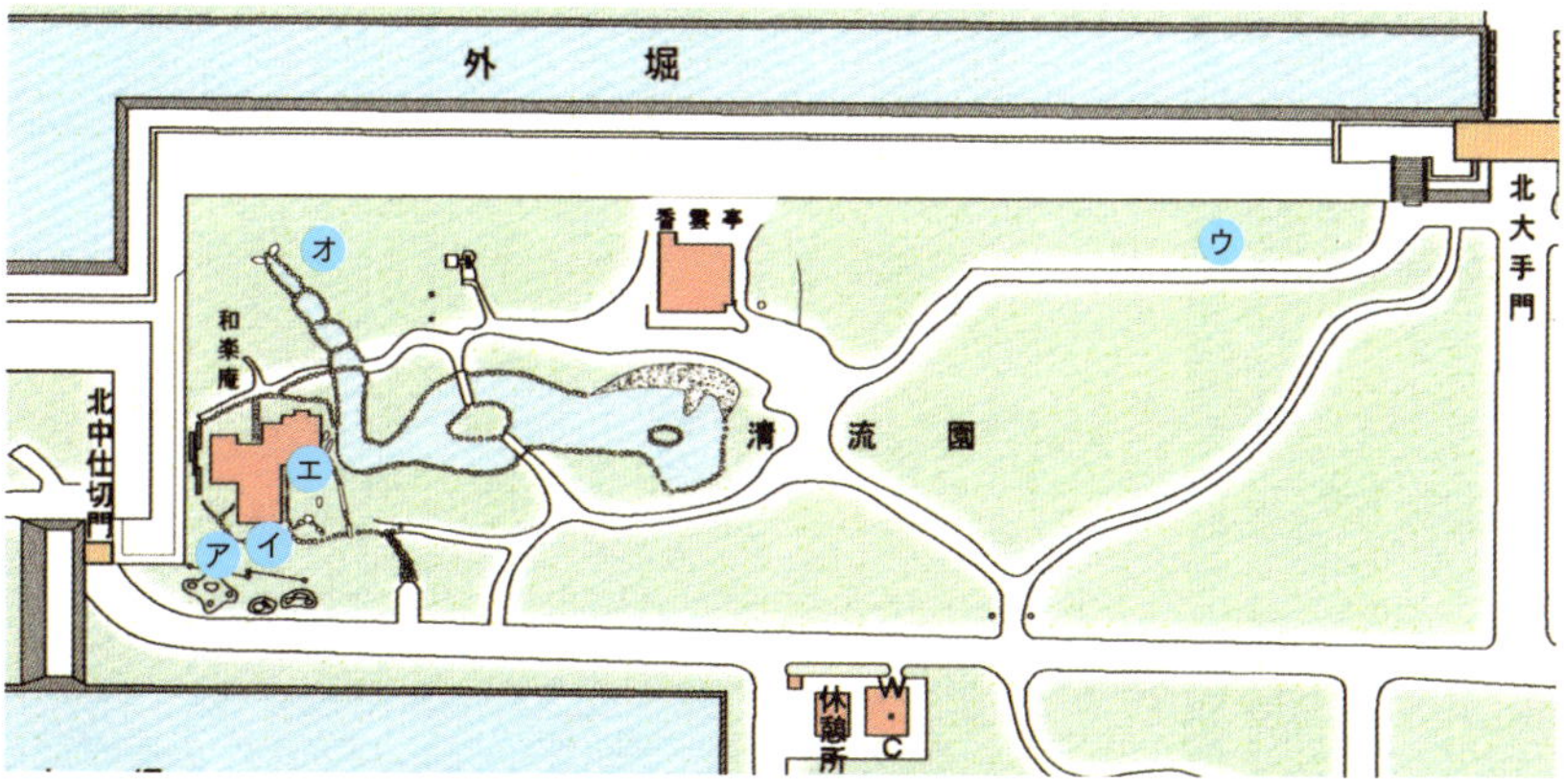

図3｜清流園。『二条城全体図』より清流園部抜粋、加筆。出典：京都市オープンデータポータルサイト

設置箇所	名称	製作年代	石材名
㋐ 和楽庵南西側の燈籠	春日型石燈籠	江戸時代後期	高島の石、本御影石、江州アテ石
㋑ 和楽庵南東側の燈籠	織部型石燈籠	江戸時代初期	白川石、太閤石
㋒ 洋風庭園北側の燈籠	袖型風石燈籠	−	−
㋓ 和楽庵東南隅の手水鉢	手水鉢　四方仏	明治時代以降	白川石中ボソ
㋔ 和風庭園滝口東側の層塔	十三重塔	南北朝〜鎌倉時代	奈良石、白川石

表3｜清流園石造品調査結果（一部）

手水鉢

清流園内に据えてある手水鉢は6基あり、製作年代別にみると明治時代2基、明治〜大正時代1基、近年のもの1基（香雲亭東側）、年代不明2基でした。

手水鉢で注目したところは、和楽庵東南隅の四方仏の手水鉢（㋓）で、この手水鉢について、自称・石造品鑑定専門家（観光客）が「鎌倉時代のものなので、大切にした方がよい」と自信ありげに仰っていたので、真偽の程を確認したかったため関心がありました。調査結果では残念なことに、製作年代は明治時代以降であることがわかりました。

層塔

清流園和風庭園滝口東側に層塔（㋔）が設置されていますが、名称が「十三重塔」、製作年代が南北朝から鎌倉時代までの「寄せ」という結果でした。

＊『北山氏ノート』（『庭園（清流園）造成の記録』）[26]では、春日型石燈籠、織部型石燈籠、十三重塔、四方仏の手水鉢等が日本銀行京都支店から譲り受けたもののリストの中に明記されています。

5　まとめ

今回の二条城内の石造品調査で、調査当初から私が疑問に思っていたことの答えが得られました。

二の丸庭園の「六角型石燈籠」の製作年代は室町時代、本丸庭園内（観覧ルートで確認できるもの）で最も古い石燈籠は庭園南西側の「春日型石燈籠（六角）」で製作年代が江戸時代中期、同園の築山に据えられている「二重塔型石燈籠」の製作年代が江戸時代末期頃、同園の大型の「雪見型石燈籠」の製作年代が明治時代、清流園で最も古い石燈籠は和楽庵南東側に据えられた「織部型石燈籠」で製作年代が江戸時代初期、和楽庵南西側に据えられた「春日型石燈籠」の製作年代は江戸時代後期、同園和楽庵東南隅の四方仏の手水鉢は製作年代が明治時代以降ということがわかりました。さらに城内の石造品調査の中で製作年代が最も古いは、清流園和風庭園滝口東側にある「十三重塔」で、南北朝～鎌倉時代のものであることがわかりました。

参考引用文献

1 西村金造、西村大造、西村光弘（２００７）『京石工芸　石大工の手仕事』現代書林、p.10 引用
2 尼崎博正監修（２００９）『すぐわかる　日本庭園の見かた』東京美術
3 文献2、p.138 引用
4 文献2、pp.110-111
5 文献2、p.141 引用
6 文献2、p.142 引用
7 文献2、p.111
8 文献2、p.143 引用
9 京都芸術大学（現 京都芸術大学）通信教育部ランドスケープデザインコース二条城学習会（２００９）「二条城石造品調査データ」元離宮二条城事務所蔵
10 図面は京都市オープンデータポータルサイト　二条城全体図の各庭園を拡大したもの
11 内田 仁・鈴木 誠（２００１）「二條城二の丸庭園における庭園景及び担った役割の変遷」『ランドスケープ研究』61（5）、p.46
12 内田 仁（２００６）『二條城庭園の歴史』東京農業大学出版会、p.41
13 文献11、p.47
14 文献12、pp.44,47
15 重森三玲（１９４７）「桃山時代二條城二ノ丸庭園石燈籠」『京都庭園の研究』河原書店、p.29
「…二條城庭園の石燈篭は、鎌倉時代のものであるが、園路の照明と景観とを兼ねて用ひられた趣向が伺はれて面白い。」と記されていましたが、今回の調査によって、石燈籠の製作年代は室町時代であることがわかりました。
16 尼崎博正（２００２）『庭石と水の由来―日本庭園の石質と水系』昭和堂、p.59 引用
17 吉永義信（１９７４）『元離宮二條城』小学館、p.309
吉永氏が紹介した『京都巡見記（１８５１（嘉永４）年頃筆者不明）』の「二ノ丸御殿見分御道具拝見」の条の他にも、『百たらずの日記』（１８３８（天保９）年頃、筆者不明、駒敏郎・村井康彦・森谷尅久（１９９１）『史料京都見聞記』第三巻　紀行III、法藏館、pp.162,168,172,173）には、１８３８（天保９）年８月６日の記述に「…御庭は小堀遠州のこのみ、四方面の御泉水、石橋は朝鮮橋といふ。加藤清正の朝臣のかの国よりとり来れりと伝ふ。…」

とあります。
18 文献17、pp.306,310
19 文献17、p.310　吉永氏は「…石橋の加藤清正献上説はもちろん誤りであって、「寛永行幸御城内図」には、四橋とも木橋で表わされ、そして清正は寛永行幸以前の慶長十六年に死去している。…」と報告しています。
コトバンク（２０２２）加藤清正は、１６１１（慶長16）年３月に徳川家康が豊臣秀頼と謁見した際に同行し、この時出された毒饅頭を食べたことが原因で同年６月に亡くなったとされる「毒饅頭暗殺説」が噂され、のちに歌舞伎狂言の題材（『清正誠忠録』）にもなっています。また、１９８６（昭和61）年８月28日付『朝日新聞』夕刊（名古屋）で「毒まんじゅう事件」歌舞伎の「清正誠忠録」のことや、二条城台所・御清所が特別公開中で、等身大の侍人形（調理役、配膳役、毒味役）を使って当時の場面を再現した様子が記事になっていました。
20 内田 仁（１９９４）「近代における二條城本丸庭園の地割・植栽の経年変化について」『造園雑誌』57（５）、p.10

21 文献12、pp.85,86
22 文献12、pp.45,58
23 デイヴィッド・ディーン・ラスク（１９０９年―１９９４年）は、アメリカ合衆国の政治家、官僚。ジョン・F・ケネディ、リンドン・ジョンソン政権で第54代国務長官を務めた人物。
「デイヴィッド・ディーン・ラスク」『フリー百科事典　ウィキペディア日本語版』、２０２４年８月10日（土）01:03UTC、https://ja.wikipedia.org/wiki/%E3%83%87%E3%82%A3%E3%83%BC%E3%83%B3%E3%83%BB%E3%83%A9%E3%82%B9%E3%82%AF
24 京都新聞（１９６６）７月６日付記事、京都新聞社、二条城清流園にて、日米貿易経済合同委員会のレセプションが行われ、ラスク国務長官が入城しています。（９章　昔話　昭和40年代～50年代清流園の話p.187）
25 文献2、p.138引用
26 北山正雄（１９６５、２００１）『庭園（清流園）造成の記録』内田 仁蔵

15章

庭園遺構

この章では、私が二条城事務所に勤務していた期間中に画期的な発見があった、冷然院庭園遺構と二の丸庭園導水施設遺構について、その概要と詳細を紹介します。

冷然院庭園遺構の発掘は当時大きな注目を集め、新聞各紙でも大きく取り上げられ、意外と浅い地層から発見されたことが記憶に残っています。一方、二の丸庭園導水施設遺構は、京都市役所を退職してから京都市埋蔵文化財研究所・京都市考古資料館の『リーフレット京都 No.262』[1]をみて、在職中に発掘されていたことを知りました。当時、その遺構を見ていたはずなのに、記憶がほとんど残っておらず、貴重な情報を活かせなかったことが悔やまれます。

二条城は、城内の施設の改修や周辺の工事などが行われる度に、京都市によって発掘調査、試掘調査、立会調査が実施され、遺構の存在が裏付けられたり、新たな発見が数多くなされたりしています。[2~7]これら遺構の概要については、コラム「二条城の地下遺構」(pp.310-312)で紹介していますので、ご一読いただければ幸いです。

冷然院庭園遺構について触れる前に、冷然院の概要を確認します。冷然院は、どのような所だったのか、どのくらいの規模だったのか、どのような建物や庭園が存在していたのかなどを把握しておくと、遺構についての理解が深まります。

1 冷然院庭園遺構

冷然院の概要について

冷然院はどのような所だったか？

『類聚国史《るいじゅこくし》』によれば、平安時代初期の816（弘仁7）年8月24日、桓武天皇の第二皇子である嵯峨天皇が冷然院に行幸したことが史料上初めて見られ、この頃には冷然院は完成していたと考えられています。[8〜12]

冷然院は、嵯峨天皇の後院として造営され、譲位後に仙洞となり、仁明天皇（嵯峨天皇の第二皇子）以降も、歴代天皇の後院・仙洞として利用され、代々図書を収蔵すると共に天皇の譲位後の住居とされていました。[13]

冷然院の規模はどのくらいだったか？

院の規模は、平安京左京二条二坊三町から六町の四町（現在の二条城の北西部から堀川通、竹屋町通と北側一部に該当し、約252m四方〈敷地約63504㎡（東京ドーム約1・36個分、甲子園球場約1・65個分）〉）[14]で、大炊御門、二条、大宮、堀川の各大路に囲まれたところにありました。

建物と庭園はどのようなものだったか？

太田静六氏は、『西宮記』、『扶桑略記』、『日本紀略』などの史料を基に「第三期冷泉院（954頃〜970）推定復原図」[15]を作成しています。それによれば、寝殿（正殿）を中心に北対、東対、西対の三つの対が配置され、北側には北対、東西には東対と西対が建てられています。南側に広がる南庭を挟み、東対と西対の南側には東中門、西中門、そして更に東南対と西南対が配置されています。東南対と西南対から延びる建物（筆者は渡り廊下と推測）の先端には、南池に接して東釣台と西釣台があり、また南池内には中島が存在していると推測されています。さらに、飛田範夫氏らは、冷然院にはサクラ、ウメ、フジ、タケ、マツ等の樹木が存在していたと、当時の史料である『日本紀略』、『扶桑略記』などに記されていることを報告しています。[16〜19]

「冷然院」から「冷泉院」へ改称された

当初の史料では「冷然院」と記されていましたが、875（貞観17）年[20]・949（天暦3）年に火災にあい、村上天皇による954（天暦8）年の再建時に[21]、それまでの「冷然院」から「冷泉院」へ改称されました。[22]その後も970（天禄元）年、1016（長和5）年、1050（永承5）年のたび重なる火災後も再建され、清和・陽成・村上・冷泉などの天皇および上皇が里内裏或いは院御所として利用していました。時代が下り鎌倉時代の1214（建保2）年には冷泉院内の「中山明神」が被災し、遅くとも13世紀には衰退したと推定されています。[23]

現在、二条城北東側の外堀ピラカンサ生垣沿いに冷然院跡の石標と説明板が設置され、当時の遺構が想像されます。[24]

＊前述のように「冷然院」は、村上天皇による再建時に「冷泉院」と改称されましたが、地中に埋蔵された遺構についての時代区分が困難であるためか、文献によって「冷然院」、若しくは「冷泉院」と統一しているもの、混在しているものが散見されました。そのため、この章では「冷然院」で統一することとします。ただし、時代的に明らかなものは「冷泉院」とし、太田静六氏や京都市による「冷泉院復原図」などについてはそのままの表記としています。

冷然院庭園遺構の詳細について

ここでは、京都市埋蔵文化財研究所が京都市の委託を受けてまとめた発掘調査報告等、[25]京都市がまとめた『京都市文化財ブックス第28集　平安京』[26]や『平成27年度　京都市埋蔵文化財出土遺物文化財指定準備業務報告書』[27]を基に、冷然院庭園遺構の詳細をみることにします。

庭園遺構の発見箇所は主に3カ所

冷然院庭園の遺構が発見された主な箇所は、㋐城内東北に位置する緑の園、㋑城内東やや北に位置する現在の二条城障壁画展示収蔵館、* そして㋒二条城東北側の竹屋町通です［図1］。

＊二条城障壁画展示収蔵館は２００５（平成17）年開館。　調査は２０００（平成12）年度試掘確認調査（緑の園、現二条城障壁画展示収蔵館、城内西、桜の園）、２００１（平成13）年度発掘・試掘確認調査（緑の園、現二条城障壁画展示収蔵館付近）に分けて行われ、２００５（平成17）年度には竹屋町通でも発掘調査が行われています。

どのような庭園遺構であったのか？

- 緑の園で発掘された平安時代前期から後期の地層からは、池・遣水・汀線・景石・落口・列石・池堆積土層・池盛土層・池庭陸地部などの遺構が検出されました。[28]
- 現二条城障壁画展示収蔵館の真下地中で発掘された平安時代前期から後期の地層からは、池堆積土層・池盛土層・景石・溝・洲浜・汀線などが検出されました。[29]
- 二条城東北側の竹屋町通（調査地：冷然院内の北東隅に位置）で発掘された平安時代の地層からは、北東から南西方向に流れていたと推測される溝（長さ約５ｍ、幅約１ｍ、深さ約０・２ｍ）が検出されました。[30]

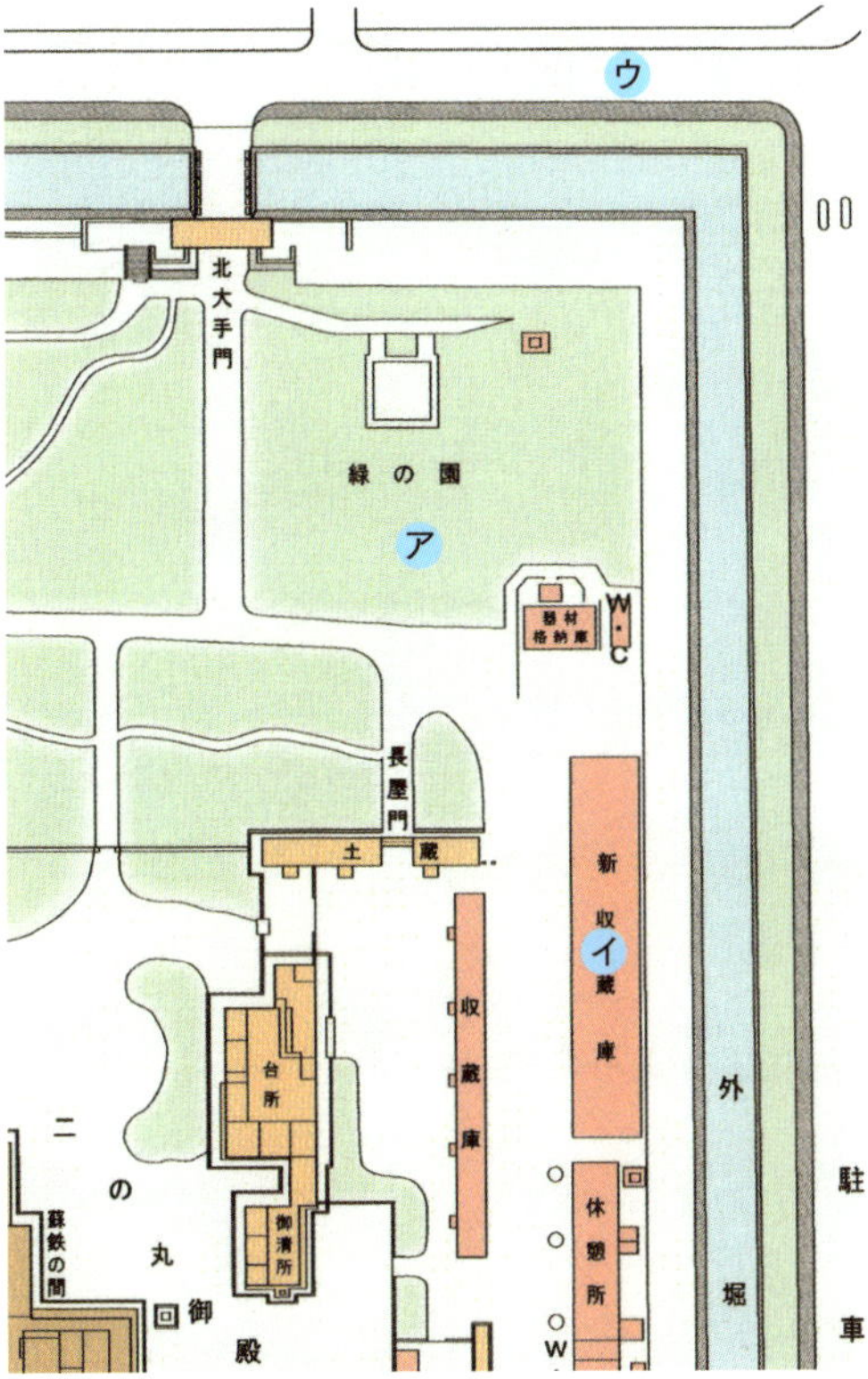

図1｜冷然院庭園遺構が発見された箇所。『二条城全体図』一部抜粋、加筆。出典：京都市オープンデータポータルサイト

発掘調査等でわかったこと

前述の冷然院庭園遺構の発掘・試掘確認調査等によって以下のことがわかっています。[31]

◇池庭の存在と池の広がりが判明

太田静六氏は平安時代の史料から、冷泉院には建物と大きな池などが存在したと推測していましたが、[32]発掘調査によって池庭の存在と池の西半部の広がりが確認されました。池の広がりについては、京都市が作成した『京都市文化財ブックス第28集　平安京』[33]の「(3) 冷泉院（左京二条二坊三～六町）」に掲載されている「冷泉院復原図」で確認できます。なお、太田氏の「第三期冷泉院（954頃－970）推定復原図」に見る建物は、左京二条二坊三町～六町の範囲に存在していたと推測されていますが、京都市の「冷泉院復原図」の建物は、北西側の〝左京二条二坊三町〟に位置していたと推測されています。

◇池庭に利用された石材の採取場所が判明

池庭に配置されたほとんどの石材は、京都盆地北東部、高野川流域および比叡山山麓から採取されたものであったことがわかりました。

◇池庭には改修痕跡が認められた

池庭には各期にわたる改修痕跡が認められ、特に平安時代後期、11世紀後半には池南東部を埋め立て、池内に盛土、景石を据え直す大規模な改修を行っていることがわかりました。

◇池は長期にわたって徐々に埋没した痕跡が認められた

鎌倉時代以降、室町時代まで泥土層の堆積が確認されています。

◇室町時代後期頃には、旧冷泉院敷地の大半が居住対象地に転化されたと考えられる

室町時代後期（戦国時代）頃の地層には、池を含めた広範囲な整地にともなう柱穴、井戸、溝などの居住関連施設遺構の増加が確認されており、これは全調査区で検出されています。

◇竹屋町通で検出された溝は、城内の遺水遺構と連続している可能性あり

竹屋町通で検出された溝は、緑の園で検出された冷然院の池にともなう遺水遺構（幅約１ｍ、深さ約０・２ｍ）と同様な規模であることから、遺水の上流部分である可能性が考えられています。

写真1｜緑の園で検出された景石の状況[34]（写真は京都市埋蔵文化財研究所より提供）

写真2｜現二条城障壁画展示収蔵館で検出された洲浜の状況[35]（写真は京都市埋蔵文化財研究所より提供）

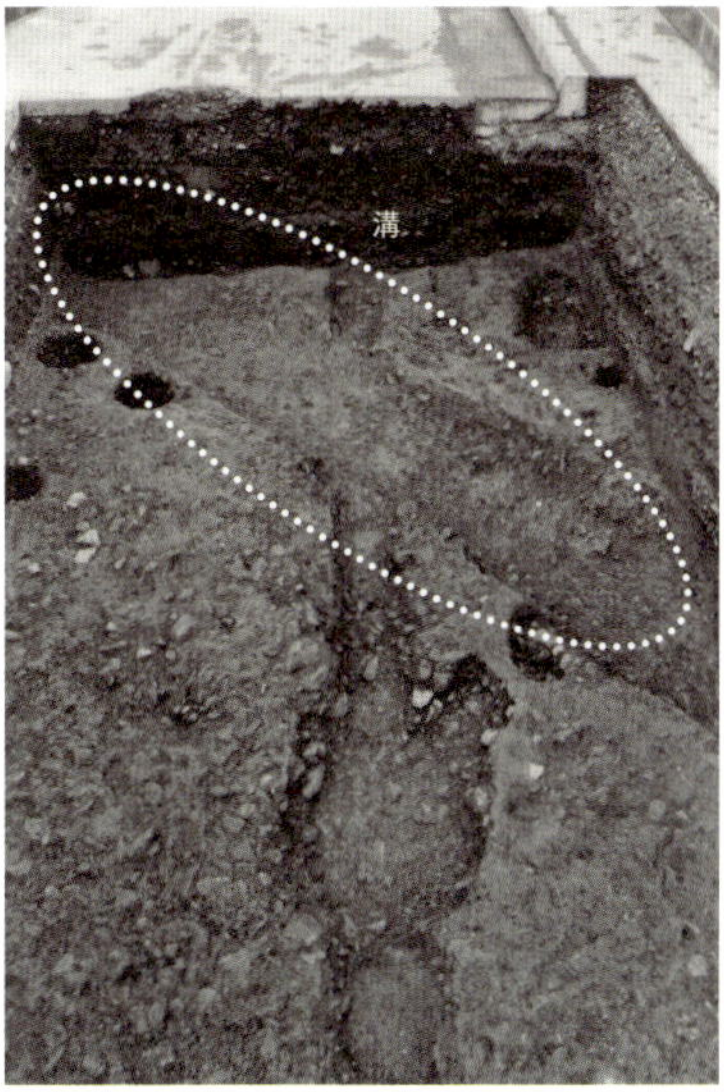

写真3｜竹屋町通で検出された溝の状況[36]（写真は京都市埋蔵文化財研究所より提供）

2 二の丸庭園導水施設遺構

二の丸庭園導水施設遺構の概要について

二の丸庭園の滝水の導水については、「7章補足説明　二の丸庭園編　二の丸庭園の滝水について」(pp.103-106)では、筆者が、吉永義信氏報告[37]の滝水供給源の水道筋(賀茂川から二条城北大手門まで)を図示しましたが、北大手門から二の丸庭園の滝口までがどのような導水経路であったのかは全くわかっていませんでした。しかし、2009(平成21)年度の防災・防犯設備工事に先立つ埋蔵文化財確認調査によって、二の丸御殿北部で江戸時代前期の地層から導水施設の遺構が発見されました。[38]

二の丸庭園導水施設遺構の詳細について

この導水施設の遺構については、京都市埋蔵文化財研究所・京都市考古資料館作成の『リーフレット京都No.262』[39]や飛田範夫氏の『京都の庭園　御所から町屋まで　上』[40]で既に報告されていますが、ここでは京都市埋蔵文化財研究所の報告書[41]を基に少し詳しく紹介します。遺構の詳細は以下の通りです。

①二の丸御殿北部で江戸時代前期の地層から導水施設の遺構と考えられる木樋が検出されました[図2]。木樋(検出した長さ：約6m)は、東西方向に延び、西側で北に3~4度振る方位[42]をとり、底部はわずかに西に向けて傾斜していました。木質のほとんどが腐朽していましたが、組み合わせのために打ち込んだ鉄釘が確認され

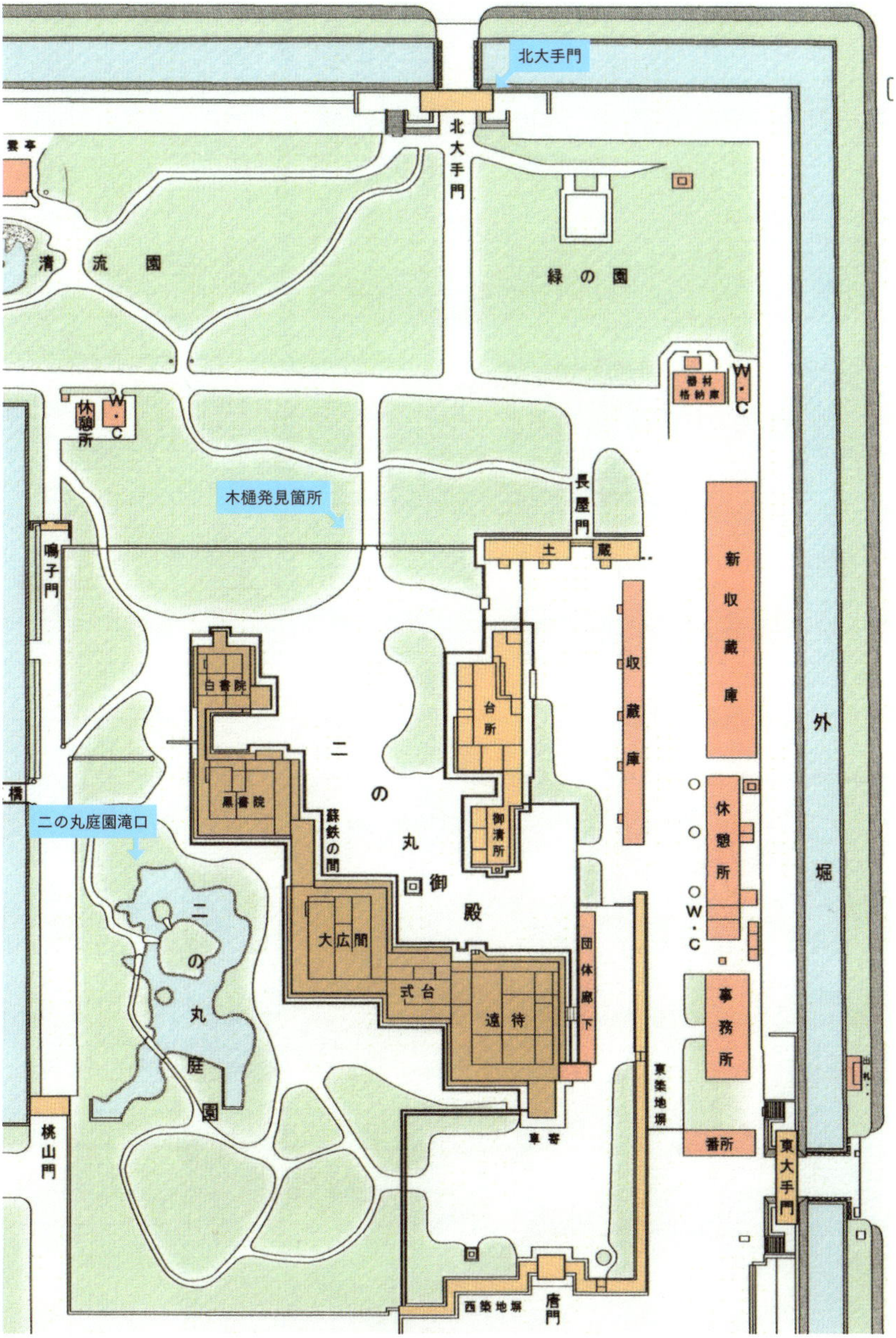

図2｜導水施設の木樋が発見された箇所。『二条城全体図』より二の丸庭園部抜粋、加筆。出典：京都市オープンデータポータルサイト

ました。

②木樋は断面が隅丸逆台形の掘形内（上面幅約1・2m・底面幅約0・8mで、深さは約0・5m）に据えられ、板を箱形（断面復元幅約55㎝・復元高さ約30㎝）に組んで鉄釘（約10～20㎝の間隔）で留め、木樋周囲や上部を粘土（掘形*との間に灰色シルトなどを厚く充填）で覆って密封する構造でした。

*掘形とは、過去に人が地面を掘った跡やその形状のこと。

③京都市埋蔵文化財研究所は、この木樋について、「二の丸庭園への導水施設と推測でき、北大手門から二の丸への勾配を利用して城外から水を引き、二の丸北側土塀に沿って西へ向きを変えて水を導いたものであろう。」[43]と推測しています。

なお、「7章補足説明」（p.106）でも触れていますが、国土地理院地図[44]から標高を調べた結果、二条城北大手門と二の丸庭園滝口付近の高低差は約1mあり、北大手門から導いた水は二の丸庭園滝口まで流れる構造になっていたと考えられます。

以上のように二条城は、冷然院庭園や二の丸庭園導水施設などの貴重な庭園遺構が地中に埋蔵されたお城でもあります。将来的にさらなる解明がなされることを期待します。

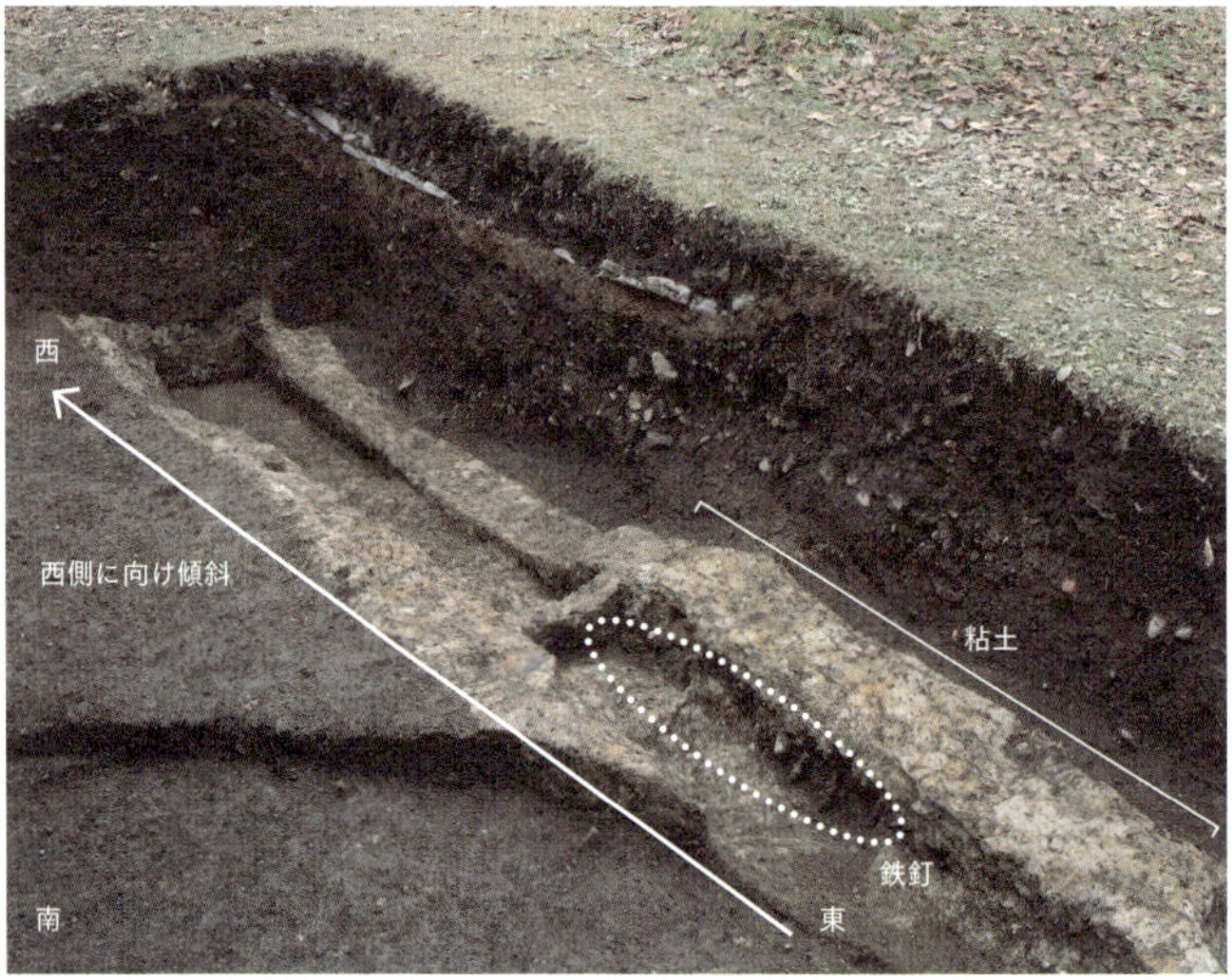

写真3｜竹屋町通で検出された溝の状況[36]（写真は京都市埋蔵文化財研究所より提供）

Column

動き続ける磁場と庭園造営の関係

東西方向に延びる木樋が、西側で北に3~4度振れる理由

東西方向に延びる木樋が、西側で北に3~4度振れています。これは、城内の建物の造営方位と木樋の方位が一致していることを示しています。すなわち、この木樋は寛永期の増改築で施工された施設であり、二条城が平安京に対して3~4度振る方位で造営されていることを示す証拠の一つとなります。

桓武天皇によって造都された平安京は、北極星を基準に造営されたと考えられています。現在でもGoogleマップなどで京都市の中京区付近（平安京大内裏跡付近）を上空から見ると、真北（地図上の真上）を向いています。しかし、二条城はそれに対してわずかに右肩下がりに傾いているように見えます。これは、二条城造営当時、方位磁石の磁北を基準にして方位を決めたためと考えられます。[*1~5]

この影響により、二条城の方位は真北から東（時計回り）に約3度ずれており、東側の外堀から堀川までの距離は北で約43m、南で約55mになっています。[*6]

なお、磁北は観測地点や時代によって変化することが知られています。国土地理院地図（「磁気図2020・0年値」）によると、2025（令和7）年4月1日現在の二条城の磁北線は、真北よりも西に8度傾いています。[*7~9]

参考引用文献

コラム｜動き続ける磁場と庭園造営の関係　東西方向に延びる木樋が、西側で北に3～4度振れる理由

＊1 飛田範夫（2017）『京都の庭園　御所から町屋まで』上、京都大学学術出版会、p.192

＊2 浦崎健人（2016）「二条城の区画、東に微妙な傾き（とことんサーチ）」日本経済新聞電子版、https://www.nikkei.com/article/DGXLASJB27H1V_X20C16A1AA2P00/

＊3 京都市文化市民局元離宮二条城事務所（2019）「二条城の不思議01二条城は3度傾いている!?」『世界遺産二条城公式ガイドブック』p.56

＊4 毎日新聞電子版（2022）「科学の森　磁石の北と北極点、なぜずれる変化し続ける地球の磁場」 https://mainichi.jp/articles/20220414/ddm/016/040/018000c

＊5 eo光チャンネルホームページ（2022）「村瀬先生のぶらり歴史歩き世界遺産・二条城（前編）」、https://eonet.jp/eohikari_ch/program/murase/episode_02128.html

＊6 青木康、古川順弘（2022）『カラー版地形と地図でわかる京都の謎』宝島社、pp.136-139

＊7 国土地理院地図 電子国土Web（2023）、国土地理院、https://maps.gsi.go.jp/#15/35.013912/135.749173/&base=std&ls=std&disp=1&vs=c1g1j1h0k0l0u0t0z0r0s0m0f1

＊国土地理院地図で二条城の傾きを確認すると、2025.4.1 現在8度西に傾いています。

＊8 下間正隆（2023）「二条城が東へ3度傾いてたっている理由」『イラスト二条城』京都新聞出版センター、p.45

＊9 その他（2ネット記事、2文献）参照

参考引用文献

庭園遺構

1 京都市埋蔵文化財研究所・京都市考古資料館（２０１０）「発掘ニュース96、二条城の造営」『リーフレット京都』No.262,p.2
＊発掘された遺構について、「二の丸北部では東西方向に延びる暗渠が見つかりました。板を箱形に組んで鉄釘で留めた木樋を据え、周囲や上部を粘土で覆って密閉しています。西に向けてわずかに傾斜しており、二の丸庭園への導水施設と考えています。」と報告されています。
https://www.kyoto-arc.or.jp/news/leaflet/262.pdf

2 京都市埋蔵文化財研究所（２００３）『史跡旧二条離宮（二条城）、京都市埋蔵文化財研究所発掘調査概報』２００１-１５
本文：https://www.kyoto-arc.or.jp/news/chousahoukoku/2001-15honbun.pdf
図版：https://www.kyoto-arc.or.jp/news/chousahoukoku/2001-15zuhan.pdf

3 京都市埋蔵文化財研究所（２００６）『史跡旧二条離宮（二条城）・平安京冷然院跡、京都市埋蔵文化財研究所発掘調査報告』２００５-１６
本文：https://www.kyoto-arc.or.jp/news/chousahoukoku/2005-16honbun.pdf
図版：https://www.kyoto-arc.or.jp/news/chousahoukoku/2005-16zuhan.pdf

4 京都市埋蔵文化財研究所（２０１０）『史跡旧二条離宮（二条城）、京都市埋蔵文化財研究所発掘調査報告』２００９-１４
本　文：https://www.kyoto-arc.or.jp/news/chousahoukoku/2009-14honbun.pdf
図　版：https://www.kyoto-arc.or.jp/news/chousahoukoku/2009-14zuhan.pdf

5 京都市埋蔵文化財研究所（２０１０）『史跡旧二条離宮（二条城）、京都市埋蔵文化財研究所発掘調査報告』２００９-１５
本文：https://www.kyoto-arc.or.jp/news/chousahoukoku/2009-15honbun.pdf
図版：https://www.kyoto-arc.or.jp/news/chousahoukoku/2009-15zuhan.pdf

6 京都市（２０２０）『史跡旧二条離宮（二条城）保存活用計画』京都市文化市民局元離宮二条城事務所、同局文化芸術都市推進室文化財保護課、プレック研究所

7 山本雅和（２０２３）「第３３５回　京都市考古資料館文化財講座／アスニー京都学講座　発掘調査成果から見た江戸時代の幕開けと終焉の地　二条城」（文化財講座は２０２３（令和５）年５月27日に実施された）参照：京都市埋蔵文化財研究所検索→各種資料情報→８．文化財講座資料→文化財講座第３３５回、資料３～６、https://www.kyoto-arc.or.jp/News/s-kouza/kouza335.pdf

8 太田静六（２０１０）『寝殿造の研究　新装版』吉川弘文館、p.68

9 京都市（２０１４）『京都市文化財ブックス第28集　平安京』p.70
＊『日本後紀』に桓武天皇が「近東院」に行幸し、この「近東院」が冷泉院の前身施設という説があり、嵯峨天皇が近東院を冷泉院と改め拡張整備したことが記されています。

10 京都市文化市民局（２０１６）『平成27年度　京都市埋蔵文化財出土遺物文化財指定準備業務報告書』平安左京二条二坊「冷然（泉）院」出土品、p.2

11 文献２、p.3

12 京都歴史資料館（２００２）「冷然院跡」『京都市歴史資料館　情報提供システム　フィールド・ミュージアム京都』、www2.city.kyoto.lg.jp/somu/rekishi/fm/ishibumi/zenkenlist_frame.html

13 文献２、p.3

＊ちなみに後院とは、『大辞林　第四版』（松村明〈2019〉、三省堂編修所、三省堂、p.899）によれば「後院とは離宮の一つ。天皇の常の御殿以外に設定した予備の御所。譲位後の御所（仙洞御所）となることが多い。平安初期、嵯峨天皇のときに始まる」とあり、また、コトバンク（https://kotobank.jp/）では、「本来は天皇の常の御所のほかに設定された予備的な御所。離宮の一つ。…譲位後に御所（仙洞御所）となることが多い。平安初期嵯峨天皇のときに置かれ、このときは冷泉院があてられたとみられる。冷泉院の他に、朱雀院や堀河院、鳥羽院などがある。…」と解説されています。

14 文献10、p.6

15 文献8、p.80

＊「図24第三期冷泉院（954頃-970）推定復原図」からは、建物や大きな池を窺うことができます。

16 飛田範夫（2003）『日本庭園の植栽史』京都大学学術出版会、p.62

＊飛田氏は『文華秀麗集』の記述からタケの植栽、また同集や『続日本後紀』の記述からマツの植栽があったことを推測しています。さらに文献16、p.76では、『日本紀略』の記述からサクラ、フジ、マツが植えられていたことを推測しています。

17 飛田範夫（2017）『京都の庭園　御所から町屋まで』上、京都大学学術出版会、p.191

＊飛田氏は、城内の発掘により、城内の北東部で平安時代の冷泉院の園池跡や遣水跡が下層から発見されたこと、二の丸御殿周囲では、冷泉院の園池などを埋め立てている室町時代の整地層の上に、二条城造営時に70～90cm程盛土していた跡が確認されたことなどを記述しています。

18 今江秀史（2007）「平安京域における庭の遺跡分布」『日本庭園学会誌』18、p.82

＊今江氏は平安京域の一部として、冷然院に関する遺構（池状遺構または沢地を検出など）について報告しています。https://www.jstage.jst.go.jp/article/jgarden1993/2007/18/2007_18_79/_pdf

19 廣安春華（2013）「冷然院庭園の意匠と利用に関する研究—冷然院をめぐる漢詩から—27」『日本庭園学会誌』27、pp.13-28

＊廣安氏は同研究報告で、冷然院庭園に関する先行研究、歴史、発掘調査、漢詩から読み取る当時の庭園の様子などを詳細に記述しています。https://www.jstage.jst.go.jp/article/jgarden/2013/27/2013_27_13/_pdf/-char/ja

20 文献9、p.70

＊冷然院は875（貞観17）年の火災後、880（元慶4）年に再建され、陽成上皇の御所として使用されていました。

21 文献9、p.70

＊冷然院は949（天暦3）年の火災後、954（天暦8）年に村上天皇により再建され、村上天皇、冷泉上皇の御所として使用されていました。

22 文献8、p.82

＊村上天皇の時に「冷然院」から「冷泉院」へ改称されています。

23 文献2、p.3、文献4、p.4、文献8、p.82、文献9、p.70

24 文献12、攻城団（2019）冷泉院跡（冷然院跡）二条城のガイド、https://kojodan.jp/castle/13/memo/4114.html

＊冷然院跡の石標を確認することができます。

25 文献7、資料6　調査報告書

＊京都市埋蔵文化財研究所はこれまでに京都市の委託を受け、二条城内で数多くの遺構の検出や遺物の発掘を行い、その詳細を『京都市埋蔵文化財研究所発掘調査報告』や『京都市埋蔵文化財研究所発掘調査概報』等の報告書にまとめています。文献7の「資料6　調査報告書」には、二条城での発掘調査の報告書の一覧が掲載されています。

26 文献9、pp.70-71

27 文献10、p.6

28 文献2、pp.19,23,24,53,54

29 文献2、pp.19,23,53

30 文献3、pp.8,9,12,13

31 文献2、p.54、文献3、pp.12,13

32 文献8、p.80
33 文献9、p.71
34 文献2、図版3　平成12年度調査　遺構　2　2区景石検出状況（北から）
35 文献2、図版12　平成13年度調査　遺構　1　1－2区州浜検出状況（北から）
36 文献3、p.9、図12　第4面東半　溝90（西から）
37 吉永義信（1974）『元離宮二條城』小学館、p.308
38 文献5、pp.1,23,92,93
39 文献17、p.194

＊飛田氏は、「北大手門から一二〇メートルほど南側で江戸前期の木樋が、発掘調査で見つかっているが、これが二条水道の一部なのだろう。木樋の推定断面は幅五五センチ、高さ三〇センチの箱形で、底板に側板を載せて蓋を鉄釘でとめ、樋の周囲には粘土を詰めていた…。」と記しています。

40 文献5、pp.19-23,92,93
41 文献5、pp.92,93

＊木樋について「東西方向に延びるが、西側で北に3～4度振る方位をとる。これは二条城城内の他の建物の造営方位とも一致しており、寛永期の増改築で施工された施設であることは確実である。」と記述されています。

42 文献5、p.93
43 国土地理院地図（電子国土Web）から検索したところ、二条城北大手門の標高は42m、二の丸庭園滝口付近の標高は41mでしたので、高低差は約1mあると考えられます。
44 文献5、図版7 遺構　1D区北部木樋88（南東から）

◉二次元コードは、アララが提供する「クルクル－QRコードリーダー」アプリを利用して筆者が作成したものです。

Column

二条城の地下遺構

二条城における発掘調査等の概要

国の史跡に指定されている二条城は、周知の埋蔵文化財包蔵地[1,2]（地中に埋蔵された状態で発見される文化財を包蔵する土地として周知されている土地）である「平安宮跡」、「平安京跡」、「二条城北遺跡（縄文～弥生時代の集落跡）」、「堀川御池遺跡（縄文～古墳時代の集落跡）」に該当し、その周囲に貴重な遺構が眠っています。ここでは、平安京遷都以前、平安京遷都以降、鎌倉時代後半以降～桃山時代、江戸時代、明治時代～現在に分け、二条城の地中に眠る遺構の概要[3,4]を説明します。

1―平安京遷都以前

現在の二条城の一部は、平安京遷都以前の二条城北遺跡・堀川御池遺跡の位置にあたります。二条城北遺跡は『京都市遺跡地図提供システム』[5]によると、二条城北東側（椹木町通北付近〈北側〉、西洞院通付近〈東側〉、竹屋町通南付近〈南側〉、智恵光院通付近〈西側〉）に楕円状に拡がる集落跡と考えられている遺跡で、縄文時代から弥生時代の柱穴・炉・溝などが見つかっています。二条城では北大手門・緑の園付近がこの遺跡の南端に含まれています。

堀川御池遺跡は『同遺跡地図提供システム』によると、二条城東南側（二条通北付近〈北側〉、油小路通付近〈東側〉、姉小路通付近〈南側〉、大宮通西付近〈西側〉）にほぼ円形に拡がる集落跡と考えられている遺跡で、縄文時代から古墳時代の流路・溝などが見つかっています。二条城では二の丸御殿より南東側がこの遺跡に含まれ、桜の園が西側縁辺部にあたります。

城内の平安京遷都以前の遺構は、緑の園で弥生時代中期と見られる竪穴住居の床面跡らしきものが[6]、台所東側の収蔵庫（現模写室）のあたりで縄文時代晩期の流路[7]が確認され、城外でも京都所司代上屋敷跡付近の発掘調査で、弥生時代中期の溝[8]が確認されています。さらに押小路通では、古墳時代と弥生時代の溝[9]が検出されています。

2―平安京遷都以降

平安京遷都以降の平安時代になると、現在の二条城の北西側に冷然院、北西一部に大内裏（廩院、神祇官、侍従厨、雅楽寮）、南東側に木工寮、木工町、南西側に神泉苑があったと推測されています。[10〜13]

発掘調査では、二条城の外周の竹屋町通と美福通で、平安宮東限と南限の溝や築地塀[14]が、第2駐車場（二条公園南側の駐車場）で、平安宮内道路に関わる溝（壬生大路延長路、櫛笥小路延長路）[15]が検出されました。また、二条城南西部の押小路通では神泉苑の園池と船着場とみられる木材が確認され、緑釉瓦や「神泉苑」銘瓦など[16]が出土しています。さらに城内の緑の園と現二条城障壁画展示収蔵館の発掘調査で、冷然院の園池に関わる景石、遣水遺構など[17]が確認されています。

3―鎌倉時代後半以降〜桃山時代

この時代の遺構については、全容はあきらかとなっていませんが、幾つか検出されています。外堀西北側の第2駐車場では、鎌倉時代から室町時代の溝や土杭が、西橋西側付近では室町時代の土杭や溝が検出され、現二条城障壁画展示収蔵館でも鎌倉時代から室町時代の池堆積、室町時代後期の井戸や土杭[18]が確認されています。過去の発掘調査等の検証から、室町時代後期（戦国時代）頃には、旧冷泉院敷地の大半が居住対象地に転化されたと考えられています。[19]

また、桃山時代には豊臣秀吉による聚楽第造営に伴い、一定の整備が行われたと考えられています。[20]

4―江戸時代

江戸時代になると、徳川家康による二条城築城によって、旧冷泉院敷地の大半が城内範囲に取り込まれました。[21]そして、家光が城域を西側へ約1・5倍拡張して後水尾天皇の行幸を仰ぎ、二条城にとって最も華やかな時期を迎えます。その後、行幸諸施設の移築撤去、天守閣の焼失、天明の大火の飛び火による類焼などを経て、幕末には229年ぶりに家茂が入城し、慶喜の居室が本丸内に建てられるなど再整備が行われました。しかし、1867（慶応3）年に慶喜が大政奉還を発表し、徳川政権の幕が閉じられました。[22]

江戸時代の遺構は、『史跡旧二条離宮（二条城）保存活用計画』に、以下のようなことが報告されています。[23]

①北中仕切門付近で検出した石垣と、南中仕切門付近（桜の園）で検出した石垣は、城域拡張前（家康築城期の規模）の西辺に近いと考えられた。
②桜の園の発掘調査で後水尾天皇行幸時の女院御殿の一部と推定される礎石列等を検出した。
③本丸で御殿（遠侍・廊下・御年寄衆部屋・御台所等と推定）の礎石列を検出した。
④北大手門内側で慶長期の城内通路を寛永期に改修した痕跡を確認した。
⑤二の丸御殿の北側で導排水に関わる木樋と石組溝を確認した。
⑥二の丸台所東側（収蔵庫〈現模写室〉）の発掘で寛永期の米倉（二〜六番蔵）跡を確認した。
⑦管理事務所西側の立会調査で御馬屋に関わる石列を確認した。
⑧本丸東橋東側の立会調査で、本丸と二の丸を繋ぐ橋廊下の石列が見つかった。
⑨本丸の立会調査で御土蔵の石列が見つかった。
⑩緑の園で江戸時代後期に起きた文政の大地震で倒壊したという稲荷社石鳥居の痕跡が確認された。

5—明治時代〜現在

明治維新以降の二条城は太政官代、京都府（一時陸軍省）の所管となり、1884（明治17）年には宮内省所管の二条離宮となりました。離宮になってからの二条城は、大正天皇御大典に伴う饗宴施設が造営及び撤去され、明治天皇の命により京都御苑内にあった旧桂宮屋敷が本丸に移築されるなど整備が図られました。発掘調査によって宮内省所管時代の遺構（大正天皇御即位の大礼で設けられた大饗宴施設の跡を検出）[24]も確認されています。1939（昭和14）年には宮内省より京都市へ下賜され、「恩賜元離宮二条城」として、現在は多くの観光客が訪れる京都を代表する観光施設となっています。

以上のように二条城の地中からは、縄文時代から近代に至る各時代の遺構・遺物が検出されています。

参考引用文献

コラム―二条城の地下遺構

1 京都市埋蔵文化財研究所（２０１０）『史跡旧二条離宮（二条城）京都市埋蔵文化財研究所発掘調査報告』２００９－14、p.3

2 京都市（２０２０）『史跡旧二条離宮（二条城）保存活用計画』京都市文化市民局元離宮二条城事務所、同局文化芸術都市推進室文化財保護課、プレック研究所、pp.7,8

3 文献1、p.3-5

4 文献2、pp.17-22、資料1～3

5 京都市の遺跡地図は、『京都市遺跡地図提供システム』や京都市文化市民局文化芸術都市推進室　文化財保護課提供HPの『京都市内の遺跡地図情報』、京都市埋蔵文化財研究所HPの『京都の遺跡』から確認できます。
https://keikan-gis.city.kyoto.lg.jp/kyotogis/webgis/index.php/autologin_jswebgis?ap=jsWebGIS&m=2&u=iseki&y=15112686.0118&x=4164080.4758&s=2500
http://keikan-gis.city.kyoto.lg.jp/kyotogis/iseki/main 、https://www.kyoto-arc.or.jp/iseki.html

6 京都市埋蔵文化財研究所（２００３）『史跡旧二条離宮（二条城）京都市埋蔵文化財研究所発掘調査概報』２００１－15、p.5

7 文献6、p.4

8 文献6、p.4

9 文献2、資料1、5

10 文献1、p.3

11 谷川彰英（２０１８）『重ね地図で読み解く京都１０００年の歴史』宝島社、pp.16,18,19,21

12 新創社（２００８）『京都時代ＭＡＰ平安京編』光村推古書院、pp.10,12,46,48,74,76

13 平安時代に二条城の地にあったと考えられている①廩院、②神祇官、③侍従厨、④雅楽寮、⑤冷泉院（冷然院）、⑥木工寮、⑦木工町、⑧神泉苑がどのような所であったのかを、文献1、文献20、『平安時代史辞典』（角川文衛〈１９９４〉本編上下、角川書店）、『大辞林　第四版』（松村　明〈２０１９〉、三省堂編修所、三省堂）、コトバンク（https://kotobank.jp/）を参考に調べてみました。

①廩院：「民部省に所属し諸国から供進された庸租黒米を収納した倉」（平安時代史辞典　本編下、p.2712より）、「平安時代、民部省の管轄下にあった倉庫。田租などの米を収める所」（大辞林　第四版、p.2894より）、「民部省に属し米を収蔵しておく倉。米蔵」（コトバンクより）。

②神祇官：「神祇行事を管掌した中央官庁」（平安時代史辞典　本編上、p.1276より）。「律令制で、天神地祇の祭祀を執行し、諸国の宮社を総管する官庁」（大辞林　第四版p.1391より）。「祇官は朝廷の祭祀を執行し、大嘗祭、鎮魂祭、卜兆などの神事を取り扱い、官社の祝部・神戸を監督する官司」（コトバンクより）。

③侍従厨：「天皇に近侍して身辺の世話をする侍従の詰所で、9世紀中頃からは公卿の学習や宴席の場としても使用された。」（文献20）、p.6引用。

④雅楽寮：「宮廷の楽舞を教習し、朝廷の儀式などで演奏するための役所であったが、10世紀頃には次第に規模が縮小された模様」（文献20）、p.6より。「律令制で、治部省に属し宮廷音楽をつかさどった役所。楽人の統制や歌舞音楽の演奏・教習などを扱った」（『大辞林』第四版、2019、p.466引用）。

⑤冷泉院（冷然院）：「嵯峨天皇が弘仁年間（８１０～８２４）、後院として平安京の堀川西、大炊御門南に造営した建物。歴代天皇の渡領（世襲財産）であった。初名冷然院」（コトバンクより）。詳細は本文の「1　冷然院庭園遺構　冷然院の概要について　冷然院とはどのような所だったか？」p.297を参照ください。

⑥木工寮：「平安宮・平安京の修造を担当した役所で、木工寮には役人の詰所などの施設があった」（文献20）、p.6より。

⑦木工町：「木工・瓦工・鍛冶工などの工人の宿舎、作業場などがあった」（文献20）、p.6より。

⑧神泉苑：「神泉苑は平安京内に営まれた苑地で、北は二条大路、東は大宮大路、南は三条大路、西は壬生大路に囲まれた東西2町・南北4町を占めていた。その北部が二条城の南西部・南外堀にあたる。神泉苑の内部には広大な池が拡がり、中心建物である乾臨閣をはじめ左閣・右閣や東西の釣台とそれらを繋ぐ回廊などの施設があったことが記録に残されている。神泉苑は9世紀前半に禁苑として天皇の遊宴や狩猟が行われていたが、9世紀後半になると祈雨や止雨の儀式が頻繁に行われるようになり、また、池の水が灌漑用水として使用されるようになった。平安時代後期には、池の規模が土砂の堆積により徐々に縮小していったと推定されている」（文献1）、pp.3-4 より。「平安時代大内裏の南東にあった園池」（平安時代史辞典　本編上、p.1292 より）。「平安京造都の時、大内裏の南に接して営まれた禁苑〈宮中の苑〉」（コトバンクより）。

14 文献2、資料1、4、11

＊二条城北西部には廩院、神祇官、侍従厨、雅楽寮など宮内官衙が所在していたと考えられていますが、官衙にかかわる遺構は検出されていません。

15 文献2、資料1、8、44

16 文献2、資料1、4、5、20

17 文献2、資料1、文献2、pp.4,5,19,23-36,53,54

18 文献2、資料1、5・26、6・28・29、8・44

＊例「5・26」は、資料5（発掘調査一覧）をさらに詳しく資料26（調査番号）で確認することができます。

19 文献6、p.54

＊京都市埋蔵文化財研究所は、「室町時代後期（戦国時代）に至っては、池を含めた広範囲な整地を受けて居住環境が整えられ、暫時、柱穴、井戸、溝などの居住関連施設遺構の増加が確認される。この遺構群は全調査区で検出されるため、旧冷泉院敷地の大半が居住対象地に転化されたとみられる。」と報告しています。

20 京都市埋蔵文化財研究所（２０１０）『史跡旧二条離宮（二条城）京都市埋蔵文化財研究所発掘調査報告』２００９－15、p.6

21 文献6、p.3、「二条城は徳川家康によって、二条堀川西方一帯、南北3町、東西2町の規模で造営された。慶長6（１６０１）年5月に縄張りを始め、建設地内の町四、五千軒を立ち退かせたと記録にある。」と記されています。

22 文献1、pp. 4-5

23 文献2、p.47、資料2～4、6～8、17、18、27、37～41

＊4江戸時代遺構の本文（p.311）の番号に対応した文献2のページは以下のとおりです。

①資料2、4、6、17、27、37、②資料2、6、37、③資料2、7、38～41、④資料2、7、38、39、⑤資料2、7、38、39、⑥資料2、4、18、⑦⑧資料2、7、40、41、⑨資料2、8、40、41、⑩資料2～3、6、37

24 文献2、p.47、資料3、7、38、39、8・45～47

参考資料

後水尾天皇行幸時の二条城及び二の丸庭園と視点場

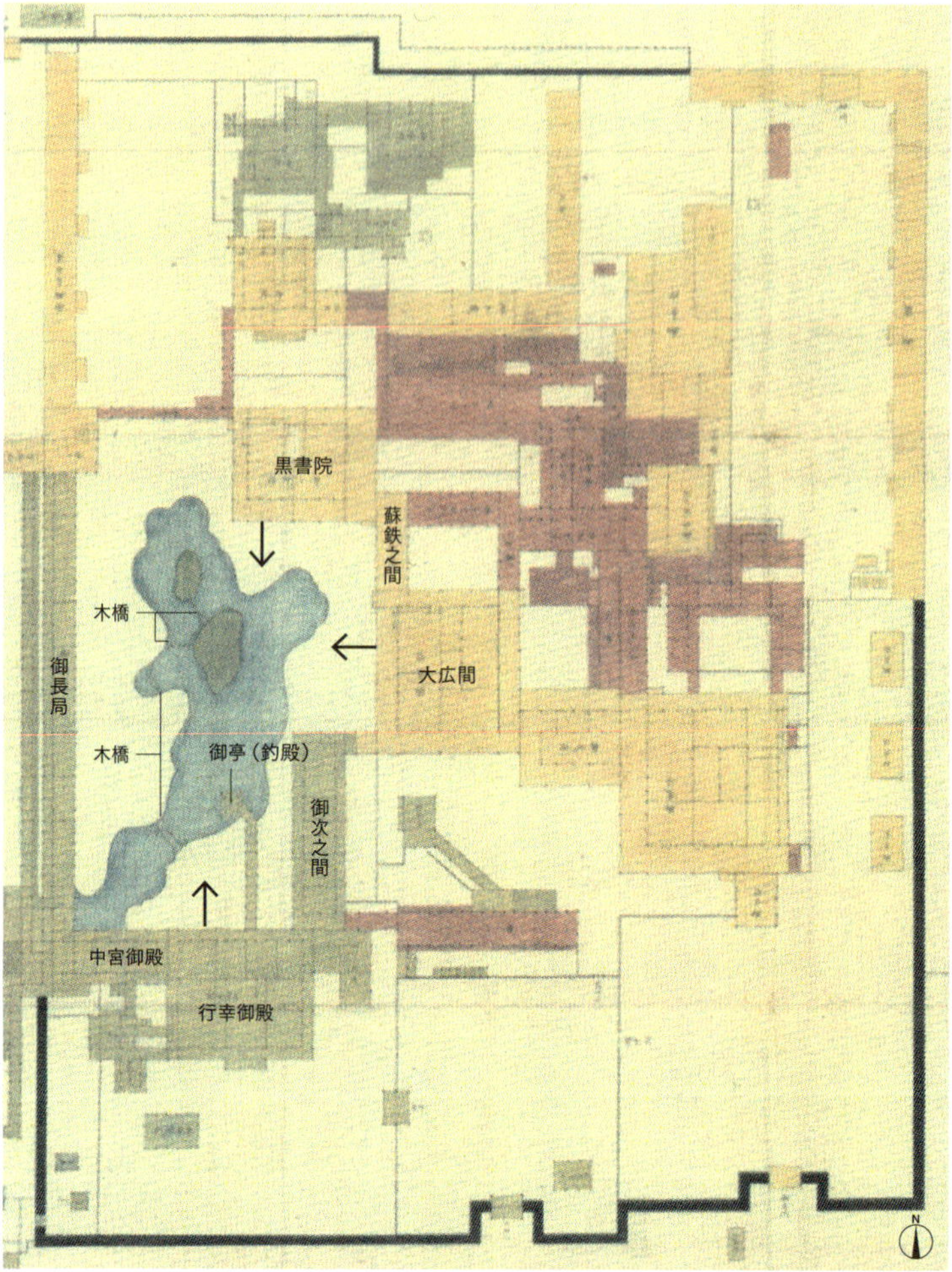

庭園は建物に囲まれた中庭的な庭園で、主に大広間、黒書院、行幸御殿等三方向から望めるようにつくられていた。大広間からは庭園越しに天守閣が望めたと考えられている。後水尾天皇行幸に先立ち、鍋島藩1本、福岡藩から10本の蘇鉄が献上され庭園内には蘇鉄が林立していたと推測されている。

出典：『行幸御殿其外古御建物並当時御有形御建物共・二条御城中絵図』京都大学貴重資料デジタルアーカイブに加筆

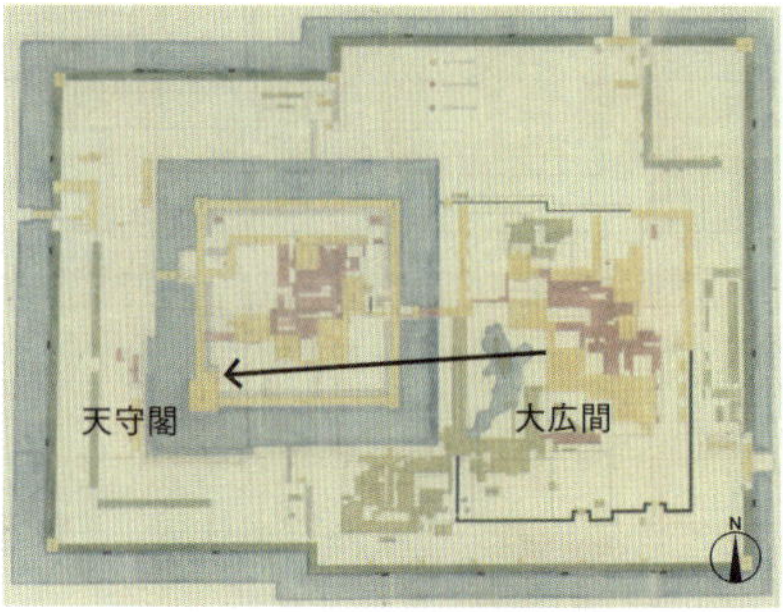

図面から見る二の丸庭園

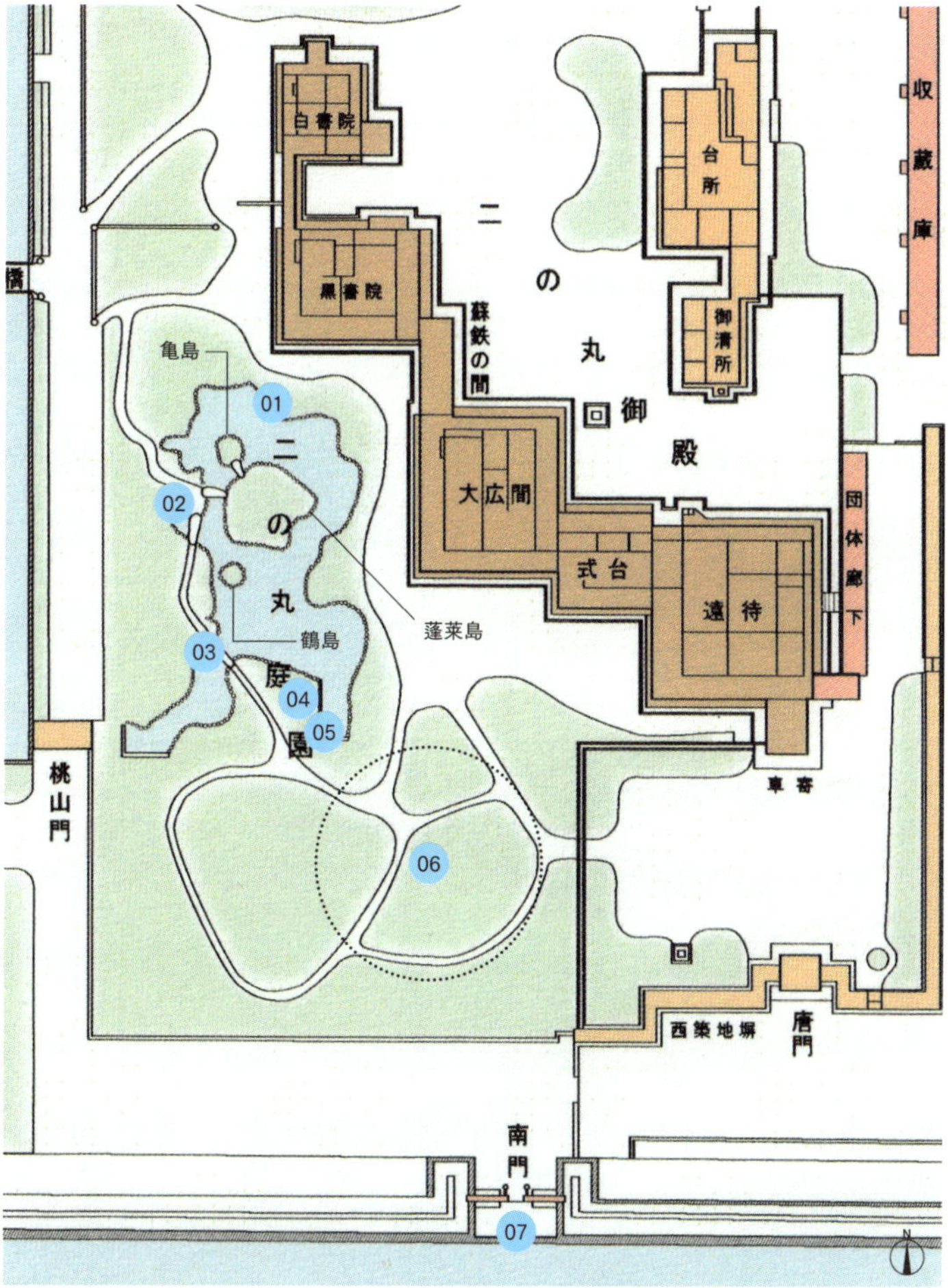

二の丸庭園。『二条城全体図』より二の丸庭園部抜粋、加筆。出典：京都市オープンデータポータルサイト

8代将軍徳川吉宗時代の絵図には庭園内に蘇鉄15本が確認できる。幕末の写真から蘇鉄1本は確認できるもののほとんど樹木がなかった。庭園西側の多くの樹木は宮内省所管時の大規模な植栽工事がベースになっていると考えられる。

01 現存する蘇鉄は吉宗時代の絵図に描かれている蘇鉄15本の内1本と位置が合致。幕末写真と2005（平成17）年写真と比較すると同様な樹形。推定樹齢約160年以上の株。

02 製作年代が室町時代の六角型石燈籠

03 清正橋（江戸後期の史料に加藤清正が寄進した石橋と記されているが、実際は異なるようだ）。

04 渡り廊下の礎石と推測されるものが4個ある

05 理由は不明だが、吉宗時代に拡張された部分。木橋もその時に石橋に替えられたと考えられている。

06 大正大礼饗宴の儀のために、南門から入城できるよう一時広場として改造された。大礼後の復旧工事は小川治兵衛らが関わり今日に至る二の丸南庭の地割が完成している。

07 大正大礼のために造られた南門。

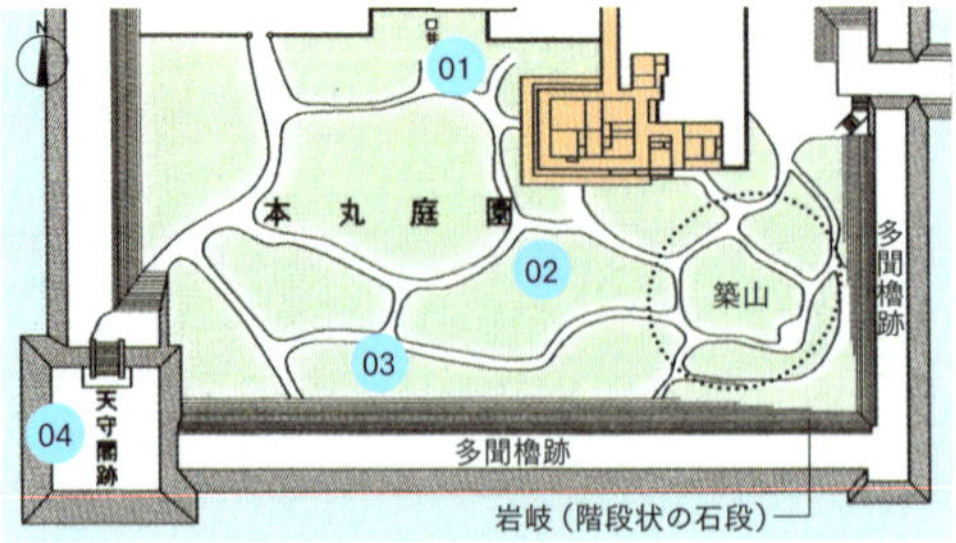

本丸庭園。『二条城全体図』より本丸庭園部抜粋、加筆。出典：京都市オープンデータポータルサイト

01 幕末の古写真に確認できる井筒と推測される。

02 資料上、二の丸庭園の蘇鉄と同様に、樹齢の高い黒松（竣工写真に確認できる、約130年＋その時の樹齢）

03 庭園内で最も古い「春日型石燈籠（六角）」は製作年代が江戸中期。庭園内に所々据えられている燈籠の竣工写真をみると、火袋の火口には格子状の障子がはめ込まれていた。

04 天守閣跡からは比叡山、大文字山、愛宕山などを望むことができる。竣工当時、腰掛用に切丸太が置かれていた。

図面から見る二条城本丸庭園

旧桂宮屋敷の移築に合わせて1894（明治27）年につくられた枯山水庭園は、1895（明治28）年5月、明治天皇が本丸御殿に行幸の祭、庭園の改造が命じられた。明治天皇と昭憲皇后のご意向も反映され、改造して1895（明治28）年完成した庭園が現在の芝庭風築山式庭園。約130年前に竣工写真には、現在でも確認できる松が多くある。作庭記録からみた庭園は、芝生を主体とした曲線的園路に加え、築山（月見台）に三方向から登り降りできる散策路を設け、多聞櫓跡には野芝、マツ、ヤマブキやハギ等の低木が植栽され、庭園内にはマツ、カエデ、モクセイ、低木のリュウキュウツツジ、ヤマブキ、サツキ、ウツギ、ハギ等の花木、キキョウ、ススキ、熊笹等、庭石、燈籠等の造園材料も利用されていた。

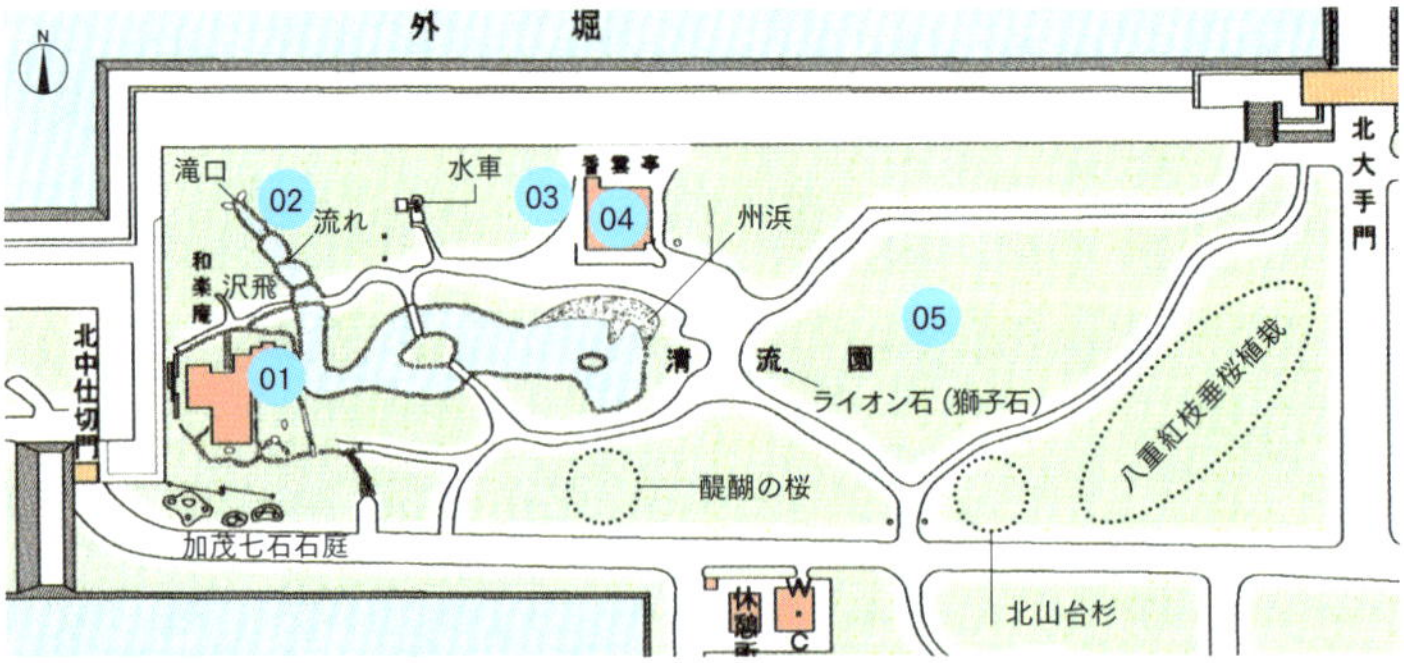

清流園。『二条城全体図』より清流園部抜粋、加筆。出典：京都市オープンデータポータルサイト

図面からみる二条城清流園

西側が和風庭園、東側が洋風庭園からなる和洋折衷庭園米誌ランキングで20年以上連続日本一の足立美術館庭園を作庭した中根金作氏もかかわった清流園。

01 表千家の残月亭を模した和楽庵からは東山が望める。

02 層塔「十三重塔」は製作年代が南北朝～鎌倉時代。

03 水戸黄門の杖。亀甲竹がある。

04 角倉家の遺構である香雲亭からは内堀の石垣、東橋を望める。

05 1986（昭和61）年ダイアナ妃がプレゼントされた友禅染振り袖を羽織った洋風庭園。

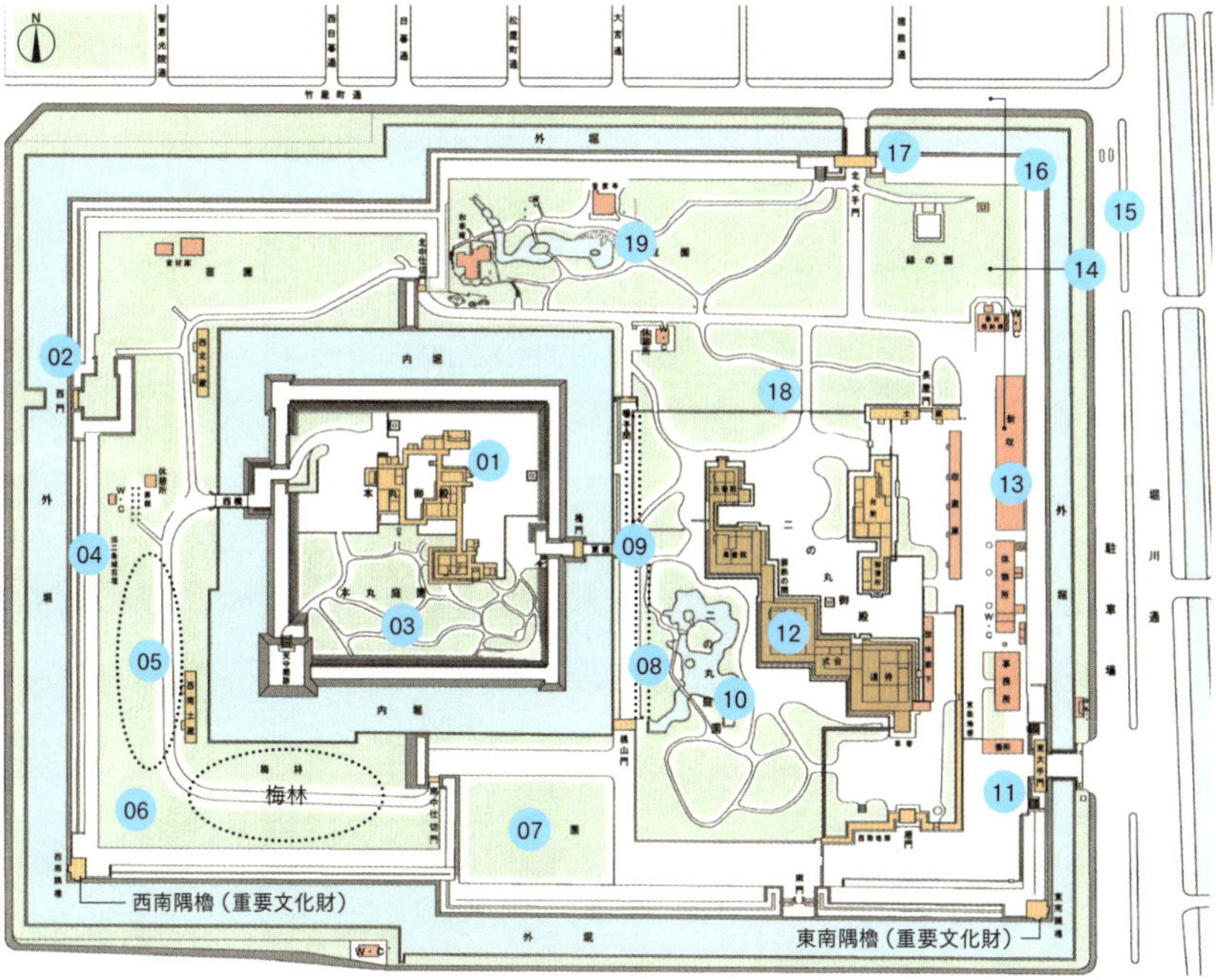

二条城現況図。『二条城全体図』に加筆。出典：京都市オープンデータポータルサイト

図面から見る元離宮二条城

01 本丸御殿（重要文化財）京都御苑東北側にあった旧桂宮屋敷の一部を移築した建造物。2章参照。

02 西門（重要文化財）15代将軍慶喜がこの西門から脱出したと伝わる。

03 旧桂宮屋敷の移築に伴い完成した枯山水庭園を、明治天皇の命により改造して作庭された明治時代の本丸庭園。2章、4章、7章、14章参照。

04 地下鉄烏丸線工事際に発見された織田信長が15代将軍足利義昭のために築城した旧二条城の石垣が復元されている。1章参照。

05 城内西側の桜（シダレザクラ他）13章参照。

06 おおよそ3,000本のアジサイがある。

07 主に里桜が植栽されている桜の園。13章参照。

08 建仁寺垣根。9章参照。

09 昭和初期まで二の丸御殿と本丸御殿をつなぐ二階建ての橋廊下があった。

10 小堀遠州作と伝わる江戸時代作庭の二の丸庭園（特別名勝指定）、2章、3章、7章、10章、14章参照。

11 二条城には重要文化財は22棟がある。城内の出入口となっている東大手門（重要文化財）。門をくぐる時に上を見上げると石が落ちてくる！？

12 二の丸御殿（国宝）御殿内の障壁画は忠実に復元された模写画となっている。

13 二条城障壁画展示収蔵館では障壁画の原画をみることができる。

14 発掘調査で冷然院庭園の遺構が確認された場所。15章参照。

15 二条城は築城当時、方位磁石で造営されたと考えられ、真北に対して約3度東に傾いている。15章参照

16 明治初期、火見櫓があった。8章参照。

17 北大手門（重要文化財）江戸時代、賀茂川の水をこの北門から城内に導水したと伝わる。7章参照。

18 江戸時代遠く賀茂川から導水したと考えられる二の丸庭園の導水施設が発掘された場所。7章、15章参照。

19 昭和時代作庭の清流園。2章、5章〜7章、9章、14章参照。

京都の国指定特別名勝庭園一覧

01 金地院庭園

02 西芳寺庭園＊

03 慈照寺（銀閣寺）庭園＊

04 浄瑠璃寺庭園

05 醍醐寺三宝院庭園＊

06 大仙院書院庭園

07 大徳寺方丈庭園

08 天龍寺庭園＊

09 二条城二の丸庭園＊

10 法金剛院青女滝附五位山

11 本願寺大書院庭園＊（虎渓の庭）

12 龍安寺方丈庭園＊

13 鹿苑寺（金閣寺）庭園＊

「国指定文化財等データベースの史跡名勝天然記念物」

- 国指定特別名勝庭園は、2025年4月1日現在全国で24カ所指定され、そのうち13カ所が京都府内にあります。ここでは京都府内で国指定された特別名勝庭園をQRコードで読み取れるようにしています。
- 二次元コードは主に公式HPを採用していますが、公式HPがない場合等は、公的なHP或いは（公財）京都市緑化協会HP（京の庭を訪ねて）を採用しています。
- 国指定特別名勝庭園及び名勝庭園は、文化庁HPの「国指定文化財等データベースの史跡名勝天然記念物」で確認することができます。
- なお、二次元コードが読み込めない場合は検索エンジンで庭園名を入力すれば検索可能です。
- 二次元コードは、上記関係機関のご了承を得て掲載したものです。心よりご協力に感謝いたします。

京都府以外の国指定特別名勝庭園一覧　2025年4月1日現在

01	毛越寺庭園	岩手県
02	旧浜離宮庭園	東京都
03	小石川後楽園	東京都
04	六義園	東京都
05	兼六園	石川県
06	一乗谷朝倉氏庭園	福井県
07	平城宮東院庭園	奈良県
08	平城京左京三条二坊宮跡庭園	奈良県
09	岡山後楽園	岡山県
10	栗林公園	香川県
11	識名園＊	沖縄県

京都の国指定名勝庭園一覧

2025年4月1日現在

01	円通寺庭園
02	燕庵庭園
03	大沢池附名古曽滝跡
04	旧円徳院庭園
05	玉鳳院庭園
06	桂春院庭園
07	高台寺庭園
08	孤蓬庵庭園
09	今日庵（裏千家）庭園
10	酬恩庵庭園
11	聚光院庭園
12	松花堂及び書院庭園
13	成就院庭園＊
14	渉成園
15	照福寺庭園
16	真珠庵庭園
17	杉本氏庭園
18	清風荘庭園
19	大仙院庭園
20	退蔵院庭園
21	對龍山荘庭園
22	知恩院方丈庭園
23	智積院庭園
24	滴翠園
25	東海庵書院庭園
26	東福寺本坊庭園
27	南禅院庭園
28	南禅寺方丈庭園
29	仁和寺御所庭園＊
30	白沙村荘庭園
31	平等院庭園＊
32	不審庵（表千家）庭園
33	平安神宮神苑
34	本法寺庭園
35	円山公園
36	曼殊院書院庭園
37	妙心寺庭園
38	無鄰庵庭園
39	龍安寺庭園＊
40	霊雲院庭園
41	霊洞院庭園

- 国指定の名勝とは、「文化財保護法」で、「庭園、橋梁、渓谷、海浜、山岳その他の名勝地で、我が国にとって芸術上または観賞上価値の高いもの」され、特に優れたものを特別名勝、それに準じるものを名勝とされています。2025年4月1日現在、特別名勝指定は全国で36カ所あり、うち庭園が24カ所指定されています。また、名勝は全国で429カ所指定され、うち、京都府内の庭園が41カ所あります。

＊印は世界遺産に登録されています。

◉二次元コードは、アララが提供する「クルクル-QRコードリーダー」アプリを利用して筆者が作成したものです。

京都の世界遺産（古都京都の文化財）一覧　2025 年 4 月 1 日現在

01　賀茂別雷神社（上賀茂神社）	06　醍醐寺＊	11　西芳寺（苔寺）＊	16　本願寺（西本願寺）＊
02　賀茂御祖神社（下鴨神社）	07　仁和寺	12　天龍寺＊	17　二条城＊
03　教王護国寺（東寺）	08　平等院	13　鹿苑寺（金閣寺）＊	
04　清水寺	09　宇治上神社	14　慈照寺（銀閣寺）＊	
05　延暦寺	10　高山寺	15　龍安寺＊	

• 京都の世界遺産の（古都京都の文化財）は、1994（平成6）年に登録された世界文化遺産。 合計17カ所の寺や神社と城で構成され、それらの所在地は京都府京都市を中心に、隣接する宇治市、さらには滋賀県にある延暦寺も含まれています。

＊印は国指定特別名勝庭園あり

二条城庭園などの情報　2025 年 4 月 1 日現在

こちらでは、QRコードから二条城公式ホームページや筆者が今まで（公財）日本造園学会で発表した二条城庭園（二の丸庭園、本丸庭園、清流園）の論文等を読み取ることができます。

世界遺産元離宮二条城公式ホームページ

京都市がアップしている世界遺産元離宮二条城の公式ホームページで、二条城の歴史、見どころ、イベント、城内サービス、休城日等の情報が確認できます。

二條城二の丸庭園における庭園景及び担った役割の変遷

二の丸庭園の成立から 1999 年現在までの約 400 年間を時代別に調査し、庭園景及び担った役割の変遷について考察したものです。

後水尾天皇行幸時の二条城二の丸庭園における植栽に関する研究

小堀遠州の書状及び永井家文書の検証、既往報告を基に後水尾天皇行幸時の二の丸庭園の植栽ついて考察したものです。（P 21 ～ 22 参照）

二條城本丸庭園における作庭の変遷について

本丸が造営された寛永年間から明治年間までの本丸庭園の作庭の歴史的な変遷について考察したものです。

近代における二條城本丸庭園の地割・植栽の経年変化について

本丸庭園の明治期、大正期、昭和期の平面図及び明治 29 年、昭和 15 年の写真等を基に本丸庭園の地割・植栽の経年変化について考察したものです。

二條城清流園の成立過程及び地割・植栽の経年変化について

清流園の成立過程及びの経緯、さらに地割・植栽の経年変化について考察したものです。

『二條城庭園の歴史的変遷に関する研究』

『二條城庭園の歴史的変遷に関する研究』は、慶長 8 年（1603）の二条城築城時から平成 17 年（2005）現在に至る 400 年間という歴史と、三庭園が存在する地区の庭園景観（建物、地割、植栽、水面、橋など）の変化や役割と空間との関係やその意味を総合的な観点から「近世城郭庭園の通史的研究」として位置付け整理し、体系的にまとめた学位論文です。学位論文は国立国会図書館に所蔵されています。また、「日本造園学会誌ランドスケープ研究 VOL.72 NO.2 、2008、P 194 ～ 197」には、同論文の要旨が掲載されています。

日本造園学会賞（研究論文部門）

『二條城庭園の歴史的変遷に関する研究』は、2007（平成 19）年度に研究論文部門の日本造園学会賞を頂きました。

お問合せ先

本書はあくまでも二条城事務所 OB として、個人の責任においてまとめたものです。何か疑問、質問などあれば遠慮なくお問合せください。

あとがき

私は東京農業大学造園学科を卒業後、中島 健先生の綜合庭園研究室で3年間お世話になりました。入社して3年目のある日、事務仕事に携わっていたところ、兄（内田 均）から「京都の二条城で職員を募集しているが、応募してみないか」と声をかけられました。実は、進士五十八先生が京都市二条城事務所の職員募集について話された際、兄が「うちの弟はどうでしょうか」と手を挙げたのだそうです。

当時、両親はこの話に賛成していました。しかし、私自身は事務仕事の面白さを少しずつ感じ始めていた頃で、親戚もいない京都まで行ってわざわざ再就職するということに、正直、あまり気が進みませんでした。

ところが、私の気持ちとは裏腹に話はどんどん進んでしまい、どうすればうまく断れるだろうかと思案に暮れていました。そんな折、入札参加の事務手続きのために電車に乗っていたところ、なんと偶然、進士先生が同じ電車に乗ってこられ、隣に座られたのです。「これはお断りできる絶好のチャンス！」とは思ったものの、なかなか切り出せませんでした。

結局、その場でお断りすることができなかったばかりか、先生から「京都の庭園は、ただ見るだけでなく、歴史的背景等を知ることで奥深さが増し、見方が変わる」と、逆に説得されたかたちになってしまいました。

とはいえ、当然のことながら応募しても試験や面接に合格しなければ採用されないため、仕事の内容や募集要項など詳しい話を伺うために京都へ赴きました。当時の係長（大学の先輩）からは、「最初は現場を知ってもらうために作業にも携わるが、3～5年後には各庭園の維持管理に関わる設計業務や現場監督の仕事を担当することになる」と説明を受けました。

設計や現場監督の仕事は未経験だったものの、学びながら成長できると思い、それならばと選考採用試験を受け、幸か不幸か採用されたのが、1987（昭和62）年4月のことでした。後から聞いた話では、数人の競争相手がいたそうです。

就職前に説明をしてくださった係長からは、「お前の面倒は俺が見てやる」と言われ、心強く思っていました。ところが、係長は私が採用された翌年に退職され、その後の体制が大きく変わってしまい、私の仕事は現場業務ばかりの日々が続きました。

「このままでは自分がだめになってしまう。何のためにわざわざ東京から京都に来たのか」――そんな思いが頭をよぎり、自問自答する日々が続きました。そこで、その悔しさをバネに、誰よりも二条城の庭園や緑地について徹底的に調べようと決意しました。それが、私の研究の原点です。

兄をはじめ、公私ともにお世話になった片山博昭先輩、大先輩である加藤五郎先生、中根俊彦先生をはじめとする多くの諸先輩方との出会い、さらには本丸庭園で芝生の耳切作業をしていた私に後ろから声をかけてくださった鈴木 誠先生とのご縁で、学位論文「二條城庭園の歴史的変遷に関する研究」をまとめることができ、さらに『二條城庭園の歴史』を出版することができました。

私は２０２０（令和２）年３月に京都市役所を早期退職し、現在は京都市の外郭団体で市内の史跡管理に携わっています。ところが、２０２１（令和３）年４月初旬に、まさかの心筋梗塞を発症しました。

診断を受けた直後、走馬灯のように思い浮かんだのは、本正進保氏との「小堀遠州の手紙」に関する共同研究の約束が果たせていないこと、北山正雄氏から託された清流園に関するノートが公表できていないこと、サクラ研究の第一人者川崎哲也先生の功績が忘れ去られそうなこと、そして、諸先輩方から教えていただいた多くのことでした。先輩方の思いをまだ後世に伝えていないことに申し訳なさで胸がいっぱいになりました。

この経験を通じて、これまで先輩方から教えていただいたこと等をまとめ、公表することこそが、私にできる恩返しであり、自分の使命なのだと強く感じるようになりました。

そんな折、心臓を患い緊急入院していた92歳になる母が退院できたため、元気を出してもらおうと、私のこれまでの研究を印刷して赤いファイルにまとめました。それが兄の目に留まり、季刊『庭 ＮＩＷＡ』編集長 澤田 忍氏を紹介してもらい、出版が具体化しました。

今、こうして出版に至るまでの経緯を改めて振り返ると、進士先生にお断りできなかったこと、長年にわたり現場作業に従事してきたこと、病気を患ったことなど、ともすればマイナス要因にも思える偶然の出来事さえも、本書『二条城庭園の変遷と記録』出版のための一筋の道のように見えてくるから不思議なものです。

令和７年４月10日 内田 仁

内田 仁 （ウチダシノブ）

1961年4月神奈川県横浜市生まれ。1984年3月東京農業大学農学部造園学科卒業。1984年4月綜合庭園研究室入社。1987年3月同社退社。1987年4月〜2012年3月まで、京都市文化観光局（現 文化市民局）元離宮二条城事務所配属。2013年4月〜2019年3月まで、建設局緑政課（現 みどり政策推進室）配属。2020年3月に京都市役所退職。2020年4月より現在まで、京都市の外郭団体で市内の史跡管理に携わる。

二条城庭園の変遷と記録
——元庭園管理者の研究総覧

2025年5月10日 初版第1刷発行

著者——————内田 仁
編集——————澤田 忍
発行人—————馬場栄一
発行所—————株式会社建築資料研究社
〒171-0014 東京都豊島区池袋2-38-1 日建学院ビル3F
TEL 03-3986-3239
FAX 03-3987-3256

デザイン————加藤賢策＋小泉 桜（LABORATORIES）
校正——————株式会社文字工房燦光
印刷・製本———シナノ印刷株式会社

Printed in Japan
ISBN978-4-86358-994-0